"十四五"职业教育国家规划教材
"十三五"职业教育国家规划教材

"1+X"职业技能等级证书配套系列教材

安徽省 2024 年职业教育优秀教材一等奖

垃圾焚烧发电运行与维护
职业技能等级证书培训教材
（初级）

博努力（北京）仿真技术有限公司　组编

中国电力出版社
CHINA ELECTRIC POWER PRESS

内 容 提 要

本书为"1+X"垃圾焚烧发电运行与维护职业技能等级证书（初级）培训配套教材，本书以职业技能等级标准和垃圾焚烧发电行业对集控运行巡检岗位人员职业技能要求为依据进行编写。主要阐述垃圾发电机组集控运行与维护的专业基础知识和职业技能要求。

本书分为垃圾焚烧炉设备及系统巡检、汽轮机设备及辅助系统巡检、电气设备及厂用电系统巡检共三个工作领域，包含三十个工作任务，每个工作任务按照任务目标、任务描述、任务实施、相关知识及任务评价五部分分别进行阐述。全书配备了近五十个资源的二维码，帮助读者更好地理解和掌握相关知识。

本书为垃圾焚烧发电运行与维护职业技能等级证书（初级）的人员培训教材，也可作为应用型本科高校、高等职业院校、中等职业学校相关专业的教学参考书，亦可作为从事垃圾焚烧发电机组运行人员的培训教材。

图书在版编目（CIP）数据

垃圾焚烧发电运行与维护职业技能等级证书培训教材：初级/博努力（北京）仿真技术有限公司组编. —北京：中国电力出版社，2020.8（2025.6重印）

"1+X"职业技能等级证书配套系列教材

ISBN 978 - 7 - 5198 - 4901 - 6

Ⅰ.①垃… Ⅱ.①博… Ⅲ.①垃圾发电－发电机组－电力系统运行－职业技能－鉴定－教材 Ⅳ.①TM619

中国版本图书馆 CIP 数据核字（2020）第 158142 号

出版发行：中国电力出版社
地　　址：北京市东城区北京站西街 19 号（邮政编码 100005）
网　　址：http://www.cepp.sgcc.com.cn
责任编辑：吴玉贤（010-63412540）
责任校对：黄　蓓　郝军燕
装帧设计：赵姗姗
责任印制：吴　迪

印　　刷：三河市航远印刷有限公司
版　　次：2020 年 8 月第一版
印　　次：2025 年 6 月北京第三次印刷
开　　本：787 毫米×1092 毫米　16 开本
印　　张：15.25
字　　数：332 千字
定　　价：48.00 元

垃圾焚烧发电运行与维护
职业技能等级证书培训教材

编　委　会

主 任 委 员　杨建华

副主任委员　杨小琨　　王廷举　　刘树清

执 行 委 员　王小亮

委　　　员（按姓氏笔画排序）

王玉召　　王国振　　王树群　　王　渡　　叶　荣

史俊杰　　邢长虹　　任俊英　　闫瑞杰　　孙　力

李广辉　　李　祥　　杨宏民　　何航校　　佟　鹏

陈　军　　陈绍敏　　武海滨　　胡胜利　　饶金华

高清林　　谌　莉　　彭德振　　曾国兵　　谢　新

雷鸣霁

垃圾焚烧发电运行与维护
职业技能等级证书培训教材（初级）

编 委 会

主　　　编　曾国兵　邢长虹

副 主 编　陈晓芸　刘　蕾　黄燕生　叶　荣

委　　　员（按姓氏笔画排序）

丁　海　于帅军　王　磊　王红琰　王享嘉　王恩营

仇晨光　白　鞲　冯中文　刘　聪　闫　伟　孙文杰

杜振华　李献忠　肖　键　余长军　张　轩　张　铖

陈孝伟　陈明良　陈智敏　陈雷宇　赵芳芳　段亚飞

郭　健　黄　澍　曹　阳　梁东义　韩佳园　傅玉栋

鲁冠军　曾　娜　穆士云　魏佳佳

本书总码

前　言

为贯彻落实《国家职业教育改革实施方案》，积极推动"1＋X"证书制度的实施，博努力（北京）仿真技术有限公司开发了垃圾焚烧发电运行与维护职业技能等级证书项目。为配合该证书的培训和考核，编委会以《垃圾焚烧发电运行与维护职业技能等级标准》《垃圾焚烧发电运行与维护职业技能等级培训指导方案》和《垃圾焚烧发电运行与维护职业技能等级考核方案》为依据，编写了《垃圾焚烧发电运行与维护职业技能等级证书培训教材》，分为初级、中级、高级，共三册。

"1＋X"垃圾焚烧发电运行与维护职业技能培训与考核所使用的垃圾焚烧发电机组为全范围仿真系统，参考对象为 600t/d 日立造船 Vonroll 型焚烧炉。本书以该仿真系统为基础，兼顾了丹麦伟伦、德国马丁型炉等炉排炉的特点，充分考虑垃圾焚烧发电集控运行巡检岗位的基本要求和岗位职责，全面系统地介绍了垃圾焚烧炉及辅助系统、汽轮机设备及辅助系统、电气设备及厂用电系统启动前系统复役操作及正常运行巡检要求等。

为了直观表现机组系统与设备的相关知识与巡检各项操作过程，本书配备了近五十个资源的资源库。资源的形式为二维、三维动画和配有声音的操作录屏等，可在相应位置扫码获取。

本书得到了全国电力职业教育教学指导委员会、中国电力教育协会的指导和大力支持。本书由安徽电气工程职业技术学院曾国兵副教授、平顶山中电环保发电有限责任公司发电部邢长虹经理主编。在编写和资源制作过程中，参阅了相关的参考文献，有关兄弟院校和企业的技术资料、说明书、图纸等，并得到了相关院校老师和企业同行的热情帮助，在此一并表示衷心的感谢。

由于编者水平所限，书中及资源中的疏漏和不足之处在所难免，敬请读者提出宝贵意见，反馈至博努力（北京）仿真技术有限公司（Email：bernouly@126.com）。

本书编委会

2020 年 6 月

目 录

垃圾焚烧炉设备及系统巡检

工作任务一　余热锅炉本体设备巡检

余热锅炉是整个垃圾焚烧电厂中的关键设备之一。其主要作用是利用垃圾燃烧后产生的高温烟气加热锅炉中的给水产生过热蒸汽，过热蒸汽推动汽轮发电机组旋转发电。余热锅炉为卧式单汽包自然循环锅炉，位于焚烧炉的上部，以回收焚烧所产生的热量。

任务目标

（1）熟悉垃圾焚烧余热锅炉设备的组成，掌握各设备的结构及工作原理、各设备和系统的检查项目及检查方法。

（2）掌握余热锅炉汽水系统流程及蒸发设备水循环原理。

（3）能利用仿真系统进行余热锅炉本体设备启动前的阀门复役操作及设备启动前的检查。

（4）能利用仿真系统进行余热锅炉本体设备运行中的定期巡检。

任务描述

余热锅炉本体巡检包括锅炉启动前的检查和锅炉正常运行中的巡检。锅炉启动前应将锅炉本体所有设备进行检查，确保各设备处在启动前的状态；系统运行中应定时对各运行设备进行巡检，包括汽、水、燃油管道运行，汽包的运行，蒸汽管道的运行，各阀门、风门挡板，压力表，操作盘，现场照明等十余项检查。

任务实施

登录填图软件及 600t/d 垃圾焚烧炉发电机组 3D 仿真平台，严格按规范巡检程序完成余热锅炉启动前的阀门恢复及锅炉本体设备日常巡检工作。

一、余热锅炉启动前的检查

在检修工作结束、热力工作票终结、验收合格后方可启动锅炉。在启动锅炉前应做好各项检查工作，检查项目如下：

（1）炉膛内无结焦和杂物，水冷壁管、过热器管、蒸发管、省煤器管表面清洁，炉墙耐火砖完整，无人逗留或工作，脚手架已拆除。

（2）各燃烧器喷头完整，无结焦。

（3）油枪、油管、阀门外形完整、清洁，所有接头不松动。

（4）各风门挡板开关灵活，远程、就地开度指示一致、正确，就地、远程控制良好。

（5）各汽、水管道均应外形完整，支吊架完好，管道能自由膨胀，保温齐全，其颜色符合规定，并有明显的表示介质流动方向的箭头。检修工作时所加装的堵板均拆除，法兰结合完好，螺丝不松动。阀门手轮完整，阀杆洁净，无弯曲及锈蚀现象，电动阀门电源送上，气动阀门气源送上。

（6）各人孔门、看火孔、检查门应完整；确认炉膛和烟道内部无人、无异常情况，关闭各人孔门、看火孔、检查门。

（7）锅炉周围、操作平台上、扶梯上、设备上无杂物，脚手架已拆除，各通道畅通、现场整齐清洁、照明（包括事故照明）良好。

（8）各膨胀部件无卡涩现象，指示器完整、齐全，指针与板面垂直。

（9）汽包水位计投入正常，严密不漏，指示清晰，照明充足，各阀门开关灵活。

（10）过热器、汽包安全门完整良好，无卡涩现象。

（11）各辅助设备按运行规程规定，已具备运行条件，各电动机绝缘合格，电源送上，电源指示灯指示正确。联系热工人员，确认各热工仪表、记录仪表、报警装置、遥控装置均良好。电源送上，表计投入。

（12）汽水系统及本体设备各阀门恢复至启动前状态，各阀门状态见表 1-1。

表 1-1　　　　　　　　　汽水系统及本体设备启动前各阀门位置

序号	名　　　称	位置
1	主给水手动总阀	开启
2	主给水主路电动阀前后手动阀	开启
3	主给水旁路电动阀前后手动阀	开启
4	主给水省煤器前手动阀	开启
5	省煤器再循环一、二次手动阀	开启
6	省煤器进、出口联箱手动阀	开启
7	汽包左侧连续排污手动阀	开启
8	汽包右侧连续排污手动阀	开启
9	定期排污电动阀前手动阀	开启
10	紧急放水电动阀前手动阀	开启
11	锅炉汽水系统各排气手动阀	开启
12	中间平衡容器手动阀	开启
13	左侧平衡容器手动阀	开启
14	电接点液位计手动阀	开启
15	压力信号表手动阀	开启
16	右侧平衡容器手动阀	开启
17	双色水位计手动阀	开启

序号	名 称	位置
18	一级过热器二段出口放气手动阀	开启
19	一级减温器出口放气手动阀	开启
20	二级过热器出口放气手动阀	开启
21	二级减温器出口放气手动阀	开启
22	三级过热器出口放气手动阀	开启
23	生火放汽电动阀前手动阀	开启
24	一级过热器一段疏水手动阀	开启
25	一级过热器二段疏水手动阀	开启
26	一级减温器疏水手动阀	开启
27	二级过热器疏水手动阀	开启
28	三级过热器疏水手动阀	开启
29	过热器疏水至定期排污扩容器电动阀前手动阀	开启
30	主蒸汽母管管道疏水阀	开启
31	火焰监视装置冷却风手动阀	开启
32	炉膛检查口手动阀	开启
33	锅炉检查口（边墙）手动阀	开启
34	锅炉检查口（前墙）手动阀	开启
35	火焰监视装置冷却水进、出口手动阀	开启
36	点火燃烧器火焰检测器冷却风手动阀	开启
37	1号辅助燃烧器火焰检测器冷却风手动阀	开启
38	2号辅助燃烧器火焰检测器冷却风手动阀	开启
39	点火燃烧器天然气进口手动阀	开启
40	1号辅助燃烧器天然气进口手动阀	开启
41	2号辅助燃烧器天然气进口手动阀	开启

二、余热锅炉正常运行巡检

锅炉正常运行时，应按照电厂巡回检查制度规定，定时定地定人地对余热锅炉本体设备进行巡检，具体检查项目如下所述。

1. 汽、水、燃油管道运行检查项目

（1）各附属设备一、二次阀门严密，就地各测量表计指示正确。

（2）现场无异声，支吊架完好，管道能自由膨胀。

（3）控制阀指示位置正确，动作灵敏，连杆完好。

（4）保温完整，表面清洁，其颜色符合规定。

（5）管道上有明显的表示介质流动方向的箭头。

（6）燃油管道法兰之间有跨接。

（7）所有的管道、阀门、法兰应无跑、冒、滴、漏现象。

2. 汽包的运行检查项目

（1）各汽水及其连通管保温良好。

（2）各水位计严密、清晰，照明充足。

（3）各水位计汽门、水门和放水门严密不漏。

（4）各水位计防护罩完好。

（5）平衡容器及电接点水位计连接完好、无漏汽。

（6）各水位计校对正确。

（7）各附属设备一、二次阀门严密，就地各测量表计指示正确。

（8）安全阀周围没有妨碍其动作的杂物。

3. 过热蒸汽管道的运行检查项目

（1）现场无异声，支吊架完好。

（2）各疏水、表计、变送器一二次阀门严密，就地各测量表计指示正确。

（3）安全阀周围没有妨碍其动作的杂物，阀门严密。

（4）水冷壁管、过热器管、省煤器管外形正常，管道保温完好。

4. 各阀门、风门、挡板检查项目

（1）与管道连接完好，法兰螺丝已紧固。

（2）阀门手轮完整，固定牢固；阀杆洁净，无弯曲及锈蚀现象，开关灵活。

（3）阀门的填料应有适当的压紧余隙，螺丝已拧紧，主要阀门的保温良好，管道保温完整。

（4）传动装置的连杆、接头完整，各部件销子固定牢固，电控、气控或油控装置良好。

（5）具有完整的标志牌，其名称、编号、开关方向清晰正确。

（6）位置指示器的指示与实际位置相符合。

5. 压力表检查项目

（1）表盘清晰，汽包及过热器压力表在工作压力处标有红线。

（2）表计指示正确。

（3）校验合格，贴有校验标志，加装铅封。

（4）表计的照明充足。

6. 安全门检查项目

（1）排汽管和疏水管完整、畅通、装设牢固。

（2）弹簧安全门的弹簧完整并压紧。

（3）装有防止烫伤工作人员的防护罩。

（4）周围没有妨碍其动作的杂物。

7. 承压部件的膨胀指示器检查项目

（1）指示板牢固地焊接在锅炉钢架或主要梁桩上，指针垂直焊接在膨胀元件上。

（2）指示板刻度正确、清楚，在板的基准点上涂有红色标记。

（3）指针不能被外物卡住，指针与板面垂直，针尖与板面距离 3～5mm。

（4）锅炉在冷态前，指针应指在指示板的基准点上。

8. 就地操作盘检查项目

（1）本体及柜门完好，并能防止雨水进入。

（2）控制电源线连接完好、正确。

（3）指示灯指示正确。

（4）各操作元件完好，位置正确。

9. 现场照明检查项目

（1）锅炉各部位的照明灯头及灯泡齐全，具有足够的亮度。

（2）事故照明电源可靠。

（3）支吊架及灯罩牢固、完好。

10. 其他检查项目

（1）检修中临时拆除的平台、楼梯、围栏、盖板、门窗均应恢复原位；所打的孔洞以及损坏的地面应修补完整。

（2）在设备及其周围通道上，不得堆积垃圾杂物，地面不得积水、积油。

（3）检修中更换下来的物品应全部运出现场，脚手架应全部拆除。

（4）消防设施齐全，消防用品完备。

（5）检修人员全部离开现场。

相关知识

一、余热锅炉的作用及构成

设置余热锅炉的主要作用是防止对环境的热污染并有效地回收热能，使之通过焚烧发电系统，以取得一定的经济效益。垃圾焚烧锅炉内是一个多种高温腐蚀现象同时存在的环境，其中包括烟气中腐蚀性成分引起的氧化、酸化而导致发生卤化物腐蚀、渗碳、氧化等高温气体腐蚀的现象。通过垃圾焚烧厂运行经验表明，如果烟气温度超过450℃时，高温腐蚀急剧增加，故蒸汽温度一般不宜大于420℃。从经济性考虑，对过热蒸汽产量只有数十吨的垃圾焚烧锅炉不宜采用高压参数，所以目前焚烧厂绝大多数机组采用中温中压参数。

资源库 1_余热锅炉的结构

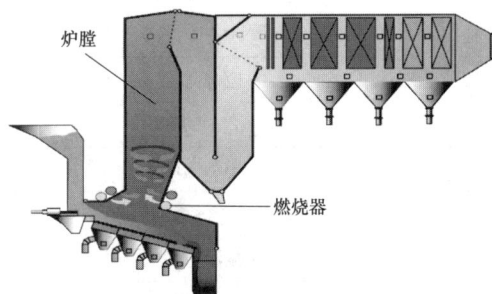

余热锅炉形式为单汽包自然循环水管锅炉，卧式、室内布置，如图 1-1 所示。锅炉本体由锅和炉两部分组成，锅由水冷壁、汽包、蒸发器、过热器及省煤器等组成；炉由炉膛、吹灰器、点火燃烧器、辅助燃烧器、炉膛火焰监视装置、炉墙冷却装置等组成。

从焚烧炉出来 850℃ 以上的高温烟气，在水冷壁中经过三个垂直辐射通道进入卧式布置的水平对流区域，在水平对流

图 1-1 余热锅炉的布置

区域烟气依次经过一组蒸发器、四组过热器（三级过热器顺流布置、二级过热器逆流布置、一级过热器逆流布置）、一组蒸发器、两组烟气预热器和四组省煤器，最后排入烟气处理设备。余热锅炉技术参数见表1-2。

表1-2　　　　　　　　　余热锅炉技术参数

序号	项目	技术参数
1	余热锅炉形式	单汽包自然循环水管锅炉，卧式、室内布置
2	锅炉蒸发量	56.01t/h（MCR工况时）
		59.5t/h（MCR工况110％负荷时）
		64.87t/h（MCR工况120％负荷时）
3	额定蒸汽压力	4.0MPa（g）
4	额定蒸汽温度	400℃
5	汽包工作温度	269℃（最高工作温度）
		263℃（MCR工况时）
		266℃（MCR工况120％负荷时）
6	汽包运行压力	4.9MPa（MCR工况时）
		5.05MPa（在MCR的120％负荷时）
7	过热器烟气入口温度	大约570℃
8	1号过热器出口压力	4.60MPa
		4.55MPa
9	2号过热器出口压力	4.35MPa
		4.30MPa
10	3号过热器出口压力	4.00MPa
		4.00MPa
11	1号过热器最高工作温度	390℃
12	2号过热器最高工作温度	390℃
13	3号过热器最高工作温度	420℃
14	给水温度	130℃
15	锅炉蒸发受热面	2683m²
16	省煤器受热面	1615m²
17	过热器受热面	2698m²
18	烟气-空气预热器受热面	1155m²
19	水容量	133.3m³
20	热空气温度	230℃
21	排烟温度	190℃
22	排污率	2％
23	减温方式	喷水减温
24	锅炉效率（MCR）	＞81％

二、汽水系统流程

锅炉给水温度为130℃，锅炉给水经除氧器由给水泵送来，经省煤器预热后送至汽包，然后经水冷壁和蒸发受热面进一步加热，产生出汽水混合物进入汽包内进行汽水分离。饱和蒸汽在汽包内被分离出来，经过过热器进一步加热，过热器之间设置两级喷水减温器，用来调节过热器出口汽温，最后产生出过热蒸汽，送往汽轮机。

三、自然水循环原理

机组炉水循环方式采用自然循环。水循环的动力是下降管中的饱和水与受热面上升管内的汽水混合物之间形成的密度差。在水循环回路中，水冷壁中工质吸收炉膛和烟气的高温辐射热量，部分水蒸发，形成汽水混合物；下降管布置在炉外，不受热，管内工质为水。因此下降管中水的密度大于水冷壁中汽水混合物的平均密度，在下联箱两侧产生压力差，此压力差推动工质在水冷壁中向上流动以及在下降管中向下流动，形成自然循环。自然循环锅炉的水循环流程：汽包→下降管→下联箱→水冷壁（或称上升管）→汽包。自然循环流动原理如图1-2所示。

循环流速和循环倍率是反映自然循环锅炉工作可靠性的重要指标。

在循环回路中，按工作压力下饱和水密度折算的上升管入口处的水流速称为循环流速。循环流速的大小反映了管内流动的工质将管外传入的热量和管内所产生的气泡带走的能力。循环流速越大，单位时间内进入水冷

图1-2 自然循环流动原理

壁的水量就越多，从管壁带走的热量及气泡也越多，对管壁的冷却条件也就越好。

进入上升管的循环水流量与上升管出口蒸汽流量之比称为循环倍率。循环倍率的意义是上升管中每产生1kg蒸汽需要进入上升管的循环水量；或1kg水全部变成蒸汽，在循环回路中需要循环的次数。

循环倍率的倒数称为上升管出口汽水混合物的干度或质量含汽量。循环倍率越大，质量含汽量就越小，表示上升管出口汽水混合物中水的份额较大，管壁水膜稳定。但循环倍率值过大，表示上升管中蒸汽量太少。汽水混合物的平均密度增大，运动压头减小，这将使循环水流速降低，对水循环安全是不利的。若循环倍率过小，则含汽量过大，上升管出口汽水混合物中蒸汽的份额过大，管壁水膜可能被破坏，从而造成管壁温度过高而烧坏。

四、余热锅炉设备组成

1. 汽包

汽包也称锅筒，是锅炉蒸发设备中的主要部件，是汇集炉水和饱和蒸汽的圆筒形容器，安装在炉外顶部，不接受火焰或高温烟气的热量，外部覆有保温材料。汽包不受火焰和烟气的直接加热，并具有良好的保温。锅炉汽包都用吊箍悬吊在炉顶大梁上，悬吊结构有利于汽

资源库2_汽包的结构

包受热升温后的自由膨胀。汽包的尺寸和材料与锅炉的容量、参数及内部装置的形式等因素有关，汽包的长度应适合锅炉的容量、宽度和连接管子的要求；汽包的内径由锅炉的容量、汽水分离装置的要求决定。锅炉压力越高及汽包直径越大，汽包壁就越厚。汽包在汽包锅炉中具有很重要的作用，其作用主要体现在以下几个方面：

（1）汽包与省煤器出口相连，接受省煤器来的给水，并向过热器输送饱和蒸汽；水冷壁、下降管分别连接于汽包，形成自然循环回路。因此，汽包是工质的加热、蒸发、过热三个过程的分界点。

（2）汽包具有一定的蓄热能力，能较快适应外界负荷变化，减缓负荷变化时汽压变化的速度。

（3）汽包内装有多种净化装置，如汽水分离器、蒸汽清洗装置、排污及加药装置等，从而改善了蒸汽品质。

（4）汽包上还装设有多种表计，如压力表、温度表、水位计等，用于控制汽包压力、监视汽包水位，保证锅炉安全工作。

本机组的汽包内径为 1600mm，壁厚为 46mm，由 Q345R 锅炉钢板制成，封头用 Q245R 钢板压制成。汽包内部为单段蒸发，一次分离装置为直径 290mm 的旋风分离器，锅炉额定负荷时平均每只旋风分离器负荷为 2t/h；二次分离装置在汽包顶部，装设百叶窗分离器。锅炉正常水位在汽包中心线下 50mm，最高和最低水位距正常水位各为 75mm。汽包上装有两只就地双色水位计，还装有一只电接点水位计，可把汽包水位显示在操作盘上，并且有报警的功能。汽包上配有水位管座，用户可装设水位记录仪表，汽包水位以就地水位计的指示为基准。另外，汽包上还装有连续排污管和加药管等，汽包通过下降管支撑在锅炉支座上。

资源库 3_汽包的工作原理

2. 下降管

下降管的作用是把汽包内的水连续不断地通过下联箱供给水冷壁，以维持正常的水循环。下降管布置在炉膛外，不受热，其外包覆有保温材料，以减少散热。

下降管有大直径集中型和小直径分散型两种。大直径集中下降管接至汽包，垂直引至炉底，再通过小直径分支管引出接至各下联箱。小直径分散型下降管直接与下联箱相连，其管径小，管子数目多，流动阻力大，一般用在中、小容量锅炉上。下降管的材料一般选用碳钢或低合金钢。

3. 联箱

联箱的作用是将进入的工质汇集、混合并均匀分配出去，一般布置在炉外，不受热。由无缝钢管焊上弧形封头构成，在联箱上有若干个管头与管子连接。联箱材料一般选用碳钢或低合金钢。

资源库 4_鳍片管省煤器的结构

4. 省煤器

省煤器是利用锅炉尾部烟气热量加热锅炉给水的热交换设备，它是现代电厂锅炉不可或缺的低温受热面。由于省煤器一般布置在过热器受热面之后的尾部对流烟道中，又称尾部受热面。省煤器按出口工质状态分为沸腾式省煤器和非沸腾式省煤器；按其所用的材料分为铸铁管式和钢管式两种。现代电厂锅炉中都采用钢管非沸腾式省煤器，其优点是工作可靠、体积小、质量小、价格低廉；缺点是钢管容易受氧腐蚀，因此给水必须除氧合格。

省煤器安装在锅炉尾部水平烟道中，是烟气侧最后的受热面。省煤器按蛇形管的排列方式可分为错列布置和顺列布置两种。错列布置传热效果好，结构紧凑，积灰较轻，但磨损严重；顺列布置传热效果差，但磨损较轻。现代大型锅炉为了减轻磨损多采用顺列布置。

在锅炉启动初期，省煤器经常间断上水。当停止给水时，省煤器中的水处于不流动状态，这时由于高温烟气的不断加热，会使部分水汽化，生成的蒸汽就会附着在管壁上或集结在省煤器上段，造成管壁超温，甚至损坏。因此，省煤器在启动时应进行保护。一般的保护方法是在省煤器进口与汽包下部之间装有不受热的再循环管，如图1-3所示。利用再循环管与省煤器中工质的密度差，使省煤器中的水不断循环流动，管壁也因而不断得到冷却而不至于被烧坏。正常运行时，应关闭省煤器再循环

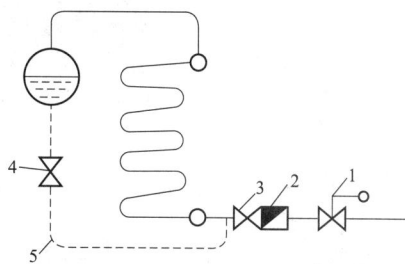

图1-3 省煤器再循环管
1—给水调节阀；2—止回阀；3—截止阀；
4—省煤器再循环阀；5—再循环管

门，避免给水由再循环管进入汽包，导致省煤器缺水烧坏。

本机组的省煤器安装在锅炉尾部水平烟道中，省煤器采用蛇形管结构，直径为$\phi 38 \times 4mm$，材料20G。考虑到维修性能，省煤器分割成四部分，并在中间设置检修空间。

5. 水冷壁

（1）水冷壁的作用。布置在炉膛内壁面上主要用水冷却的受热面，称为水冷壁，它是电站锅炉的主要蒸发受热面，它由许多并列上升的管子组成，常用的管材为碳钢或低合金钢。水冷壁的主要作用如下：

1）吸收炉内辐射热，将水加热成饱和蒸汽。

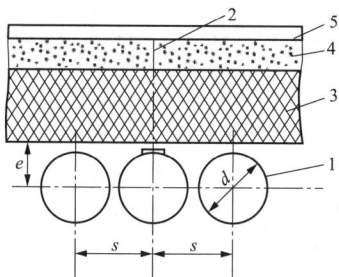

图1-4 光管式水冷壁结构要素
1—上升管；2—拉杆；3—耐火材料；
4—绝热材料；5—外壳；
s—管中心节距；d—水冷壁管直径；
e—水冷壁管中心线至炉墙内表面的距离

2）保护炉墙，简化炉墙结构，减小炉墙质量，这主要是由于水冷壁吸收炉内辐射热，使炉墙温度降低的缘故。

3）吸收炉内热量，把烟气冷却到炉膛出口所允许的温度，这对减轻炉内结渣、防止炉膛出口结渣都是有利的。

4）水冷壁在炉内高温下吸收辐射热，传热效果好，故能降低锅炉钢材消耗量及锅炉造价。

（2）水冷壁的形式。锅炉水冷壁主要有光管式、销钉式、膜式三种形式。

1）光管式水冷壁。用外形光滑的管子连续排列成平面结构形成光管式水冷壁，如图1-4所示。

2）销钉式水冷壁。销钉式水冷壁是在光管式水冷壁管的外侧焊接上很多直径为9～12mm、长为20～25mm的圆柱形销钉，如图1-5所示。销钉式水冷壁上敷盖一层洛矿砂耐火材料，形成卫燃带。卫燃带可以使水冷壁吸热量减少，炉内温度升高，有利于锅炉燃烧。

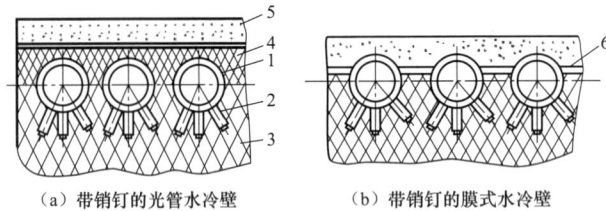

（a）带销钉的光管水冷壁　　　　（b）带销钉的膜式水冷壁

图1-5　销钉式水冷壁

1—水冷壁管；2—销钉；3—耐火材料层；4—洛矿砂材料；5—绝热材料；6—扁钢

3）膜式水冷壁。膜式水冷壁由鳍片管沿纵向依次焊接而成，构成整体受热面。膜式水冷壁的鳍片管有轧制鳍片管和焊接鳍片管两种类型，如图1-6所示。

锅炉的三个炉室和后部水平烟道两侧均布置有膜式水冷壁，各部分的水冷壁管规格见表1-3。水冷壁外设有刚性梁，整个水冷壁组成刚性吊箍式结构，水冷壁本身及其所属炉墙及刚性梁等质量均通过水冷壁系统吊挂装置悬吊在顶板上，并可以向下自由膨胀。

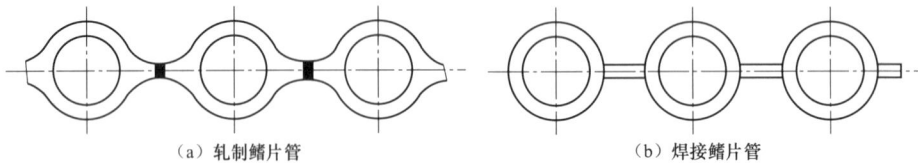

资源库5_膜式水冷壁的结构

（a）轧制鳍片管　　　　　　　　　　　（b）焊接鳍片管

图1-6　膜式水冷壁

表1-3　　　　　　　　　　　　　各段水冷壁管规格

参　数	辐射传热部	水平烟道部
间距（mm）	105	110
管子（外径×壁厚，mm×mm）	$\phi76\times4.5$ $\phi76\times6$	$\phi89\times6$ $\phi89\times8$ $\phi57\times8$
材质	20G	20G

6．蒸发器

一级蒸发管束布置在水平烟道的进口，由蛇形管弯制而成，分片顺列布置在烟道内；蒸发管束由碳钢管束制成，由于它位于高温过热器之前，可以起到保护高温过热器的作用。二级蒸发管束布置在水平烟道的出口，一方面可以弥补蒸发受热面的不足，另一方面可以防止省煤器沸腾。蒸发器管规格见表1-4。

表1-4 蒸发器管规格

参 数	一级蒸发器	二级蒸发器
间距（横向×纵向，mm×mm）	150×110	100×110
段数×列数	46×6	68×14
管子（外径×壁厚，mm×mm）	$\phi38 \times 4$	$\phi38 \times 4$
材质	20G	20G

7. 过热器及汽温调节

过热器由低温段、中温段和高温段三级组成，水平布置在水平烟道内，两级喷水减温器布置在三级过热器之间。饱和蒸汽由两根管子引入低温过热器入口联箱，再进入低温过热器，蒸汽经过Ⅰ级喷水减温器后引入中温过热器的入口联箱，再进入中温过热器，然后蒸汽经过Ⅱ级喷水减温器后进入高温过热器入口联箱，再进入高温过热器，最后过热蒸汽进入汇汽联箱。为提高使用寿命，防止磨损，在对流受热面第一排均设有防磨瓦板。过热器管子和联箱均支承在水冷壁上，与水冷壁一起向下膨胀。

资源库6_管式空气预热器的结构

过热蒸汽温度采用喷水减温器调温，过热器Ⅰ级、Ⅱ级减温器中的喷水均来自锅炉给水，通过喷水降低了蒸汽温度，从而达到了调节蒸汽温度的目的。减温器按设计燃料额定负荷下的两级喷水减温调节幅度为15℃和23℃，过热器管规格见表1-5。

表1-5 过热器管规格

参 数	低温过热器	中温过热器	高温过热器
间距（横向×纵向，mm×mm）	120×110	150×110	150×110
段数×列数	56×28	46×12	46×12
管子（外径×壁厚，mm×mm）	$\phi42 \times 5$	$\phi48 \times 5.5$	$\phi48 \times 5.5$
材质	20G	12Cr1MoVG	12Cr1MoVG

8. 烟气-空气预热器

当焚烧高水分、低热值的生活垃圾时，提高进入垃圾焚烧炉助燃空气温度是保证垃圾焚烧系统正常工作的有效措施之一。余热锅炉尾部设置烟气-空气预热器（简称烟预器），用于进一步加热已由蒸汽-空气预热器加热至一定温度的助燃空气，以改善入炉垃圾干燥和着火条件。烟预器有多管式、套管式、放射式、炉壁式等形式。垃圾焚烧发电厂多采用多管式空气预热器，多管式空气预热器一般采用管外通空气管内通烟气的形式，烟预器管规格见表1-6。

表 1-6 烟预器管规格

间距（横向×纵向，mm×mm）	240×220
段数×列数	28×12
管子（外径×壁厚，mm×mm）	ϕ168×7
材质	20G

通过烟预器的烟气中含有大量粉尘。当预热器入口的烟气温度过高时，烟尘会发生熔融并附着在管壁上形成污垢，从而大大降低了空气预热器的传热效率，有时甚至造成烟尘灰粒堵塞烟气通道，因此，预热器入口的烟气温度一般保持在 500℃ 以下较为适宜。

烟预器出口空气温度的调节一般采用调节空气量来实现，通过设置冷空气旁路，调节旁路冷空气量，与通过预热器的高温空气相混合，以控制预热空气所需达到的温度。

9. 支吊架

支吊架主要用于电厂汽水管道或锅炉设备、在运行中产生热位移及其设备装置上，其结构形式主要有悬吊式、支承式和并联悬吊支承式。

支吊架的故障主要表现在支吊架本身出现破裂，有承压或晃动声音，支吊架晃动、摇摆，接头有锈死或与周围设备接触摩擦痕迹，接头有松动等。

10. 安全阀

资源库 7_弹簧式
安全阀的结构

为了防止锅炉受热面超压造成设备损坏，过热器出口、汽包上均设置了弹簧式安全阀，其技术参数见表 1-7。为减小安全阀的动作次数，当主蒸汽压力超压时，过热器出口的生火排汽电动阀开启，进行泄压；如果压力继续上升，则过热器安全阀开启，进行排汽泄压；如果继续升压，则汽包安全阀启动排汽，这样才能保证过热器及整个锅炉安全。

表 1-7 安全阀的技术参数 （MPa）

序号	名称	起座压力	回座压力
1	汽包安全阀	5.20	4.84
2	过热器安全阀	4.16	3.88

💡 任务评价

登录 600t/d 垃圾焚烧炉发电机组系统仿真平台，严格按照余热锅炉巡检规范的技能要求进行练习。

根据工作任务的完成情况和技术标准规范，仿真系统会自动逐项评价并给出完成任务情况的评价结果，依据评价结果，可以确定练习者的技能水平和改进的要求。仿真系统无法实现的技能要能按操作规范准确描述。

要求练习者最终练习要达到 90 分（满分按 100 分）以上水平。

工作任务二　焚烧炉炉排巡检

炉排型焚烧炉形式多样，机械炉排炉的应用占全世界垃圾焚烧市场总量的80％以上。该类炉型的最大优势在于技术成熟，运行稳定、可靠，适应性广，绝大部分固体垃圾不需要任何预处理就可直接进炉燃烧，尤其对于大规模垃圾集中处理设施，可使用垃圾焚烧进行发电（或供热）。

任务目标

（1）了解垃圾焚烧炉对炉排的要求，熟悉典型垃圾焚烧炉炉排的设备组成及工作原理，掌握炉排启动前及运行中的检查项目及检查方法。

（2）了解垃圾在焚烧炉炉排上的焚烧原理及焚烧过程。

（3）能利用仿真系统进行焚烧炉炉排启动前的检查。

（4）能利用仿真系统对炉排进行就地巡检，能根据炉排上物料燃烧情况及物料厚度等参数判断焚烧炉燃烧情况。

任务描述

焚烧炉炉排巡检工作包括炉排启动前的系统检查和炉排运行中的巡检两方面。炉排启动前应对炉排片进行检查，检查炉排片有无松动、炉排间隙是否正常且无卡涩、系统阀门复役等情况；正常运行中应定时通过焚烧炉的窥视孔对炉排进行就地巡检，查看炉排上物料燃烧情况及物料厚度等情况，保证垃圾燃烧稳定，火焰沿炉排宽度有规律地分布。

任务实施

登录填图软件及600t/d垃圾焚烧炉发电机组3D仿真平台，严格按规范巡检程序完成焚烧炉炉排启动前的阀门恢复及系统日常巡检工作。

一、炉排启动前的检查

（1）炉排启动前应检查各炉排无垃圾、灰渣、杂物。

（2）炉排片应无松动，风孔无堵塞，炉排间隙正常，没有硬物卡涩。

（3）进行炉排的试运转，检查并确定动静炉排之间无明显摩擦，炉排无明显变形。

（4）剪切刀动作正常。

二、炉排运行中的巡检项目

（1）能通过焚烧炉的窥视孔就地检查炉排上沿着炉排前进方向的火焰位置和垃圾层厚度等垃圾着火情况，保证垃圾燃烧稳定。

（2）检查并确认火焰沿着炉排宽度有规律地分布。

（3）炉排与中间铸件挡墙无明显变形。

相关知识

目前，我国经济发展迅速的城市生活垃圾热值约5000kJ/kg。与此同时，城市环境的不断完善，导致居民的生活习惯发生变化，从而生活垃圾物理成分及垃圾特性发生变化，生活垃圾热值得以较快提高。可以认为，目前我国生活垃圾热值正处于提高阶段。

一、垃圾焚烧炉对炉排的基本要求

现代垃圾焚烧锅炉需要充分满足完全燃烧、热能利用与环境保护等方面的要求，从长期运行经验总结出时间（time）、温度（temperature）、紊流（turbulence）和过量空气（excess air）的"3T+E"基本原则。这也是选择垃圾焚烧锅炉的基本要点。

垃圾焚烧炉对炉排的基本要求如下：

（1）应有足够的炉排长度和面积，以满足设计垃圾处理量和保证垃圾有足够时间完成燃烧过程，并达到预定的炉渣热灼减率指标。

（2）在炉排的干燥点火段、燃烧段、燃尽段应有能实现充分燃烧的良好结构形式，具有使垃圾充分干燥、疏松、搅动的功能，具有良好的火焰调节性能。

（3）具有对垃圾组分、含水率、热值等特性及垃圾季节性与瞬时波动的良好适应性。

（4）炉排安装方便、牢固，维护方便。

（5）空气冷却的炉排片要采用耐热冲击、耐腐蚀、耐磨损的材质，如铬、镍合金铸钢。

（6）对炉排热冲击较强的部位，如有落差时的干燥点火段末端，需要采取强制风冷或水冷措施。

（7）有适当的炉排通风率；通风孔有自清洁能力，达到在额定工况下运行 8000h 后，仍能达到不小于 90％的通风面积。

（8）炉排片更换率低，互换性好，炉排片种类不宜过多，更换安装简便。

（9）炉排驱动装置的功能（如液压缸的行程、压力）必须满足炉排稳定运行的要求，且维修率低，性能可靠。

（10）应设置炉排漏灰收集系统。

二、垃圾焚烧炉设备组成

1. 焚烧炉排炉

按炉排的结构形式主要有往复炉排和滚筒式炉排。往复式炉排按其运动方式和结构形式分为顺推往复炉排、逆推往复炉排、组合往复炉排、水平往复炉排等。一般往复炉排由成排相间布置的运动炉排片与固定炉排片构成。运动炉排片组在推动垃圾向炉渣出口方向移动时，把部分新垃圾推到下一层已经燃烧的垃圾层上，增强垃圾与空气的接触，并使垃圾层疏松、透气性加强，强化燃烧。

机械炉炉排的种类很多，目前国内垃圾焚烧发电厂主流的炉排焚烧技术主要有上海康恒环境股份有限公司引进瑞士-日立造船技术的 Vonroll 往复式顺推炉排、重庆三峰卡万塔环境产业有限公司引进德国马丁公司的 SITY2000 逆推式机械炉排、光大环保技术装备（常州）有限公司（简称光大环保公司）自主研发的机械液压顺推炉排等。

（1）日立造船株式会社于 20 世纪 60 年代引进瑞士 Vonroll 技术并

资源库 8_垃圾焚烧炉的结构

加以改进，属于典型的往复式顺推炉排，上海康恒环境股份有限公司引进该技术。炉排片以列为单位纵向分布，固定炉排和活动炉排交错布置，炉排倾斜向下 15°，炉排纵向分为干燥段、燃烧段和燃尽段，三段之间设置了不同高度的落差。炉排由液压装置按炉膛温度、烟气成分的分析值自动调速，将垃圾从进口推向干燥段，垃圾经过三阶段的跌落和空气混合，实现了完全燃烧。炉排的主要部件包括：干燥炉排、燃烧炉排、燃尽炉排、剪切刀、炉排冷却装置、驱动装置用润滑装置及液压系统等，如图 1-7 所示。

图 1-7　炉排的主要部件

各炉排拥有活动梁和固定梁，通过活动梁的动作，炉排反复进行前进和后退动作，因而垃圾边燃烧边被炉排向前运送。各炉排的运动由液压系统驱动，炉排均由两列构成，每列通过两个油缸，按 ACC（自动燃烧控制系统）控制的间隔定速驱动。

炉排系统各设备及系统的作用及流程如下：

1）干燥炉排、燃烧炉排以及燃尽炉排。各炉排的作用不同，但驱动原理完全是一样的，各炉排均可遥控和就地运行。遥控运行时，在自动模式下，各炉排按重复前进、后退动作；在手动模式下，仅作一个循环的动作。在就地运行时（通过操作燃烧装置控制盘），可以按下前进、停止、后退按钮进行微动。

为了方便维修，在各炉排阀门组的进和出配管上设置手动停止阀；为了调节油缸速度，速度控制器设置在进配管和出配管上；为了切换前进、后退的动作，使用 3 位电磁阀。各炉排由 ACC 的间歇定时功能控制，炉排速度为定速。定时的循环时间由自动燃烧装置决定。各炉排有几个停滞警报被定时器检出，该警报作为共同报警，发往 DCS。

2）剪切刀。剪切刀设置在燃烧炉排处，其作用是破碎块状垃圾和搅动垃圾，使垃圾层均匀，防止形成一次风的漏风孔，剪切刀剪切效果如图 1-8 所示。一列燃烧炉排的剪切刀用一个液压缸驱动，一台焚烧炉有两个液压缸。剪切刀的液压回路与炉排的液压回路相同，按定速进行前进和后退。油量由速度控制器调整。一条焚烧线的剪切刀可以遥控和就地现场操

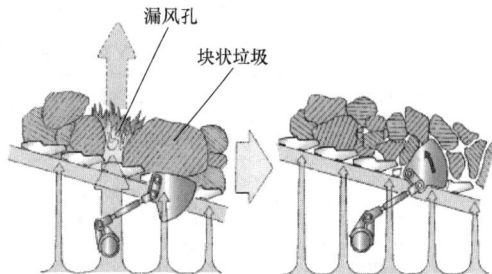

图 1-8　剪切刀剪切效果

作。遥控启动时，在自动模式下反复进行往复动作；在手动模式下，进行一个循环。

3）炉排冷却装置。炉排被通过设置在炉排下面的渣斗的一次风冷却。同时为了提高炉排片的冷却效果，炉排片上有散热片。一次风从活动炉排和固定炉排之间以及设置

在炉排片上的通风孔均匀地吹出,因此炉排很少烧损。

一次风通过从一次风风道分支出来的冷却空气配管和支撑炉排的双重梁,向设置在各炉排最上游的遮蔽板提供冷却空气。炉排表面温度探测器设置在燃烧炉排上,它的状态一直被DCS监视。如果有H警报发给DCS,应调节一次风风量或手动调节温度。

4)驱动装置的润滑装置。本系统是用手动泵的方式向炉排系统的轴承部位提供润滑的装置。通过操作手柄向润滑油配管中注入润滑油,经分流阀向必要的地方同时提供润滑油。

(2)SITY2000逆推式机械炉炉排包括炉排框架、动静炉排片、驱动系统几部分。炉排分为干燥段、燃烧段、燃尽段及冷却段。炉排运动方向与垃圾运动方向相反,采用一套独立的液压系统作为炉排运动的动力。整个炉排由左至右分成4列,中间由3组宽度为200mm的铸件框架完全分开,每列炉排由10个活动级炉排和10个固定级炉排组成,每级炉排由16块单独的炉排片通过高强度螺栓连接组成,炉排技术参数见表1-8。在运行中实行同步运动,总行程为420mm,运动方式如图1-9所示。炉排片采用异形结构,其顶部角锥部分设一个风孔,作为垃圾焚烧提供氧气的一次风由这里进入炉膛。整个炉排由下至上采用24°前倾式设计,每列炉排分成上下两组,上炉排由独立的一只液压缸驱动,下部与两个灰斗固定连接,分别为垃圾燃烧提供干燥与燃烧功能;下炉排也由一只独立的液压缸驱动,下部与两个灰斗固定连接,分别为垃圾提供燃尽和灰渣输送功能。在每列下炉排尾端分别设计了一组弧形滑渣板,在弧形滑渣板底部加装一组水平可调节料层的调节挡板,此挡板左右侧各由一只液压缸驱动,料层调节挡板的角度直接决定尾部灰渣的高度和料层的运行速度。垃圾焚烧后的灰渣通过料层调节挡板后就直接进入底部的排渣机。在上炉排前端是给料器,给料器高于炉排1.2m。SITY2000炉型由8个给料小车组成4组,每个给料小车之间由一列宽为200mm的铸件框架分开,给料小车的作用主要是将溜槽内的垃圾输送至炉排表面,同时完成垃圾的部分滤水功能,滤出的水由给料小车下部的渗沥水管输送至渗沥液池。每两个给料小车组成一组,实现一列炉排的推料功能,在运行中进行同步运行,总行程为1500mm。在DCS程序中,可根据余热锅炉的蒸发量、炉膛温度、烟气含氧量等参数来调节给料器运行速度、循环步数及循环长度等,从而实现推料与燃烧的自动控制功能。

表1-8   SITY2000逆推式炉排技术参数

项目	技术参数	项目	技术参数
炉排驱动方式	液压驱动	水平倾角	24°
炉排列数	4列	炉排行数	20行
炉排尺寸	9.162m×12.6m	炉排面积	115.44m²
炉排机械负荷	216.6kg/(m²·h)	推动方式	逆推式

注 1. 4列炉排,列宽3000mm,列间由3组宽度为200mm的铸件框架完全分开。

    2. 每列炉排由10个活动级和10个固定级炉排组成。

    3. 上炉排为燃料烘干区和燃烧区,由6级活动炉排和6级固定炉排组成。

    4. 下炉排为燃尽区,由4行活动炉排和4行固定炉排组成。

    5. 下炉排末端为料层调节挡板,可通过此挡板调节燃料厚度及燃料的运动速度。

    6. 每列炉排上一级设有44个风孔,是燃料燃烧氧气的主要来源。

    7. 由于燃料特性及所需停留时间不同,各炉排长度不相同。

在焚烧炉左右侧分别是由SiC耐火砖与轻质保温砖组成的重型炉墙，在墙体中间特别设计了一列宽为60mm的冷却风槽，通过冷却风机供风来对墙体进行有效的冷却；每侧墙体分成6列，为防止炉墙出现热膨胀损坏，在每列墙之间留有10mm宽的膨胀缝。焚烧炉前后分别设计前后拱，

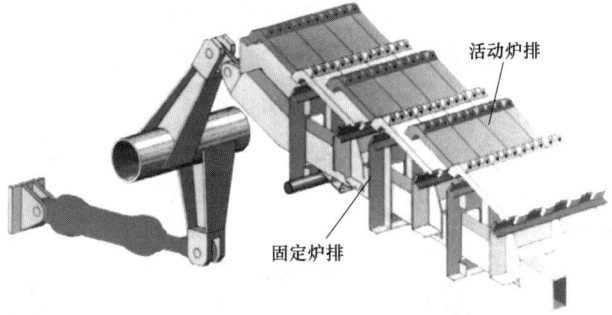

图1-9 SITY2000逆推式炉排运动方式

前拱设计宽阔平坦，主要吸收燃烧段热量并反射至干燥段，加速垃圾的干燥速度。在前拱上部装有21根高位二次风管，下部装有12根低位二次风管，其作用是提供焚烧炉燃烧用的空气。后拱设计倾斜狭长，主要吸收尾部灰渣热量并反射至炉内，减少大量热损失，提高焚烧炉热效率。在后拱上部装有16根高位二次风管，下部装有19根低位二次风管。二次风的主要作用是为垃圾在干燥与干馏过程中产生的可燃挥发分燃烧提供所用的空气，同时加强炉内烟气的扰动，促使炉内烟气动力场和温度场分布均匀，避免炉内产生较大的热偏差。整个焚烧炉布置简图如图1-10所示。

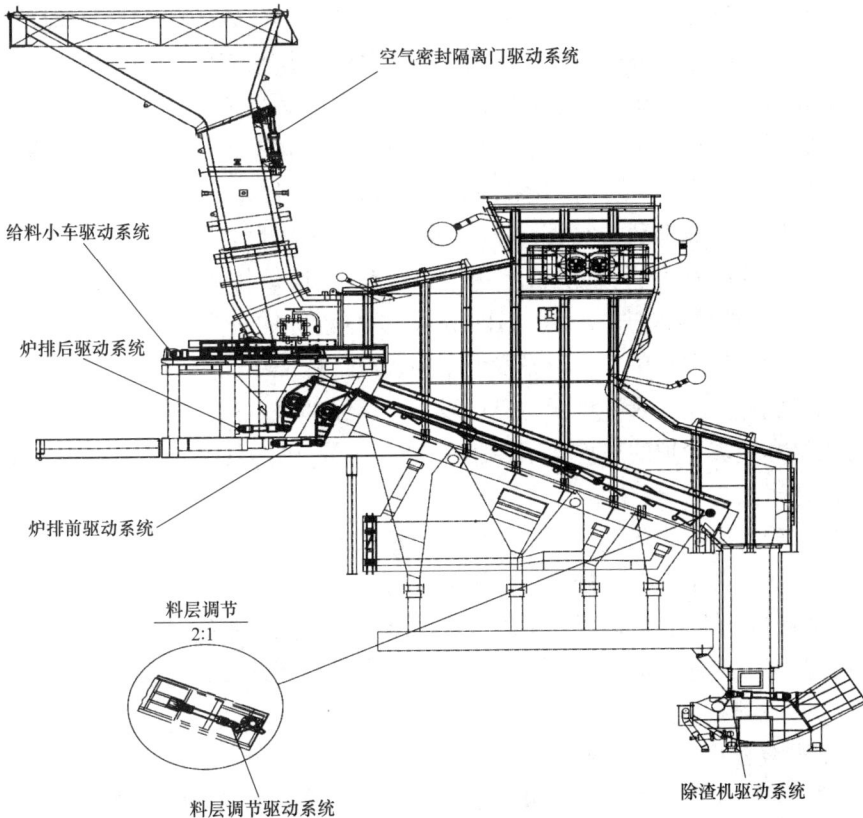

图1-10 焚烧炉布置简图

（3）光大环保公司自主研发的焚烧炉排由固定炉排、滑动炉排和翻动炉排三种炉排组成。炉排与水平倾角为21°，独特的翻动炉排设计使炉排不仅具有通常的往复运动功能，而且还具有翻动功能，加强了对垃圾的搅拌、松动、通风作用，对低热值、高水分的垃圾焚烧具有一定的优势，使炉渣热灼减率控制在3%以下，如图1-11所示。

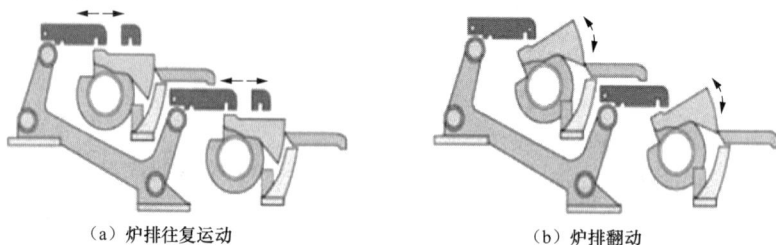

（a）炉排往复运动　　　　　　　　（b）炉排翻动

图1-11　光大环保公司自主研发的机械液压顺推炉排运动示意

整个焚烧炉排分为5个炉排区组，每个标准炉排组包括两个滑动炉排片、两个翻动炉排片和两个固定炉排片，以及6个液压缸，完成对垃圾的移动、翻动功能。滑动炉排片形成水平运动，确保垃圾燃烧层在水平方向向前运动；翻动炉排片形成上下移动，确保垃圾层翻转移动。每组炉排的速度和频率可单独控制，提高了焚烧炉对热值波动范围很大的生活垃圾的适应性。此外，在必要时可以完全停止运行，对垃圾在焚烧炉排上完成干燥、加热、分解、燃烧、燃尽的每个反应过程能得到较好的控制。在焚烧热值较高的垃圾时，通过在控制系统中预设翻动与滑动次数的比值来降低每组翻动炉排片的动作频率，减少垃圾在垃圾炉排上的停留时间，以保证焚烧炉处理垃圾的数量。干燥区的翻动能对热值较低的垃圾得到充分疏松，加大与空气的接触面积，加快干燥过程。在燃烧区，当燃烧物含水率高时，可增加翻转次数，提高一次风量，使氧和垃圾得到充分混合；需要压火时，可减少翻转次数，降低一次风量，减弱垃圾燃烧。

焚烧炉炉排片的宽度为300mm，每行炉排有19块炉排片，焚烧炉排的总宽度为5700mm。焚烧炉炉排的总长度为10 120mm。炉排沿纵向分为五个单元，包括四个标准单元和一个加长的末端单元。干燥段由第一、第二标准单元组成；燃烧段由第三、第四标准单元组成；加长的末端单元为燃尽段，各单元都可以独立调节。为了保证垃圾的完全充分焚烧，使焚烧炉的热灼减率控制在3%以下，以达到比较严格的技术要求，所以最后一段适当加长。

炉排底部分室进风优化了燃烧空气供应，延长了炉排的使用寿命。炉排下部的灰斗既能收集炉底灰，又是各个炉排组一次风的进风口。一次风沿炉排组下进入焚烧炉，向下吹至垃圾料层，这既有效地减少了垃圾表面结焦，又能比较好地冷却炉排片，减少了炉排片的更换率。此外，炉排选用优质材料，各个运动部件配合精确，使炉排片具有很高的耐用性。

2. 垃圾焚烧炉

（1）燃烧室。燃烧室提供了垃圾在炉体内进行干燥、燃烧及后燃烧的空间，提供垃圾适当燃烧温度，使燃烧后产生的烟气能混合搅拌均匀，并有适当的停留时间实现垃圾与废气均能完全燃烧的目的。空冷板砖可防止在炉壁上结渣。为了保护炉内的传热管不被高温及腐蚀性气体腐蚀，传热管用耐火材料涂覆。

（2）炉壁冷却装置。本装置是为了防止结渣的附着和增大而设置的，空冷板砖设置在燃烧炉排上面两侧的炉壁上。为了防止焚烧炉炉壁上结渣，本焚烧厂的焚烧炉炉壁冷却装置采用空冷板砖，炉壁冷却装置结构如图 1-12 所示。空冷板砖装置是将常温空气送到耐火砖的背面，降低耐火砖的表面温度，从而防止结渣，提高耐火砖的寿命。

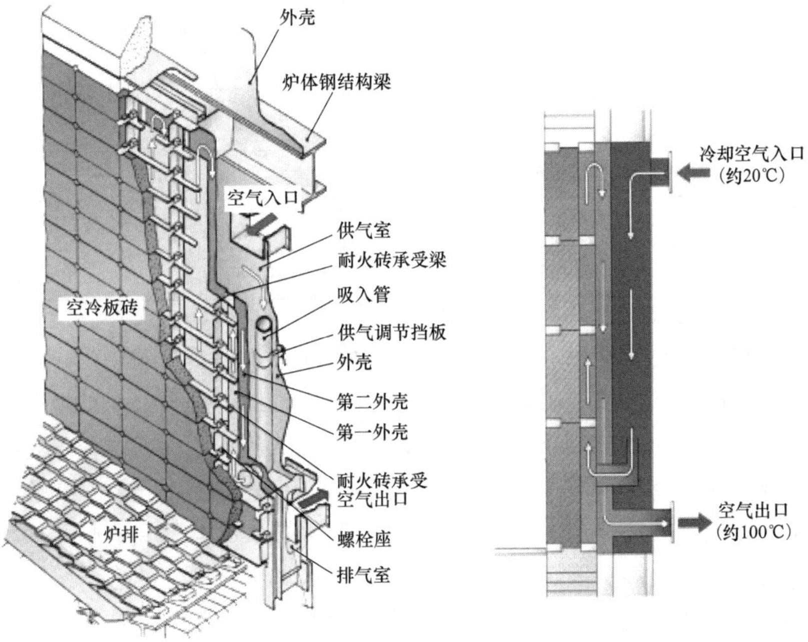

（a）空冷板砖布置图　　　（b）冷却空气流程图

图 1-12　空冷板砖结构

（3）炉膛火焰监视装置。炉内的火焰由设置在焚烧炉后壁的摄像机进行监视，中央控制室内设置电视监视器。用水冷防止摄像机的热损伤，用空气清扫防止摄像机的污损。

（4）点火燃烧器。本系统是为了在焚烧炉启动时，提高炉温而设置的。点火燃烧器具有 5.41kW 的加热能力，使用的燃料是天然气。点火燃烧器以 15°的倾角安装在焚烧炉后壁的外壳上。该角度与炉排的倾角相同。点火器由天然气燃烧器本体、点火器、点火气阀单元、天然气阀单元、燃烧空气单元、冷却空气挡板及附件组成。在 DCS和就地均可操作燃烧器点火定序器和燃烧器风机的启动和停止，点火燃烧器的技术参数见表 1-9。

表 1-9　　　　　　　　　　点火燃烧器的技术参数

序号	项　　目	参　　数
1	数量	1 单元/每台焚烧炉
2	燃烧器类型	单元机组式燃烧器，SASCKE 型 DDG8-GTM
3	功率	最大 8.1MW
		最小 0.81MW

序号	项 目	参 数
4	天然气耗量	最大 815m³/h
		最小 116m³/h
5	燃烧风机容量	8200m³/h
6	冷却空气用量	1000m³/h
7	燃烧风机静压力	4000Pa
8	燃烧风机马达	22kW
9	燃烧风机额定转速	2955r/min
10	点火装置燃气压力	5kPa
11	燃烧风机电机控制方式	变频

（5）辅助燃烧器。辅助燃烧器的作用是在焚烧炉启动时提升炉内温度或当炉内温度降低时保持适当的温度，以遏制二噁英的产生。它由辅助燃烧器、燃烧空气风机、天然气阀门组、沼气阀门组、燃烧器风管、旋流装置、点火器、引燃枪、沼气枪及管理控制盘等组成。辅助燃烧器用天然气、沼气作为燃料，辅助燃烧器的运转、操作与点火燃烧器相同。不同之处是其加热能力、安装位置不同以及辅助燃烧器具有炉内温度降低时自动点火的功能。在炉内温度低于850℃，点火和天然气流量控制的运行模式都选择在自动模式时，辅助燃烧器的点火定序器开始动作，然后在最小燃烧状态下点火。在试车时已预先依据炉内压力和温度的实际变动调整好天然气流量的增加速度，当炉内温度低于850℃时，辅助燃烧器启动并促使炉内温度恢复后，当焚烧炉能够以适当的温度连续运行时，天然气流量逐渐减小到最小流量，然后辅助燃烧器自动熄火。

辅助燃烧器的技术参数见表1-10。

表1-10　　　　　　　　　辅助燃烧器的技术参数

序号	项 目	参 数
1	数量	2单元/每台焚烧炉
2	燃烧器类型	单元机组式燃烧器，SASCKE型 DDG8-GTM
3	功率	最大 8.1MW
		最小 0.81MW
4	天然气耗量	最大 815m³/h
		最小 116m³/h
5	燃烧风机容量	8200m³/h
6	冷却空气用量	1000m³/h

序号	项 目	参 数
7	燃烧风机静压力	4000Pa
8	燃烧风机电机	22kW
9	燃烧风机额定转速	2955r/min
10	点火装置燃气压力	5kPa
11	燃烧风机电机控制方式	变频

三、垃圾焚烧炉技术规范

垃圾焚烧炉炉排采用的是日立造船技术的 Vonroll 往复式顺推炉排，焚烧炉技术参数见表1-11。

表1-11   **Vonroll 往复式顺推炉排技术参数**

序号	项 目	技术参数
1	数量	4台
2	焚烧炉炉排形式	倾斜多级往复式炉排
3	每台焚烧炉最大连续处理垃圾量（MCR工况）	25t/h
4	每台焚烧炉最大处理垃圾量（110%MCR工况）	27.5t/h
5	设计热容量	38.7MW
6	进炉垃圾低位发热量设计值	7000kJ/kg
7	进炉垃圾低位发热量变化范围	4190～8390kJ/kg
8	焚烧炉年累计运行时间	＞8000h
9	烟气在大于850℃的条件下的停留时间	＞2s
10	焚烧残渣热灼减率	＜3%
11	干燥炉排长度	4010mm
12	燃烧炉排长度	6410mm
13	燃尽炉排长度	5610mm
14	炉排宽度	7030mm
15	炉排倾斜角度	15°
16	炉排表面积	112.69m²
17	炉排热负荷（MCR工况）	1553MJ/（m²·h）
18	最大炉排热负荷（110% MCR工况）	500kW/m²
19	炉排机械负荷（MCR工况）	222kg/m²
20	最大炉排机械负荷（110% MCR工况）	261kg/（m²·h）
21	一次风量（MCR工况）	60 790m³/h
22	二次风量（MCR工况）	23 250m³/h

续表

序号	项 目	技术参数
23	烟气量	117 090m³/h
24	一次风入炉温度	210℃
25	二次风入口温度	35℃
26	焚烧炉出口烟气量（MCR工况）	112 360m³/h
27	炉排使用寿命	（炉排更换面积≯5%/年）
28	耐火材料使用寿命	1年
29	不添加辅助燃料的垃圾低位发热量	>4605 kJ/kg
30	焚烧炉效率（MCR工况）	94.8%

四、焚烧过程

垃圾的燃烧过程比较复杂，通常由热分解、熔融、蒸发和化学反应等传热、传质过程所组成。生活垃圾中含有多种有机成分，其燃烧过程是蒸发燃烧、分解燃烧和表面燃烧的综合过程。同时，生活垃圾的含水率高于其他固体燃料，为了更好地认识生活垃圾的焚烧过程，这里将其依次分为干燥、热分解和燃烧三个过程。然而，在垃圾的实际焚烧过程中，这三个阶段没有明显的界限，只不过在总体上有时间上的先后差别而已。

1. 干燥

生活垃圾的干燥是利用热能使水分汽化，并排出生成的水蒸气的过程。按热量传递的方式，可将干燥分为传导干燥、对流干燥和辐射干燥三种方式。生活垃圾的含水率较高，在送入焚烧炉前其含水率一般为20%～40%甚至更高，因此，干燥过程中需要消耗较多的热能。生活垃圾的含水率越大，干燥阶段也就越长，从而使炉内温度降低，影响焚烧阶段，最后影响垃圾的整个焚烧过程。如果生活垃圾的水分过高，会导致炉温降低太大，着火燃烧就困难，此时需添加辅助燃料，以提高炉温，改善干燥着火条件。

2. 热分解

生活垃圾的热分解是垃圾中多种有机可燃物在高温作用下的分解或聚合化学反应过程，反应的产物包括各种烃类、固定碳及不完全燃烧物等。生活垃圾中的可燃固体物质通常由 C、H、O、Cl、N、S 等元素组成。这些物质的热分解过程包括多种反应，这些反应可能是吸热的，也可能是放热的。

3. 燃烧

生活垃圾的燃烧是在氧气存在条件下有机物质的快速、高温氧化。生活垃圾的实际焚烧过程是十分复杂的，经过干燥和热分解后，产生许多不同种类的气、固态可燃物，这些物质与空气混合，达到着火所需的必要条件时就会形成火焰而燃烧。因此，生活垃圾的燃烧是气相燃烧和非均相燃烧的混合过程，它比气态燃料和液态燃料的燃烧过程更复杂。同时，生活垃圾的燃烧还可以分为完全燃烧和不完全燃烧。最终产物为 CO_2 和 H_2O 的燃烧过程为完全燃烧；当反应产物为 CO 或其他可燃有机物（由氧气不足、温度较低等引起）时则称之为不完全燃烧。燃烧过程中要尽量避免不完全燃烧现象，尽可能

使垃圾燃烧完全。为了实现完全燃烧，就需要有过量的空气，用过量空气系数 α 表述为

$$\alpha = \frac{21.3}{21.3 - O_2 - \frac{CO}{2}} \approx \frac{21}{21 - O_2}$$

传统的燃烧是实现稳定运转、完全燃烧和控制环境污染，在炉排型垃圾焚烧炉的垃圾焚烧过程中，烟气含氧量通常控制在 6%～10%，最大到 12%，即过量空气系数为 1.4～1.9，最大到 2.3。针对我国低热值垃圾，对传统的焚烧炉，烟气含氧量一般取 8%～11%；对于低氧燃烧的焚烧炉，烟气含氧量一般取 5%～6%。烟气含氧量与过量空气系数的对应关系见表 1-12。

表 1-12 　　　　　　　　　烟气含氧量与过量空气系数的对应关系

O_2（%）	5	6	7	8	9	10	11	12	13
α	1.312	1.4	1.5	1.615	1.75	1.909	2.1	2.333	2.625

注　过量空气系数是指余热锅炉出口处的燃烧过量空气系数。

五、垃圾焚烧效果判断

在实际的燃烧过程中，由于操作条件不能达到理想效果，致使垃圾燃烧不完全。不完全燃烧的程度反映燃烧效果的好坏，评价焚烧效果的方法有多种，有时需要两种甚至两种以上的方法才能对焚烧效果进行全面的评价。评价焚烧效果的方法一般有目测法、热灼减量法及一氧化碳法等。

1. 目测法

目测法是通过肉眼观察垃圾焚烧产生的烟气的"黑度"来判断焚烧效果，烟气越黑，焚烧效果就越差。

2. 热灼减量法

热灼减量法是根据焚烧炉渣中有机可燃物质的量（即未燃尽的固定碳）来评价焚烧效果的方法。它是指生活垃圾焚烧炉渣中的可燃物在高温、空气过量的条件下被充分氧化后，单位质量焚烧炉渣的减少量。热灼减量越大，燃烧反应就越不完全，燃烧效果也就越差；反之，焚烧效果越好。

3. 一氧化碳法

CO 是生活垃圾焚烧烟气中所含不完全燃烧产物之一，常用烟气中 CO 的含量来表示焚烧效果的好坏。烟气中 CO 含量越高，垃圾的焚烧效果就越差；反之，焚烧反应进行得越彻底，焚烧效果就越好。

💡 任务评价

登录 600t/d 垃圾焚烧炉发电机组系统仿真平台，严格按照焚烧炉排巡检规范的技能要求进行练习。

根据工作任务的完成情况和技术标准规范，仿真系统会自动逐项评价并给出完成任务情况的评价结果，依据评价结果，可以确定练习者的技能水平和改进的要求。仿真系统无法实现的技能要能按操作规范准确描述。

要求练习者最终练习要达到 90 分（满分按 100 分）以上水平。

工作任务三　液压系统巡检

垃圾焚烧炉的推料器、干燥炉排、燃烧炉排、燃尽炉排、剪切刀、料斗盖兼架桥破解装置以及排渣机的所有动作均是靠液压油来进行控制的，液压系统就是为以上设备提供液压油的。

任务目标

（1）了解液压系统的作用及设备组成，掌握各设备巡回检查参数及检查方法。
（2）掌握液压系统流程。
（3）能利用仿真系统进行液压系统启动前的检查及阀门复役操作。
（4）能利用仿真系统对液压系统进行运行中的巡检，使系统各设备运行参数在规定值。

任务描述

液压系统巡检包括启动前的检查与系统运行中的检查。启动前的检查包括系统阀门复役操作及系统设备状态检查，确保各设备在启动前状态；系统运行中的检查包括液压系统液压油压力、温度以及液压油管路有无漏油等检查项目。

任务实施

登录填图软件及 600t/d 垃圾焚烧炉发电机组 3D 仿真平台，严格按规范巡检程序完成液压系统启动前的阀门恢复及系统日常巡检工作。

一、液压系统启动前的检查

（1）按系统投入操作票，将系统各阀门恢复至启动前状态，各阀门状态见表 1-13。

表 1-13　　　　　　　　　　液压系统启动前各阀门开关位置

序号	名　称	位置
1	1、2 号液压油泵进、出口手动门	全开
2	架桥破解装置供、回油手动门	全开
3	推料器供、回油手动门	全开
4	干燥炉排各供、回油手动门	全开
5	燃烧炉排各供、回油手动门	全开
6	燃尽炉排各供、回油手动门	全开
7	剪切刀供、回油手动门	全开
8	排渣机供、回油手动门	全开
9	冷油器冷却水进、出口手动门	全开
10	滤网进、出口手动门	全开
11	炉排液压驱动装置冷却器冷却水进、出口手动门	全开

（2）检查各电流表、温度表、液位表计应准确可靠，且在规定值内。

（3）检查各阀门应在正常位置，各油管路无漏油现象，连接可靠。

（4）检查各液压缸应正常，检查冷油器、油网正常，无泄漏。液压系统冷却水系统正常，无泄漏等。

（5）检查油箱油位、油温油位在范围内。

（6）检查整个液压系统（恒压变量泵、系统管道、液压阀和油缸等）有无漏油现象发生。

（7）检查 PLC 电源送上并电压保持在额定电压的 $-15\%\sim+5\%$。在 DCS 上无报警。

（8）检查各设备正常，应无发生摩擦等现象，各设备润滑系统良好。

（9）检查各阀门处于正常位置。

二、液压系统运行中的巡检

（1）检查各油泵及电机的轴承温度，振动在规定值内，无泄漏情况。

（2）检查各电流表、压力表、温度表、液位表计准确可靠，且在规定值内。

（3）检查各种阀门动作可靠，各油管路无振动无漏油现象，连接可靠。

（4）检查各液压缸、冷油器、油网及液压系统冷却水等系统正常，无泄漏。

（5）检查系统压力应稳定在 12MPa。

（6）噪声与振动检查在恒定压力 12MPa 时，有无异常噪声和振动，噪声值不得高于 85dB（A）。

（7）液压油温度应在 35～55℃范围内，不得大于 60℃；油箱油位正常。

（8）检查整个液压系统（恒压变量泵、系统管道、液压阀和油缸等）有无漏油现象。

（9）检查系统电压应保持在额定电压的 $-5\%\sim+15\%$。

（10）检查各设备应无异响、摩擦等现象，液压缸进、退反应灵敏到位，润滑系统良好。

相关知识

一、液压系统作用及组成

液压系统由液压泵站、液压阀站、电气控制柜以及液压管路等组成，液压泵站是液压阀站和排渣机液压驱动站的油源设备，液压阀站集成了控制给料炉排、燃烧炉排、给料斗盖板和排渣机的液压阀件，给料炉排和燃烧炉排片的所有动作均是通过对液压阀站上的阀件进行控制来实现，以控制炉排片的运动方向和速度，液压系统技术参数见表 1-14。

表 1-14　　　　　　　　　　　液压系统技术参数

项目	单位	技术参数
工作压力	MPa	12
最大压力	MPa	14

续表

项目	单位	技术参数
最低压力	MPa	8
正常液压油流量	L/min	190
液压油箱容积	L	650
电压	V	380
转速	r/min	1480
电流	A	85
功率	kW	45

二、液压油流程

焚烧线设置 2 台液压泵。其中 1 台运行，另 1 台备用。液压泵把液压油升压后，向各被驱动装置供油。如果运行中液压泵出故障，在自动模式下，备用泵自动启动。液压泵既可以遥控，也可以在就地启动/停止。液压油在通过油箱出口的过滤器后，被液压泵送到各驱动装置，通过冷却器和入口过滤器后回到油箱。

三、液压油系统设备组成

液压油系统由液压泵、油箱、液压油冷却器、滤网等设备组成。

1. 液压泵

液压泵的作用是把液压油升压后，向各被驱动装置供油。泵的形式是叶片泵或活塞泵。系统设置 2 台液压泵，其中 1 台运行，另 1 台备用。液压油油压由溢流阀调节。如果在运行中液压泵出故障时，在自动模式下，备用泵自动启动。

2. 油箱

油箱是为了储存液压动作油而设置的。液压油在通过油箱出口的过滤器后，被液压泵送到各驱动装置，通过冷却器和入口过滤器后回到油箱。油箱的容量是 570L。油箱装有温度开关、温度计、液位开关、液位仪，在温度 H 和液位 L 时，向 DCS 报警。

3. 液压油冷却器

冷却器是为了冷却液压动作油的回油而设置的。采用壳管式热交换器。

4. 滤网

滤网的作用是过滤液压油中的杂质，净化油质。

💡 **任务评价**

登录 600t/d 垃圾焚烧炉发电机组系统仿真平台，严格按照液压系统巡检规范的技能要求进行练习。

根据工作任务的完成情况和技术标准规范，仿真系统会自动逐项评价并给出完成任务情况的评价结果，依据评价结果，可以确定练习者的技能水平和改进的要求。仿真系统无法实现的技能要能按操作规范准确描述。

要求练习者最终练习要达到 90 分（满分按 100 分）以上水平。

工作任务四　给料系统巡检

生活垃圾的收集、运输由城市环卫部门负责，采用专用垃圾运输车运送至垃圾焚烧发电厂垃圾坑进行发酵，发酵完成后由给料系统推料器推送至炉排上进行焚烧处理。

任务目标

（1）了解垃圾接收及储存系统流程。
（2）熟悉给料系统设备组成，掌握各设备巡回检查的参数及检查方法。
（3）能利用仿真系统进行给料系统启动前的检查及阀门复役操作。
（4）能利用仿真系统对给料系统进行运行中的巡检。

任务描述

给料系统巡检工作分为给料系统启动前的检查及日常巡检。系统启动前应将阀门恢复至系统启动前的状态，推料器具备启动条件；给料系统运行中应定时对各运行设备进行巡检，使系统各设备运行参数在规定值。

任务实施

登录填图软件及 600t/d 垃圾焚烧炉发电机组 3D 仿真平台，严格按规范巡检程序完成给料系统启动前的阀门恢复及系统日常巡检工作。

一、给料系统启动前的检查

（1）按系统投入操作票，将系统各阀门恢复至启动前状态，各阀门状态见表1-15。

表 1-15　　　　　　　　　循环水泵启动前各阀门开关位置

序号	名称	位置
1	工业水至落渣管冷却水管路手动阀	全开
2	工业水至垃圾溜管冷却水手动总阀	全开
3	工业水至各垃圾溜管冷却水手动阀	全开
4	工业水至垃圾给料料斗冷却水手动阀	全开
5	工艺用水至排渣机1号手动阀	全开
6	工艺用水至排渣机2号手动阀	全开
7	灭火用水泵至推料器漏渣料斗溜管手动阀	全开
8	灭火用水泵至干燥炉排漏渣料斗溜管手动阀	全开
9	灭火用水泵至燃烧炉排第一级漏渣料斗溜管手动阀	全开

（2）检查并确认给料斗料位正常。
（3）检查并确认液压系统已运行，液压油压力为 12MPa 左右。
（4）将给料系统启动前的就地手动门恢复至启动前状态，检查料斗挡板应关闭。

（5）检查给料平台无异物。

（6）检查推料器液压油管路无漏油。

（7）检查推料器的限位开关、速度传感器的位置及接线应正确；将推料器液压系统电气控制柜面板上的方式开关切至就地位置，手动试运推料器，检查推料器运行正常后将方式开关切至远方位。

二、给料系统正常运行时巡检项目

（1）检查推料器有无卡涩，限位线是否脱落。

（2）检查推料器旁边的渗滤液收集斗有无渗漏、有无杂物。

（3）检查推料器的液压油管路有无漏油，液压油压力是否正常。

（4）检查给料平台的底部和侧面耐磨板是否有磨损。

（5）检查料斗料位是否正常。

⚠ 相关知识

垃圾焚烧电厂通过垃圾接收与储存系统将垃圾发酵后，垃圾吊车将垃圾从垃圾坑抓起并投入给料斗，给料装置与给料器相连，通过给料器的往复推送运动，将垃圾送入焚烧炉炉排上进行焚烧。

一、垃圾接收及储存系统

1. 垃圾接收系统

垃圾接收系统流程如图 1-13 所示。

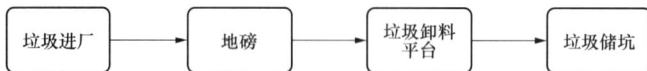

```
┌────────┐    ┌────────┐    ┌────────┐    ┌────────┐
│ 垃圾进厂 │ →  │  地磅   │ →  │ 垃圾卸料 │ →  │ 垃圾储坑 │
│        │    │        │    │  平台   │    │        │
└────────┘    └────────┘    └────────┘    └────────┘
```

图 1-13 垃圾接收系统流程

（1）垃圾运输。原生垃圾运输采用专用垃圾运输车，载质量为 5～10t。

（2）垃圾称重。厂区入口处设置 2 台 60t 全自动电子汽车衡，用于进出厂区物料的称重。电子汽车衡称量范围为 1～60t，具有称重、记录、传输、打印及数据处理等功能。

按目前垃圾车的载质量，为提高称量效率，防止车辆因称重堵塞，本设计采用动/静态式电子汽车衡，设非接触式识别系统和自动交通控制系统。垃圾运输车以低速经过电子汽车衡即可完成称量过程，无需停车，可保证道路及车辆行驶的通畅。

（3）垃圾卸料。垃圾车经称重后进入垃圾卸料平台。卸料区主要由垃圾卸料平台及垃圾卸料门组成。为便于垃圾车卸料，垃圾平台设有导车台。垃圾车进入垃圾倾卸平台后，根据垃圾门上方交通指示灯，倒车至指定的卸料位。垃圾吊机控制室的操作人员根据垃圾坑内垃圾分布的情况，确定其中一个垃圾门的开启与关闭，垃圾车定位后将垃圾卸入垃圾储坑。为了保障安全，在垃圾卸料口设置车挡和事故报警措施，以防垃圾车翻入垃圾坑。为防止垃圾储坑内负压过大，任何时间应保证垃圾倾卸门有 1、2 个处于开启状态。

2. 垃圾储存系统

根据 CJJ 90—2009《生活垃圾焚烧处理工程技术规范》的要求，垃圾储坑的容量应为 5～7 天的垃圾处理量。垃圾的收集、运输与垃圾焚烧厂的运转时间不一致，运送垃圾一般集中在每天一段或两段时间，而焚烧厂是 24h 连续运转，因此垃圾储坑必须具备适当的储存量。垃圾储坑的容量还必须考虑到短期停炉维修期间仍能容纳收集的垃圾。从国内垃圾焚烧经验证实，生活垃圾在储坑内存放一段时间有利于垃圾渗沥液析出，因而有利于垃圾的焚烧。综合以上因素，根据本项目的特点，垃圾坑设计考虑容量不少于 7 天垃圾的储存量。

垃圾储坑端头中间位置设有吊车操作室，操作室与垃圾储坑完全隔离，有着良好的通风条件，保持不断地向室内注入新鲜空气。吊车操作人员视线应可覆盖整个垃圾储坑。垃圾储坑的上面设置了 2 台吊车，用于垃圾储坑内垃圾的翻混、倒运以及向焚烧炉供料。垃圾吊车由操作人员进行半自动化操作，垃圾抓取和翻混为人工控制，抓斗抓起后的行走和卸料为自动控制。吊车配备自动称量系统，可记录进入每台焚烧炉的垃圾量。垃圾受料斗上方设置电视监视器，操作人员可在操作室内清楚地看到料斗中垃圾的料位，以便及时加料。垃圾吊起重机具有完善的电气、超载、限位、防撞、连锁等安全保护功能。

二、给料系统设备组成

给料系统用垃圾抓斗起重机将垃圾投入料斗并将垃圾连续不断地、安全地输送到炉排上的系统。该系统由垃圾料斗、料斗盖兼架桥破解装置、垃圾溜管、推料器、料位探测器、冷却等系统组成。垃圾料斗内的垃圾经设置在底部的垃圾溜管送到推料器上。在设计上充分考虑了避免垃圾料斗和溜管架桥现象的发生，使供料保持顺畅。一旦发生架桥时，可以通过设置在料斗咽喉部的架桥破解装置破除架桥。架桥破解装置还兼作料斗盖，停炉时可以隔断炉膛与垃圾坑。为了使推料器连续稳定地向炉排供料，对液压缸的速度采用连续的流量控制，并使其重复往返运动。

1. 垃圾料斗、溜管及连接用膨胀节

垃圾料斗、溜管以及连接部分的膨胀节，是为了让垃圾吊车投进来的垃圾能够在焚烧炉内连续、顺畅地向前输送而设置的设备。它具有以下的特点：

（1）形成垃圾架桥的主要原因是堆积作用，为了避免这种现象，溜管底部采用宽口式结构。

（2）在垃圾从抓斗起重机落下的地方安装有耐磨板，并为了使其能承受即使在被抓斗偶尔撞击或块状垃圾掉下时的冲击，为料斗配置了加强材料，使其有足够的强度。另外，在焚烧炉进口的咽喉部设置了可更换的保护板，以便炉子进口处产生磨损和破损时更换。

（3）料斗的倾斜角度要求能够保证供料顺畅。

（4）料斗开口的尺寸是在考虑了起重机抓斗张开状态的尺寸以及使垃圾不撒落到料斗平台上，切实降低抓斗撞击垃圾料斗的危险性等因素后确定的，即至少比起重机抓斗打开时的尺寸宽 1m。

（5）在焚烧能力充分的情况下，料斗的容量为 1h 以上的垃圾处理量。

（6）料斗及溜管垂直处的滞留垃圾，可以提高炉内的气密性，防止漏进空气及烟气漏出。

（7）料斗的底部及溜管处设置了水冷套，以防止来自炉内的热辐射、倒吸火等造成烧伤。各冷却水套的回水温度超过 80℃时，或者流量下降时，向中央控制室发出报警，使之可以测出由水量不足、倒火而引起的温度上升。

（8）料斗和溜管之间设置了可以充分吸收炉内热膨胀的高气密性膨胀节。由于溜管靠近炉腔，其内部的垃圾温度较高（通常小于 100℃），通过热交换将热量传递给溜管，从而使溜管也处于较高温度，因此溜管钢件具有一定的热膨胀。但是由于给料斗固定在混凝土平台上，溜管固定在焚烧炉钢结构上，如果给料斗与溜管之间刚性连接，则会产生热应力，造成机械损伤。为此，在给料斗与溜管之间需要有一个柔性膨胀节，以补偿溜管的热膨胀。

（9）料斗上设置监视用工业电视、专用照明及作业用安全装置。为安全起见，料斗顶部与料斗平台保持 1.2m 以上的距离。

2. 料斗盖兼架桥破解装置

料斗盖兼架桥破解装置装在垃圾料斗咽喉部的锅炉一侧，由液压驱动，其运转控制箱设置在液压缸附近。停炉时以及启动升温过程中，料斗盖应该关闭。料斗盖兼架桥破解装置的开关既可以在 DCS 操作也可以在就地操作。为了防止来自炉内的热辐射、倒回火等造成烧伤，将水冷系统设置在料斗盖兼架桥破解装置上。

3. 推料器

资源库 9_推料器的结构

通过推料器的向前运动将垃圾溜管内的垃圾往炉排推，当推料器退到尽头时，由于重力的关系，上方的垃圾沿刚刚腾出的空间落下，接着推料器又向前推，把垃圾推到炉排上。推料器由 2 列组成，每列用 1 个液压缸驱动，驱动速度由自动燃烧控制系统决定。推料器既可远程操作也可就地操作。在远程操作，可以使其重复前进和后退的动作；在就地（燃烧装置控制盘）操作，可以通过按动前进、停止、后退的各个按钮，进行微动。

4. 料位探测器装置

料斗的料位由超声波式料位仪监测，低位和高位警报传送到垃圾抓斗起重机及 DCS。低位警报是为了防止气密性遭到破坏，高位警报是为了减少架桥现象的发生。如果料位在一段时间内没有变化，料斗的架桥警报将传送到 DCS。

与此同时，为观察给料斗中的垃圾料位，在给料斗上方装有摄像头，摄像头的信号通过数据线与吊车控制室的电视相连，同时也将信号送往中央控制室。垃圾吊车操作员在电视屏幕上可观察到给料斗的垃圾料位，及时往给料斗中补充垃圾。同时，还可以观察到给料斗内是否有烟气或火焰产生。当有灾情发生时，可以及时提醒运行人员进行操作，从而维护机组的安全运行。

5. 冷却设备

料斗的底部及溜管处设置了水冷套，以防止来自炉内的热辐射、倒吸火等造成烧伤。当冷却水套的回水温度超过 80℃ 或者流量下降时，向中央控制室发出报警，使之可以测出由水量不足、倒火而引起的温度上升。冷却水从高架水箱通过重力送到垃圾料斗、垃圾溜管的水冷套和料斗盖兼架桥破解装置。

任务评价

登录 600t/d 垃圾焚烧炉发电机组系统仿真平台，严格按照给料系统巡检规范的技能要求进行练习。

根据工作任务的完成情况和技术标准规范，仿真系统会自动逐项评价并给出完成任务情况的评价结果，依据评价结果，可以确定练习者的技能水平和改进的要求。仿真系统无法实现的技能要能按操作规范准确描述。

要求练习者最终练习要达到 90 分（满分按 100 分）以上水平。

工作任务五　风 烟 系 统 巡 检

锅炉风烟系统是焚烧炉重要的系统之一，它将垃圾焚烧所需的空气连续不断地给锅炉，同时将燃烧生成的含尘烟气流经各受热面和烟气净化装置后，送至烟囱排至大气。

任务目标

（1）了解风烟系统作用及设备组成，掌握各设备巡回检查的参数及检查方法。
（2）掌握风烟系统流程。
（3）能利用仿真系统进行风烟系统启动前的检查及阀门复役操作。
（4）能利用仿真系统对风烟系统进行运行中的巡检，使系统各设备运行参数在规定值。

任务描述

风烟系统巡检工作分为系统启动前的检查及日常巡检。系统启动前应将阀门恢复至系统启动前的状态，系统各设备具备启动条件；风烟系统运行中应按巡检标准定时对各设备运行状态进行检查，并把设备运行情况做好记录。

任务实施

登录填图软件及 600t/d 垃圾焚烧炉发电机组 3D 仿真平台，严格按规范巡检程序完成锅炉风烟系统启动前的阀门恢复及系统日常巡检工作。

一、风烟系统启动前的检查

1. 各风机启动前的检查项目
（1）设备外观完整，工作票已终结，周围无人员工作，辅机与电动机连接完好，联轴器防护罩完整牢固，辅机地脚螺丝及联轴器紧固螺栓无松动。

（2）手动盘动联轴器，检查并确认转子转动灵活自由。

（3）各风机轴承润滑油油质应良好，油位正常。

（4）有关通风滤网均清洁完好。

（5）各风机电动机接线良好，接地线完整。

（6）操作开关在停用位置，自启动开关在解除位置。

（7）重要辅机停用半个月以上或受潮时再送电前应测量电动机绝缘。

（8）各风机及电机轴承冷却水等阀门按系统投入操作票要求，将系统各阀门恢复至启动前状态，各阀门状态见表 1-16。

表 1-16　　　　　　　风烟系统启动前各阀门的开关位置

序号	名称	位置
1	1号引风机电机轴承冷却水进出口球阀	开启
2	1号炉引风机叶轮端轴承冷却水进出口球阀	开启
3	一次风预热器进出口手动阀	开启
4	一次风至炉排各系统手动阀	开启
5	排渣机至二次风机入口手动门	开启
6	二次风预热器出口手动阀	开启
7	二次风至辅助燃烧器手动阀	开启
8	空冷耐火砖用风机进口手动阀	开启
9	左侧炉壁空冷系统入口手动阀	开启
10	右侧炉壁空冷系统入口手动阀	开启
11	打开冷却空气引风机入口门	开启

2. 风机启动后的检查

（1）辅机试转第一次启动，应检查电动机转向正确。

（2）电流、压力、流量均正常，不超限。

（3）轴承温度、轴承振动和电动机的温升不超限。

（4）冷却水正常，轴承无漏油、甩油现象。

（5）各转动部分声音正常，无异声、摩擦和撞击。

二、风烟系统正常运行时巡检项目

（1）各风机运行时，应监视各转动机械轴承温度、振动、一般不超过下列数值：

1）轴承温度。各转动机械轴承温度限额见表 1-17。

表 1-17　　　　　　　转动机械轴承温度限额

设备	温度限额	设备	温度限额
滚动轴承	不许超过 80℃	电动机外壳	不许超过 110℃
套筒轴承	不许超过 70℃	润滑油	不许超过 60℃
齿轮箱	不许超过 80℃		

2）轴承振动。各转动机械轴承振动检查应检查水平方向、垂直方向、轴向三个方向的振动数值，不同转速的轴承振动限额见表 1-18。

表 1-18 转动机械轴承振动限额

转速（r/min）	≤750	≤1000	≤1500	≤3000
合格振动值（mm）	0.10	0.08	0.06	0.04
必须处理振动值（mm）	0.15	0.12	0.10	0.05
紧急停用振动值（mm）	0.30	0.25	0.20	0.15

（2）应经常监视风机的传动装置，减速齿轮箱轴承和牛油杯的油位正常，发现油质恶化或油中带水，必须及时联系检修人员处理。

（3）应经常检查轴承的油环带油是否正常，风机冷却水进水应畅通，排水不堵塞、不外溢。

（4）联轴器连接应良好，防护罩完好，露出的轴段防护罩良好，地脚螺丝不松动。

（5）检查各轴封处密封应良好，无碰撞、摩擦及泄漏现象。

（6）电动机应不受潮，电缆头外壳及接地线完整。

（7）检查风机及其电动机运转应平稳、无异声，电动机电流、线圈温度均正常。

（8）紧急按钮位置正确，外壳完整。

（9）风机各压力表、温度表应完整投入，指示正确；就地 PLC 和 PC 盘无报警显示。

相关知识

一、风烟系统作用及组成

锅炉风烟系统包括助燃空气系统和烟气系统，其任务是连续不断地给锅炉燃料燃烧提供所需要的空气，同时使燃烧生成的含尘烟气流经各受热面和烟气净化装置后，最终由烟囱及时地排至大气。电厂锅炉一般采用平衡通风，送风机负责把风送进炉膛，引风机负责把燃烧产生的烟气排出炉外，并保持炉膛内一定负压。平衡通风不仅使炉膛和风道的漏风量不会太大，而且保证了较高的经济性，又能防止炉内高温烟气外冒，对运行人员的安全和锅炉房的环境均有一定的好处。

二、风烟系统组成及流程

风烟系统由助燃空气系统、烟气系统和炉墙冷却风系统组成。风烟系统流程如图 1-14 所示。

1. 助燃空气系统流程

助燃空气系统包括一次风、二次风以及炉墙冷却风、密封风。一、二次风系统分别由一、二次风机、蒸汽-空气预热器、烟气-空气预热器、风管及支架组成。

一次风空气系统是由炉排系统下方将一次助燃空气送入炉排系统各区段的装置，送往各区段的空气量随着不同区段的需求而改变。一次风空气系统的空气取自垃圾储坑，由一次风机从焚烧炉底部风室进入焚烧炉。抽取口设置一过滤网，以防止垃圾随空气被吸入空气管道及进入一次风机，影响风机的正常运行。为了对垃圾起到良好的干燥及助燃效果，一次风空气进入焚烧炉之前，应先通过蒸汽-空气预热器加热到 220℃后，送入焚烧炉底部风室内。然后从炉排下部分段送风，对垃圾进行干燥和预热，同时也起到对炉排片的冷却作用，系统流程如图 1-14 所示。

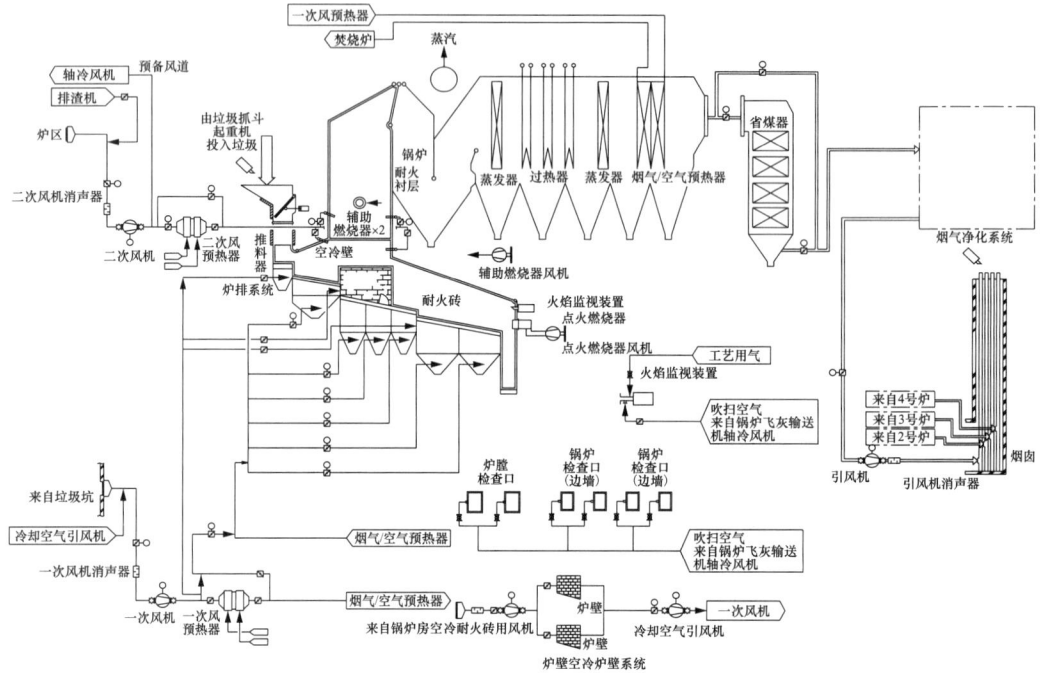

图 1-14 风烟系统流程

二次风空气系统的作用主要是加强燃烧室中气体的扰动、烟气中可燃气体的充分燃烧、增加烟气在炉膛中的停留时间以及调节炉膛的温度等。二次风主要从锅炉房上方、液压平台封闭区和渣池内抽取，经变频二次风机加压送入二次风蒸汽-空气预热器加热到 166℃后送入燃烧室第一烟道的前后墙，加强扰动，延长烟气的燃烧行程，使空气与烟气充分混合，保证垃圾焚烧过程中产生的气体完全燃烧，并使烟气在 850℃环境下停留 2s 以上，以确保二噁英完全分解，系统流程如图 1-14 所示。

2. 烟气系统流程

烟气系统包括引风机、烟道等。垃圾经燃烧后产生的高温烟气在余热锅炉中将热量传递给水，烟气温度经余热锅炉后降到 190～220℃，进入烟气净化设备。净化后的烟气温度降到约 150℃，经引风机和烟囱排入大气，系统流程如图 1-14 所示。

3. 炉墙冷却风系统流程

炉墙冷却风系统的作用是用循环新风冷却焚烧炉的部分炉墙，防止炉墙结焦。焚烧炉两侧墙设计冷却风，侧墙由耐火砖砌成中空结构，炉墙外部安装保温层。

冷却风从侧墙下部进入，流经耐火砖墙，达到冷却炉墙的目的。锅炉间的空气通过风机进入空冷墙内，在离开炉墙被预热后，与一次风混合，然后喷入干燥炉进风口，系统流程如图 1-14 所示。系统包括炉墙冷却送风机、冷却空气引风机、冷却空气控制挡板等。

三、风烟系统主要设备组成

1. 风机

风机是发电厂锅炉设备中的重要辅机之一，在锅炉上的应用主要是二次风机、引风机、一次风机、炉墙冷却风机和冷却空气引风机等。风机根据工作原理可以分为离心式风机和轴流式风机。风烟系统风机的技术参数见表1-19。

资源库10_双吸离心式风机的结构　资源库11_单吸离心式风机的结构

表 1-19　　　　　　　风烟系统风机的技术参数

名　称	流量 (m³/h)	压力 (Pa)	转速 (r/min)	功率 (kW)	设备型号	电流 (A)
一次风机	98 800	7650	1460	355	G5-48-15.6D	25.6
二次风机	42 100	6310	1460	132	G6-35-13.3D	240
引风机	291 400	9500	1460	1250	Y6-2X29-22.8F	85.8
空冷墙冷却送风机	9000	4050	1460	18.5	9-19-9.5D	35.8
空冷墙冷却风引风机	11 500	1620	1460	11	6-35-8.2D	22.2

（1）一、二次风机。一次风机和二次风机是变频控制的单侧吸入涡轮式风机。为防止振动传递到一次风风道和建筑物，采用防振垫和膨胀节；为了降低吸入空气时的噪声水平，在一次风机、二次风机吸风口的风道上设置消声器。

（2）引风机。引风机采用两侧吸入型的涡轮风机。在计算上最大的容量（即焚烧炉的110%MCR工况）按烟气量的125%为风机的额定风量，计算上的最大焚烧炉-锅炉-烟气净化系统/脱硝系统的压力损失的135%为引风机的压头。引风机为双侧吸入式，布置了轴承，使叶轮在两侧的轴承之间。引风机的轴承由独立的底盘支撑，引风机带有高压变频电动机，转速采用变频控制。

（3）炉墙冷却送风机。炉墙冷却送风机的形式是单侧吸入涡轮式风机。该风机从锅炉房吸入空气，作为炉墙冷却空气供应给炉墙。为了防止有使设备受损的异物进入，在吸入口设置金属网；为了降低从锅炉房吸入空气时产生的噪声，在吸入风管部设置炉墙冷却送风机消声器。

（4）冷却空气引风机。冷却风引风机的形式是单侧吸入涡轮式风机，它将空冷耐火砖墙出来的空气送至一次风机吸入风管。

2. 蒸汽-空气预热器

为了预热一、二次风风温，设置蒸汽-空气预热器。该预热器为两段式，分别使用高压蒸汽和中压蒸汽作加热媒介。鉴于从垃圾坑吸入的空气可能比较脏，预热器受热管采用光管，因而即使堆积了颗粒物、污染物也能方便地去除，可以防止受热性能的恶化、防腐、防磨。蒸汽-空气预热器能把燃烧空气加热到230℃。一次风蒸汽-空气预热器技术参数见表1-20，二次风蒸汽-空气预热器技术参数见表1-21。

表 1-20　　　　　　　　　一次风蒸汽-空气预热器技术参数

加热器名称	一次风蒸汽-空气预热器			
介质流动方式	蒸汽竖向流动，空气水平流动			
分级	空气侧		蒸汽侧	
	第1级	第2级	第1级	第2级
流体循环流动	空气（从垃圾坑中吸入）		低压蒸汽	高压蒸汽
流量	53 330m³/h		4.11t/h	3.06t/h
入口温度（℃）	15	140℃	240.0	395
出口温度（℃）	140	230	180.0	249
工作压力	6.0kPa		1.0MPa	3.9MPa
设计压力	9.0kPa		1.5MPa	5.5MPa
设计温度（℃）	250		300	420

注：高压蒸汽实际温度为395℃，低压蒸汽实际温度为240℃。

表 1-21　　　　　　　　　二次风蒸汽-空气预热器技术参数

加热器名称	二次风蒸汽-空气预热器			
介质流动方式	蒸汽竖向流动/空气水平流动			
分级	空气侧		蒸汽侧	
	第1级	第2级	第1级	第2级
流量	12 150m³/h		0.98 t/h	0.75t/h
入口温度（℃）	15	140	240.0	395.0
出口温度（℃）	140	220	180.0	249.0
工作压力	5.5kPa		1.0MPa	3.8MPa
设计压力	9.0kPa		1.5MPa	5.35MPa
设计温度（℃）	250		300	420

3. 烟气-空气预热器

烟气-空气预热器是把事先由一次风蒸汽-空气预热器预热好的空气加热到所要求的温度而设置的，它具有将被一次风预热器加热后的燃烧空气再加热至250℃的能力。对于低热值垃圾，燃烧所需要加热的空气温度比高压蒸汽的饱和温度高，所以采用高温烟气作为加热媒介。

烟气-空气预热器设置在锅炉省煤器受热管上游侧，烟气-空气预热器受热管的表面用固定式蒸汽吹灰器及激波吹灰器进行清扫。其工作原理是受热面的一侧通过热源工质（如烟气、蒸汽或者热水），另一侧通过空气进行热交热，使空气得到加热，温度提高。

烟气-空气预热器的作用：①改善并强化燃烧。当经过预热器后的热空气进入炉内后，加速了燃料的干燥、着火和燃烧过程，保证炉内稳定燃烧，起着改善、强化燃烧的作用。②强化传热。由于炉内燃烧得到改善和强化，加上进入炉内的热风温度提高，炉内平均温度水平也有提高，从而可强化炉内辐射传热。③减小炉内损失，降低排烟温度，提高锅炉热效率。

4. 一次风风温控制挡板

为了控制一次风温度，设置了一次风预热器主挡板 A、一次风预热器旁路挡板 B 和燃烧空气温度控制挡板 C。挡板 A 设置在一次风预热器入口风道、挡板 B 设置在一次风空气预热器的旁路风道。在热风和常温风混合的下游测量预热空气的温度。通过挡板 A 或挡板 B 调节开度，由一次风预热器出口温度控制器控制温度，在联动模式时根据垃圾热值的函数进行控制，在自动模式时自动控制恒温。挡板 C 设置在一次风预热器和烟气空气预热器双方的旁路风道上。在烟气空气预热器加热的空气和常温空气混合地点的下游测量燃烧空气的温度。该温度由燃烧空气温度控制器根据本挡板的开度和的变更设定值进行控制，在联动模式时根据垃圾热值的函数控制，在自动模式时自动控制为恒温。

5. 二次风风温控制挡板

为了控制二次风的温度，设置了二次风预热器挡板 A 和二次风预热器旁路挡板 B。挡板 A 设置在二次风预热器入口风道，挡板 B 设置在二次风预热器的旁路风道。在热风和常温空气混合点的下游处测量预热的空气温度。通过挡板 A 或挡板 B 调节开度，由二次风温度控制器，在联动模式时根据垃圾热值的函数控制这个温度，在自动模式时自动控制成恒温。

6. 冷却空气控制挡板

为了防止从炉墙漏出烟气，需要在炉墙冷却送风机和冷却风引风机之间保持正压。为此，为了控制炉墙冷却空气的压力，在冷却风引风机入口风管上设置冷却空气控制挡板。炉墙冷却空气的压力在冷却空气控制挡板上游侧被检测，开关冷却空气控制挡板，控制该压力。

7. 烟道

烟气管道包括从锅炉出口、经烟气净化设备到达烟囱各设备之间连接的所有附件。设置膨胀节防止热膨胀引起风管错位，或施加给支撑件或设备额外作用力。所有的烟气系统的设备、烟道都保温。烟道内的烟气流速在 MCR 工况时设计值为 15m/s 以下。在设计烟道途径时，在避免急转弯、不增加压力损失的基础上，尽可能地节省空间。为了使运行中不堆积粉尘，事先预设合适的倾角，在膨胀节处采用套筒结构，并在适当位置配置清扫用人孔。

💡 **任务评价**

登录 600t/d 垃圾焚烧炉发电机组系统仿真平台，严格按照风烟系统巡检规范的技能要求进行练习。

根据工作任务的完成情况和技术标准规范，仿真系统会自动逐项评价并给出完成任务情况的评价结果，依据评价结果，可以确定练习者的技能水平和改进的要求。仿真系统无法实现的技能要能按操作规范准确描述。

要求练习者最终练习要达到 90 分（满分按 100 分）以上水平。

工作任务六　压缩空气系统巡检

电厂气动阀和气动调节阀的执行机构动力气源、火焰装置冷却用气、设备检修用气等用户均需供给一定压力的空气。压缩空气系统就是给电厂需要供应空气的作业点提供一定压力的空气系统，该系统分为工艺用压缩空气系统及仪表用压缩空气系统。

任务目标

（1）了解压缩空气系统的作用及设备组成，熟悉各设备的工作过程及原理，掌握设备巡回检查的参数及检查方法。

（2）掌握压缩空气系统流程。

（3）能利用仿真系统进行压缩空气系统启动前的检查及阀门复役操作。

（4）能利用仿真系统对压缩空气系统进行运行中的巡检，使系统各设备运行参数在规定值。

任务描述

压缩空气系统巡检工作分为系统启动前的检查及正常运行巡检。系统启动前应将阀门恢复至系统启动前的状态，系统各设备具备启动条件；正常运行巡检应按巡检标准定时对各设备运行状态进行检查，并把设备运行情况做好记录。

任务实施

登录填图软件及 600t/d 垃圾焚烧炉发电机组 3D 仿真平台，严格按规范巡检程序完成压缩空气系统启动前的阀门恢复及系统日常巡检工作。

一、压缩空气系统启动前的检查

（1）检查空压机外观应完整，工作票已终结，满足辅机启动前的要求。

（2）检查空压机内润滑油油位应正常，油质良好。

（3）按系统投入操作票要求，将系统各阀门恢复至启动前状态。

二、压缩空气系统正常运行时巡检项目

1. 空压机巡检项目

（1）每班对空压机下列项目检查两次：确认压缩空气压力、空压机排气温度、分离器差压、空压机电流、油位等应正常。空压机本体无异常响声，无漏油、漏水现象，液晶面板上无报警显示。

（2）若长时间停用，应将积水完全排净。

（3）每班检查空压机累计运行时间，尽量使各台空压机工作时间相近。

（4）每周检查一次空气过滤器中堆积的灰尘。

2. 干燥器巡检项目

（1）每班对下列项目检查两次：确认露点温度正常、液晶面板显示正常，过滤器压降正常（小于 0.05MPa）。

（2）检查再生塔回冲压力是否太高，防止消声器堵塞。

相关知识

一、压缩空气系统作用

仪用压缩空气主要用于阀门用气、热控仪表用气等。这种用途的用气对压缩空气的品质要求比较高，对空气中的水分、油分以及杂质很敏感。要求高度净化，经过多次除油、气水分离、除尘、干燥后才能满足使用要求。工艺用压缩空气主要用于管道吹扫、强制冷却、卫生清扫等，对品质要求不高，经空压机内部简单过滤、气水分离输出后可以直接使用。空压机主要运行参数通过 PLC 控制送到主控室进行监测和控制。

二、压缩空气系统流程

空压机站供应全厂所有作业点所需的压缩空气，分为仪用压缩空气系统及和工艺用压缩空气系统。

仪用压缩空气流程：空压机出口母管→储气罐→冷干机→吸干机→储气罐→仪用压缩空气用户。

工艺用压缩空气流程：空压机出口母管→储气罐→冷干机→工艺用压缩空气用户。

三、系统主要设备组成

空压机站由空压机、冷冻式干燥机、吸附式干燥机、前置过滤器及后置过滤器组成。

（一）空压机

空压机主要由主机、电动机、油气分离器、冷油器、后冷却器和机组底座等零部件组成，整体封闭在隔声罩内。目前，电厂用的空压机大多为喷油螺杆式空压机，其工作原理：通过阴阳转子密封咬合将空气进行压缩，然后沿着转子齿轮螺旋方向将经过压缩的空气送到阴阳转子排气口，与此同时在阴阳转子入口也同时形成了负压，这样在大气压作用下，外界空气又重新送到阴阳转子的入口进行下一轮做功，空压机技术参数见表 1-22。

表 1-22　　　　　　　　　　空压机技术参数

序　号	项　目	技术参数
1	台数	2
2	型号	VG-250W
3	质量（约）	4300kg
4	额定流量	30.5m³/min
5	排气压力	0.8MPa
6	额定功率	185kW
7	额定电压	380V
8	额定电流	387A
9	额定转速	1480r/min
10	外形尺寸	2720mm/1950mm/2025mm

空压机主要由空气系统、润滑油系统和冷却水系统组成。

1. 空气系统

空气系统主要由吸气系统和排气系统组成。吸气系统主要由空气过滤器、入口蝶阀（节流阀）和寿力控制器组成。机组正常运行时空气过滤器进气口吸入空气，经过滤后由打开的入口蝶阀进入压缩机工作腔，被高速旋转的阴阳转子压缩而压力升高，最后从压缩机排气口排出。

排气系统主要由油气分离器、出口蝶阀（最小压力阀）、止回阀、安全阀、放空阀、后冷却器、气水分离器和连接管路组成。经压缩机压缩后的油气混合物通过压缩机排气口进入油气分离器，把润滑油从压缩空气中分离出来，从而获得洁净的压缩空气。经油气分离器后的压缩空气通过最小压力阀后，依次经过后冷却器和气水分离器，将高温气体冷却至常温及将压缩空气中的冷凝水分离出来，最后排出机体外供用户使用，空压机的工作原理如图 1-15 所示。

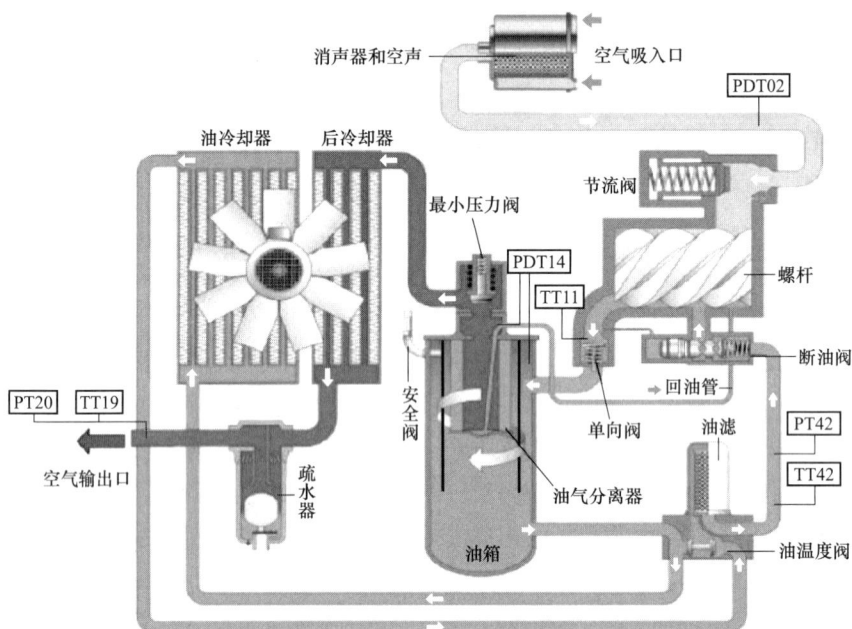

图 1-15　空压机的工作原理

空气系统各设备的作用如下：

（1）空气过滤器。空气过滤器的作用是将吸入的空气进行过滤，保证进入压缩机的空气清洁干净。如果吸入的空气中混有杂质，会引起转子型面磨损，并污染润滑油。

（2）入口蝶阀（节流阀）、寿力控制器。入口蝶阀的作用是控制进气量。机组满负荷运行时，入口蝶阀处于全开状态；当用户所需用气减少时，寿力控制器的调节机构控制入口蝶阀，使入口蝶阀开度减小，从而减少压缩机的进气量。当用户停止用气时，入口蝶阀关闭，停止进气，压缩机进入空载运行；当用户恢复用气时，寿力控制器的调节机构又会控制蝶阀重新打开。

（3）油气分离器。油气分离器由罐体和滤芯两部分组成。油气分离器的过程体现在三个方面：

1）油气分离。罐体内装有初级滤芯和二级滤芯。进入罐体内的油气混合物经离心力分离、撞击分离后，再通过这两道滤芯，做精细分离，把残留在压缩空气中的少量润滑油分离出来，并积聚在滤芯底部。

2）储油。作为压缩机的储油罐，储存润滑油。

3）稳压。由于油气分离器罐体本身储存一定量的气体，可有效地避免用户管路中的压力波动，从而起到稳定压力的作用。

（4）出口蝶阀（最小流量阀）。出口蝶阀位于油气分离器上部，其作用是确保油气分离器中的压力不低于 0.35MPa，使润滑油能够在管路中正常流动。

（5）止回阀。止回阀的作用是当压缩机卸载或停机时，防止管网中的气体倒流。

（6）安全阀。油气分离器上设有两只安全阀，当油气分离器内压力超过设定值时，安全阀会自动打开，迅速放气泄压，确保安全，正常情况下，安全阀关闭状态。

（7）放空阀。自动放空阀位于油气分离器的侧面。当空压机卸载或者停机时，放空阀便自动打开，放气泄压。放空阀带有一个消声器，用来降低排气噪声。

（8）后冷却器。后冷却器为管壳式换热器，其作用是冷却压缩空气。

（9）气水分离器。气水分离器的作用是将冷凝水从空压机空气中分离出来，并排出机外。

2. 润滑油系统

润滑油系统由油气分离器、油温度阀、油冷却器、油过滤器及相应连接管路组成。油气分离器中的润滑油经油温度阀进入油冷却器，冷却后的润滑油经三通、油过滤器进入主机工作腔，与吸入的空气一起被压缩，然后排出机体，进入油气分离器，完成一个循环。

（1）润滑油系统具有以下作用：①冷却。喷入机体内的润滑油能吸收空气在压缩过程中产生的热量，从而起到冷却作用。②润滑。润滑油在阴阳转子之间形成一层油膜，避免阴阳转子直接接触，从而避免转子型面的磨损。此外，经内部油路达到各个润滑点，润滑轴承和齿轮。③密封。具有一定黏度的润滑油可填补阴阳转子之间、转子与机壳之间的间隙，减小机体内部的泄漏损失，提高空压机的效率。④降振降噪。具有一定黏度的润滑油充满在机体内，在一定程度上减小了振动和噪声。

（2）润滑油系统各设备的作用如下：①油温度阀用于调整喷油温度。②油冷却器用于冷却润滑油。③油过滤器用于过滤润滑油中的杂质。

3. 冷却水系统

空压机冷却水系统主要是对空压机油进行冷却，冷却水水源为工业水。冷却水管的进出口装有压力表，用来监视工业水的压力。冷却水进出口水管上装有手动蝶阀，正常运行时通过对回水阀的调节，来调节冷却水量。

（二）干燥机

1. 冷冻式干燥机

潮湿高温的压缩空气流入前置冷却器，散热后流入热交换器，与从蒸发器排出来的冷空气进行热交换，使进入蒸发器的压缩空气的温度降低。

换热后的压缩空气流入蒸发器，通过蒸发器的换热功能与制冷剂进行热交换。压缩空气中的热量被制冷剂带走，压缩空气迅速冷却，潮湿空气中的水分达到饱和温度迅速冷凝。冷凝后的水分经凝聚后形成水滴，经过独特气水分离器高速旋转，水分因离心力的作用与空气分离，分离后水从自动排水阀处排出。

降温后的冷空气流经空气热交换器，与入口的高温潮湿热空气进行热交换，经热交换的冷空气因吸收了入口空气的热量提升了温度，确保出口空气管路不结露。同时，充分利用了出口空气的冷源，保证了冷冻式干燥机冷冻系统的冷凝效果，确保了其出口空气的质量，冷冻式干燥机的技术参数见表1-23。

表1-23　　　　　　　　　　冷冻式干燥机的技术参数

序号	项目	技术参数
1	型号	WJLG-50GW
2	处理量	55m³/min
3	工作压力	≤1MPa
4	工作温度	≤800℃
5	额定电压/功率	380V/7.5kW
6	额定电流	10A
7	制冷剂	R-22

冷冻式干燥机是利用冷冻原理制成的压缩空气除水净化设备。来自上游管网含有大量饱和水汽的压缩空气经过冷却处理后，绝大部分水蒸气凝结成液态水滴，经过气水分离后被除去，所获的干燥压缩空气能够满足绝大部分工业需要。与吸附式干燥机不同的是，冷冻式干燥机在除水的过程中，能顺便除去压缩空气中的一部分油雾。它对压缩空气的前置预处理要求没有吸附式干燥机那么严格。

2. 吸附式干燥机

经冷冻式干燥机处理过的压缩空气进入吸附式干燥机，选择A塔启动。待处理的压缩空气经过进口气动薄膜阀A经扩散器分流，均匀地进入A塔，在A塔内被吸附剂吸收水分，被吸收了水分的干燥空气经出口扩散器通过单向阀E进入用气点用气。同时，还有约5%的干燥空气通过节流孔板进入B塔，对B塔内的吸附剂进行再生，最后通过气动薄膜阀D经消声器排入大气，B塔的工作过程与上述相似。吸附式干燥机的技术参数见表1-24。

表1-24　　　　　　　　　　吸附式干燥机的技术参数

序号	项目	技术参数
1	型号	WJVR-10
2	进气温度	≤450℃
3	进气含油量	≤0.01mg/m³
4	工作压力	0.6~1.0MPa

序号	项目	技术参数
5	成品气露点	$-400 \sim -20℃$
6	额定电压/功率	380V/3.5kW
7	空气处理量	$13m^3/min$

A 吸附塔为干燥工序：进气阀 CV22 打开（CV23 关闭），排气阀 CV24 关闭，湿空气由气体进口进入，流经 CV22 到 A 塔下部，空气在塔内自下而上流经氧化铝吸附剂，空气中水分被吸附，干燥的空气由 A 塔上部流出。85％的干空气通过单向阀 K18 从气体出口流出。15％的干燥空气从球阀 BV20 和节流孔板通过并减压，此部分干空气用于 B 吸附塔中的再生剂再生。

B 吸咐塔为再生工序：来自 A 塔 12％的干空气自上而下流经 B 塔内的吸附剂，吹走被吸咐的水分，这部分再生气从 B 塔下部流经已打开的排气阀 CV25，从消声器中排出。

5min 后，A 塔转入再生工序，B 塔转入干燥工序，切换周期为 10min。各阀门动作由电子程序控制器来完成，各阀门的动作及时间均可通过控制面板上的指示灯和时钟显示。吸附式干燥机工作流程如图 1-16 所示。

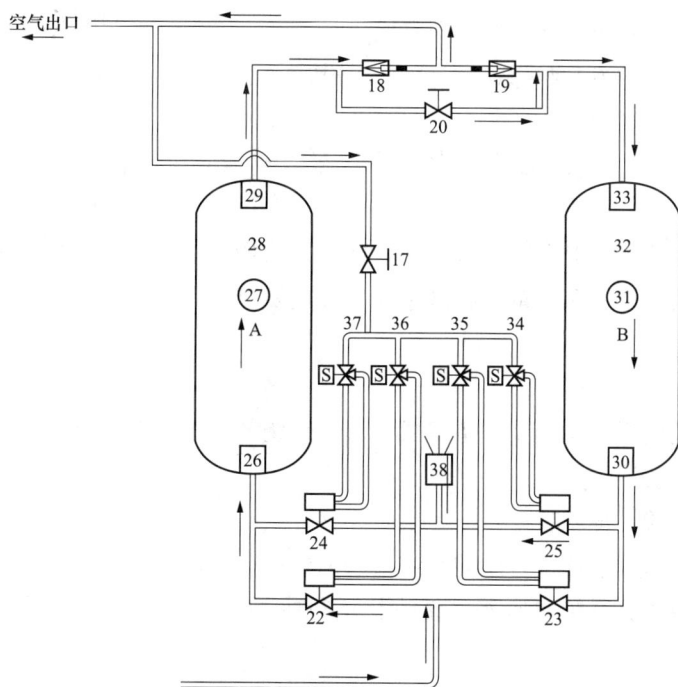

图 1-16　吸附式干燥机工作流程（图中数字表示电磁阀的编号）

（三）储气罐

空压机及空气干燥机出来的空气进入储气罐。储气罐用来储存空气，满足用气设备瞬间突然用气量加大的需求，以消除系统气压波动，同时还能对空气进行初步冷却，让一部分液体析出，储气罐的技术参数见表 1 - 25。

表 1 - 25　　　　　　　　　　储气罐的技术参数

序号	名称			单位	技术参数
1	容积	型号	10/1.0	m³	10
			20/1.0		20
2	数量			台	2
3	工作温度			℃	90
4	结构材料			—	Q345R
5	工作压力			MPa（g）	1.0
6	设计压力			MPa（g）	1.05

任务评价

登录 600t/d 垃圾焚烧炉发电机组系统仿真平台，严格按照压缩空气系统巡检规范的技能要求进行练习。

根据工作任务的完成情况和技术标准规范，仿真系统会自动逐项评价并给出完成任务情况的评价结果，依据评价结果，可以确定练习者的技能水平和改进的要求。仿真系统无法实现的技能要能按操作规范准确描述。

要求练习者最终练习要达到 90 分（满分按 100 分）以上水平。

工作任务七　脱酸系统巡检

脱酸系统能够对锅炉烟气进行净化处理，去除烟气中的 SO_2、HCl、HF、SO_3 等气态污染物，使烟气排放含硫量达到国家环保排放要求。

任务目标

（1）了解脱酸系统作用及设备组成，熟悉系统各设备的工作过程及原理，掌握设备巡回检查的参数及检查方法。

（2）掌握脱酸系统流程。

（3）能利用仿真系统进行脱酸系统启动前的检查及阀门复役操作。

（4）能利用仿真系统对脱酸系统进行运行中的巡检，使系统各设备运行参数在规定值。

任务描述

脱酸系统巡检工作分为系统启动前的检查及正常运行巡检。系统启动前应将阀门恢复至系统启动前的状态，雾化器具备启动条件；正常运行中，石灰浆液系统、雾化器应按巡检标准，定时进行检查，并把设备运行情况做好记录。

⊙ 任务实施

登录填图软件及 600t/d 垃圾焚烧炉发电机组 3D 仿真平台，严格按规范巡检程序完成脱酸系统启动前的阀门恢复及系统日常巡检工作。

一、脱酸系统投运前的检查

（1）确认检修工作应完毕，工作票已终结，设备完整良好，分路设备的动力及控制电源均已停运。

（2）确认压缩空气系统已投运，压缩空气压力正常，气控阀远控、就地操作开关良好，无卡涩、泄漏现象。

（3）各分路的转动设备应试转合格，绝缘良好，分路设备的动力及控制电源均已送上。

（4）确认水箱水位正常。

（5）雾化器试转区域清洁、无异物。

（6）雾化器内油位正常，快速接头连接良好，管路接头、焊缝处无渗漏现象。

（7）雾化器振动保护投入，指示正确。

（8）确认冷却水泵、冷却风机及密封风机电动机轴承油位正常。

（9）确认冷却水泵连锁和保护校验良好，泵的连锁已投入。

（10）确认系统的所有热工仪表、保护均已投入，指示正确。

（11）按系统投入操作票要求，将系统各阀门恢复至启动前状态，各阀门状态见表 1 - 26。

表 1 - 26　　　　　　　　　　脱酸系统启动前各阀门开关位置

序号	名称	位置
1	消石灰储仓上料手动阀	开启
2	打开 1~3 号石灰浆循环泵进出口手动门	开启
3	开启 1、2 号冷却水供应泵进出口手动门	开启
4	消石灰浆至 1 号旋转雾化器石灰石开关阀前后手动门	开启
5	工艺用气至 1 号半干式脱酸塔用架桥破解装置手动门	开启
6	1 号旋转雾化器工艺水进水阀	开启
7	自来水石灰雾化阀前、后手动阀	开启
8	1 号旋转雾化器冷却水进、出口阀	开启

（12）所有电磁阀处于自动状态，且无故障。

（13）灰渣处理系统已投入运行。

（14）至反应塔的烟气温度在 180℃ 以上。

（15）至烟囱的烟气流量至少在 30 000m³/h 以上。

（16）喷雾器 P/U 准备运行。

二、脱酸系统正常运行巡检

（1）检查并确认润滑油油箱油位和油质正常。

（2）检查并确认冷却水水箱水位正常。

（3）检查并确认压缩空气压力正常。

（4）检查并确认雾化器轴承温度、转子温度、振动、冷却水温度、转速等正常。

（5）检查并确认工业水流量是否正常。

（6）石灰浆液系统检查项目如下：

1）石灰仓是否有料，石灰上料口是否维持正常负压，仓顶除尘器是否工作正常。

2）电加热器是否正常工作，螺旋给料及螺旋计量工作正常，螺旋给料旋转速度低于螺旋计量。

3）风量风压是否正常，通过进风口风量或管道温度感觉风量风压，通过球阀观察口检查是否下料通畅，是否存在搭桥或料空误报（可通过在线监测仪数据旁证）。

4）流化风是否正常，卸料阀、罗茨风机是否正常工作。

相关知识

一、脱酸系统作用及特点

脱酸系统采用半干法烟气脱硫工艺，其原理是利用CaO加水制成的Ca（OH）$_2$悬浮液或直接购买成品Ca（OH）$_2$粉与烟气接触反应，去除烟气中的SO_2、HCl、HF、SO_3等气态污染物的方法。在20世纪70年代中期，欧美一些国家开始研究开发半干法工艺，在美国、瑞典和德国等国家相继建立了工业化生产装置，目前全世界约有一百多套应用于燃煤电厂，市场占有率仅次于湿法烟气脱硫工艺。

半干法脱硫工艺具有技术成熟、系统可靠、工艺流程简单、耗水量少、占地面积小、一次性投资费用低、脱硫产物呈干态、无废水排放、可以脱除部分重金属等优点，一般脱硫率可超过85%。另外，利用氯化物溶解度高、不易干燥的特点，可加强吸收剂（生石灰）与SO_2的反应深度，从而在一定程度上提高脱硫率。但是，半干法工艺采用生石灰或熟石灰作吸收剂，原料成本较高，并且对石灰品质有较高要求。另外，由于反应塔后含有较多的粉尘，在目前环保要求越来越严格的情况下，要求下游除尘设备具有较高的除尘效率；半干法脱硫产物为亚硫酸钙和硫酸钙的混合物，综合利用受到一定限制。半干法烟气脱硫工艺在垃圾焚烧电厂的应用主要为喷雾干燥法工艺，脱酸系统技术参数见表1-27。

表1-27　　脱酸系统技术参数

项　　目	单位	技术参数
设计烟气入口流量（湿）	m^3/h	125 100
设计烟气出口流量（湿）	m^3/h	128 560
额定烟气入口温度	℃	190～230
烟气入口最高温度	℃	240

项　　目	单位	技术参数
额定烟气出口温度	℃	150
烟气在洗涤塔中的额定停留时间	s	＞14
反应塔外形尺寸［直径／高度（有效直段）］	m	9.5/11
反应塔灰斗电伴热功率	kW	30
额定石灰浆浓度	%	15
石灰浆耗量（额定条件）	kg/h	1271（MCR 工况时）
烟气额定压力降	Pa	≤1400
旋转喷雾器电机转数	r/min	12 000
旋转喷雾器电机功率	kW	55
旋转喷雾器尺寸	mm	1100（高度）
旋转喷雾器质量	kg	约 400
旋转喷雾器在线更换时间	min	＜15

二、半干法烟气脱硫工艺流程及反应过程

1. 半干法烟气脱硫工艺流程

半干法烟气脱硫是将生石灰制成消石灰浆液后喷入反应塔中与烟气接触，达到脱除 SO_2 的一种工艺。工艺主要流程：烟气从塔顶切向进入烟气分配器，石灰经破碎后储存于石灰粉仓，生石灰经消化后进入配浆池，与再循环脱硫副产物和部分粉煤灰混合制成浆液，浆液制备系统工艺流程如图 1-17 所示。浆液经高位料箱流入离心雾化机雾化后在脱硫塔内与热烟气接触，吸收剂蒸发干燥的同时与烟气中的 SO_2 发生反应，生成亚硫酸钙，达到脱硫目的，半干式脱酸塔系统流程如图 1-18 所示。固体反应产物大部分从反应塔底部排出，脱硫后的烟气经除尘器、增压风机，进入烟囱排放。反应塔底部排出的灰渣和除尘器收集的灰渣一部分送入再循环灰制浆池循环使用，大部分抛弃至灰场。

2. 半干法烟气脱硫化学反应过程

喷雾干燥工艺在反应塔内主要可分为四个阶段：①雾化（采用旋转雾化轮雾化或压力喷嘴雾化）；②吸收剂与烟气接触（混合流动）；③反应与干燥（气态污染物与吸收剂反应，同时蒸发干燥）；④干态物质从烟气中分离（包括塔内分离和塔外分离）。

半干法以生石灰为吸收剂，将生石灰制备成氢氧化钙浆液，或消化制成干式氢氧化钙粉，然后将氢氧化钙浆液或氢氧化钙粉喷入吸收塔，同时喷入调温增湿水，在反应塔内吸收剂与烟气混合接触，发生强烈的物理化学反应，一方面与烟气中的 SO_2 反应生成亚硫酸钙；另一方面烟气冷却，吸收剂水分蒸发干燥，达到脱除 SO_2 的目的，同时获得固体粉状脱硫副产物。

半干法脱硫主要的化学反应如下：

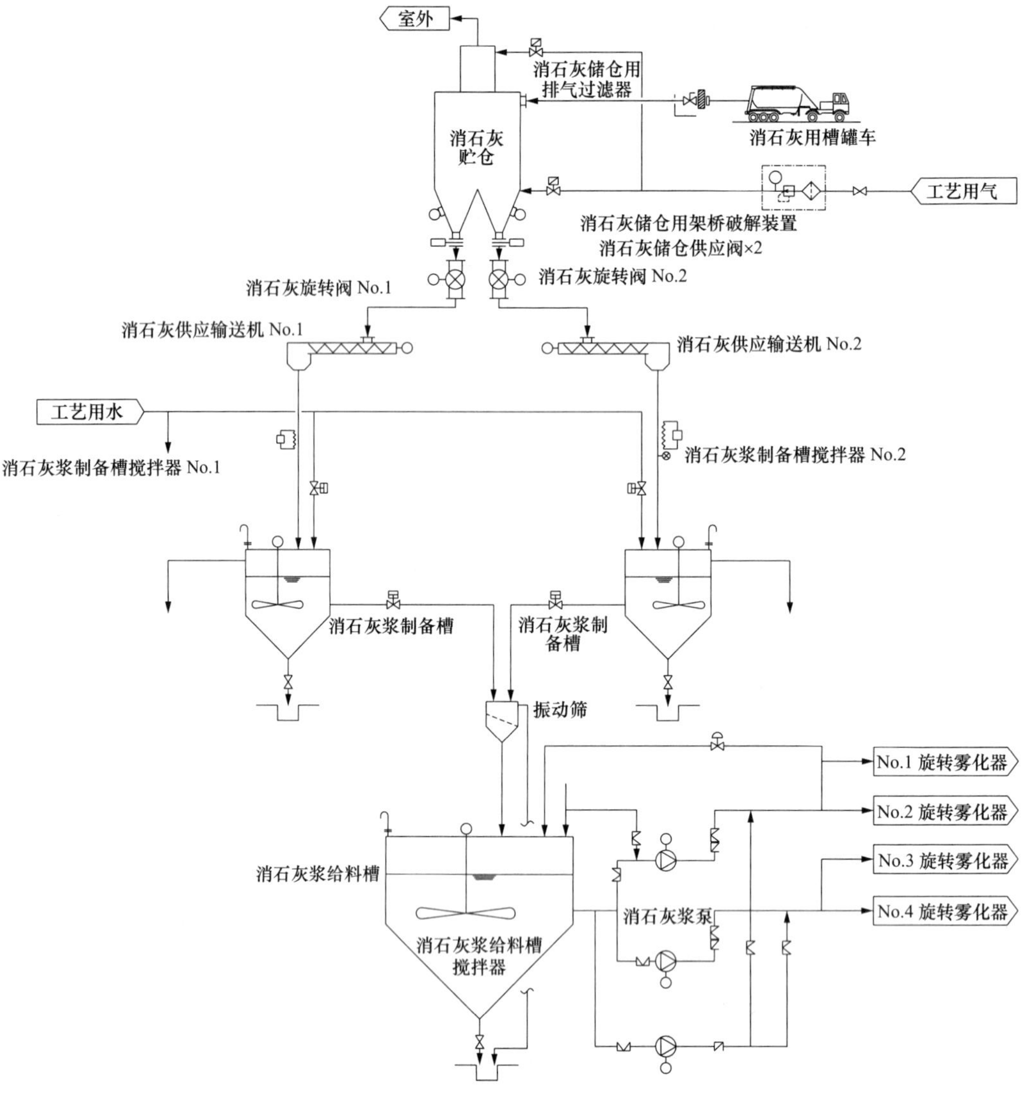

图 1-17　浆液制备系统工艺流程

（1）生石灰消化反应为

$$CaO(s) + H_2O \longrightarrow Ca(OH)_2 \ 或 \ Ca(OH)_2(s) \longrightarrow Ca(OH)_2$$

（2）SO_2 被液滴吸收反应为

$$SO_2(g) + H_2O \longrightarrow H_2SO_3$$

（3）吸收剂与 SO_2 的反应式为

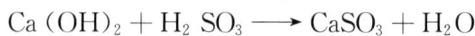

$$Ca(OH)_2 + H_2SO_3 \longrightarrow CaSO_3 + H_2O$$

（4）液滴中亚硫酸钙过饱和和沉淀析出，即

$$CaSO_3 \longrightarrow CaSO_3(s)$$

（5）被氧气所氧化生成硫酸钙反应式为

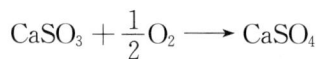

$$CaSO_3 + \frac{1}{2}O_2 \longrightarrow CaSO_4$$

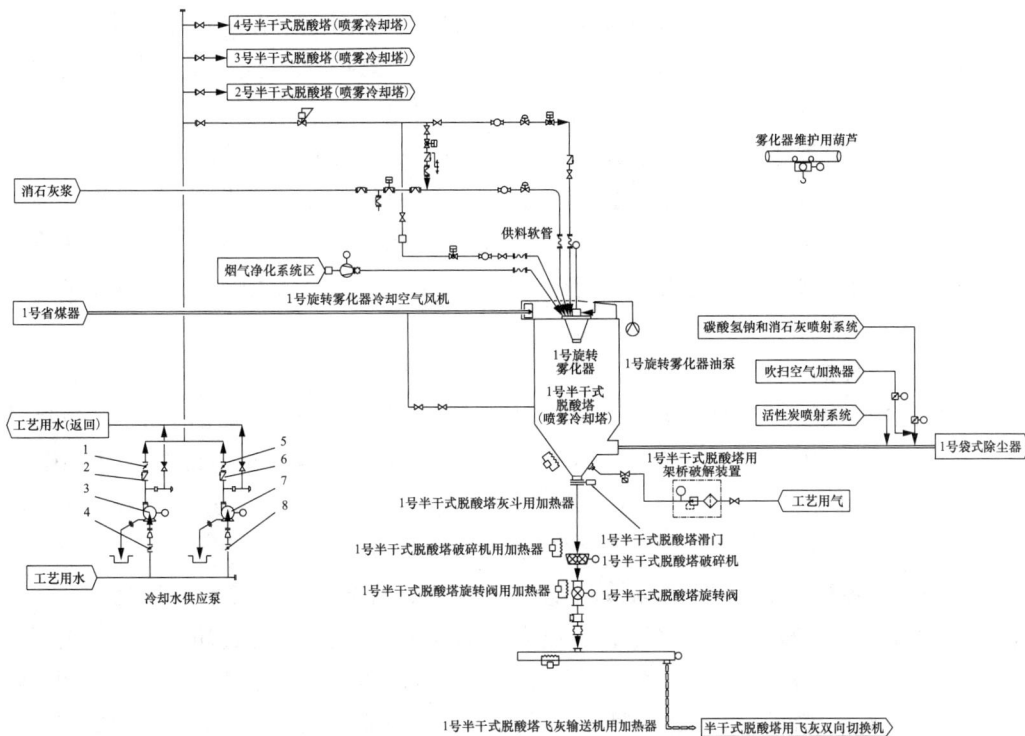

图 1-18 半干式脱酸塔系统流程

1—1 号冷却水泵出口蝶阀；2—1 号冷却水泵出口止回阀；3—1 号冷却水泵；4—1 号冷却水泵进口蝶阀；

5—2 号冷却水泵出口蝶阀；6—2 号冷却水泵出口止回阀；7—2 号冷却水泵；8—2 号冷却水泵进口蝶阀

（6）硫酸钙难溶于水，便会迅速沉淀析出固态硫酸钙，反应式为

$$CaSO_4 \longrightarrow CaSO_4(s)$$

在半干法工艺中，烟气中的其他酸性气体为 SO_3、HCl、HF 等也会同时与氢氧化钙发生反应，且 SO_3 和 HCl 的脱除效率高达 95%，远大于湿法脱硫工艺中 SO_3 和 HCl 的脱除率。

3. 半干法烟气脱硫物理过程

喷雾干燥法烟气脱硫工艺的脱硫塔内，一方面进行蒸发干燥的传热过程，雾化液滴受烟气加热影响不断在塔内蒸发干燥；另一方面还同时进行气相向液相的传质过程。烟气中的气态污染物不断地进入溶液，同时与脱硫吸收剂离解后产生的钙离子反应，最后在干燥作用下生成固体干态的脱硫灰渣。可见，喷雾干燥法烟气脱硫技术是包括蒸发干燥和脱硫化学反应两种过程的一次性连续处理工艺。

根据蒸发干燥过程的特点，整个干燥的过程可以分为三个阶段。

第一阶段，恒速干燥阶段。吸收剂的蒸发速率大致恒定，雾滴表面温度及蒸汽分压保持不变。水分由液滴内部很容易移动到液滴表面，补充表面汽化所失去的水分，以保持表面的饱和。物料的水分大部分在第一阶段排出，此时，由物料内部迁移到表面的水分足以保持表面水分饱和。物料与烟气接触就开始蒸发，水分快速转移到空气中，降低烟气的湿度。而空气湿度的降低减少了传质推动力，尽管保持表面饱和，蒸发速率也会

下降。然而，由于此阶段进行速度极快，一般还是认为物料的干燥初始阶段属于恒速干燥阶段。在这一阶段，由于表面水分的存在为吸收剂与 SO_2 的反应创造了良好的条件，约50％的吸收反应发生在这一阶段，所需时间仅为 $1\sim2s$。

第二阶段，降速干燥阶段。水分移向表面的速率小于表面汽化的速率，表面含水量逐渐下降，此时 SO_2 的吸收反应也逐渐减弱，降速干燥阶段可以维持较长的时间。

第三阶段，动平衡阶段。液滴表面温度接近达到烟气绝热饱和温度，烟气绝热饱和温度与塔内瞬时烟气平均温度之差决定雾粒的蒸发推动力，较高的烟气温度驱使液滴的快速蒸发。

4. 喷雾干燥工艺化学反应控制步骤

对于 SO_2 吸收反应，由于干燥的三个过程中（即恒速干燥、降速干燥、动平衡阶段）物料中水分向表面迁移而减少，导致三个阶段水分含量成分结构特点不同，因此， SO_2 的吸收反应也可以分为三个对应阶段。另外，在气液反应完成后还会继续进行气固反应（反应主要是在除尘器中发生），化学反应总共有四个反应阶段。

每个阶段脱硫反应的控制步骤如下：在恒速干燥阶段，液滴含水分充足，液滴为 $Ca(OH)_2$ 饱和液，有较高的 pH 值，反应速度主要是受 SO_2 的气液相传质的影响，由于反应物的分子在液体中的扩散系数比在空气中小得多，因此主要受 SO_2 液相传质的控制；降速干燥阶段，液滴表面开始干燥，此时 pH 值下降， $Ca(OH)_2$ 的溶解即成为限制反应速度的因素；在动平衡阶段，蒸发基本停止，干燥过的颗粒内部带有少量剩余水分（动平衡时的剩余水分是反应的临界值）， $Ca(OH)_2$ 继续溶解受到微滴中此部分剩余含水量的限制。在气固反应阶段，气相扩散不是整个反应的控制环节，浆滴干燥后其表面已经不是新鲜的石灰而是 $CaSO_3$ 和 $CaSO_4$ 的混合物，因 $CaSO_3$ 和 $CaSO_4$ 的摩尔体积要比 $Ca(OH)_2$ 大， $Ca(OH)_2$ 通过 $CaSO_3$ 和 $CaSO_4$ 灰层的扩散速率才是控制反应的关键步骤。

化学反应过程中，各个反应阶段很难截然分开，尤其是动平衡阶段和气固反应阶段，动平衡阶段主要是指温度不再下降时（此时固体含水率很低，约为3％），溶解于水中的 $Ca(OH)_2$ 继续参加反应，而气固反应是由于对流作用， $Ca(OH)_2$ 扩散到固体颗粒表面后与烟气中的 SO_2 反应，两个反应完全有可能同时进行。

对于干燥过程的三个阶段，反应起控制作用的是液相传质：第一阶段为气相 SO_2 被悬浮液滴吸收；第二和第三阶段为 $Ca(OH)_2$ 在悬浮液滴中和喷雾干燥过的固体颗粒（含微量水分）中的溶解；对于气固反应阶段，反应主要受 $Ca(OH)_2$ 在固相中的扩散速率控制。

三、半干法烟气脱硫系统设备组成

半干法烟气脱硫系统主要由机械式旋转雾化器和石灰浆供应系统组成。

1. 机械式旋转雾化器

机械式旋转雾化器以 $13\,500r/min$ 的高速旋转，喷雾石灰浆与冷却水，由此生成 $40\sim50\mu m$ 的微粒。另外，最大喷雾量按 $10t/h$ 左右来设计，是十分可靠的设计。机械式旋转雾化器安装在半干式脱酸塔上部的分散器的支撑管上。

资源库 12_半干式
脱酸塔的结构

为了监视运行中的异常，在旋转雾化器上设置振动计、油温计，

当检测到异常振动时，将水洗消石灰管线；在油温 H 报警时，用冷却空气自动吹扫。因分散器的整流作用，在各种运行条件下，均可使内部的流体流动为最优，事先防止半干式脱酸塔的内壁上飞灰附着。

2. 石灰浆供应系统

为了去除有害气体，在消石灰料仓内储存消石灰，配制消石灰浆，向半干式脱酸塔供应石灰浆而设置本设备。为了确保设备的冗余性，设置了 2 个石灰浆调整罐。1 套消石灰浆供应装置，能够满足 4 台焚烧炉在 110％MCR 时的烟气净化所必要的消石灰使用量，浆液供应系统设备技术参数见表 1‑28。

表 1‑28　　　　　　　　　浆液供应系统设备技术参数

项　　目		单位	技术参数
石灰储仓	数量	台	1
	容量	m³	100
石灰浆配制槽	数量	台	1
稀释槽	数量	台	1
储仓顶部除尘器	过滤面积	m²	6.5
	外形尺寸	mm	2060×1200×1518
	处理风量	m³/h	312～780
石灰浆泵	数量	台	2
	流量	t/h	15
	电机型号		MHT‑65‑40‑250
	电机功率	kW	15
	电机电流	A	55.4
	电机转速	r/min	2950
定量螺旋输送机		台	1
电机型号			YVP903‑4
电机功率		kW	1.1
电机电流		A	2.9
搅拌机		台	3
电机型号			Y2‑112M‑4
电机功率		kW	4
电机电流		A	8.82
电机转速		r/min	1430
脱酸反应塔加压泵		台	2
电机型号			TYPE Y132S1‑2
电机功率		kW	5.5
电机电流		A	11.1
电机转速		r/min	2900

石灰浆供应系统各设备作用及工作过程如下：

(1) 消石灰料仓。设置 1 座消石灰料仓，容量为 4 条线 7 天的运行使用量。消石灰槽罐车运来的消石灰经过管道储存在料仓内。在消石灰接收场地设有与槽罐车连接的软管。

在料仓的上方通风过滤器。在装填消石灰时。为了防止消石灰料仓内的空气压力升高，仓内空气通过装有过滤袋的排气管排到室外。为了从料仓的底部向各螺旋输送机排出消石灰，设置消石灰供应旋转阀。

(2) 消石灰浆调整罐和搅拌器。通过质量传感器计量消石灰的同时向消石灰浆调整罐供应满足半干式烟气净化装置所需的量，向定量送到消石灰浆调整罐的消石灰供应规定比率的水。消石灰和水的供应设备及阀门由设置在消石灰浆调整罐的质量检测器控制启动和停止。在消石灰浆调整罐中调整好的消石灰浆，从罐的底部通过振动格栅送到消石灰供应罐。搅拌器用来保证石灰和水充分混合，完全熟化。

(3) 振动格栅。振动格栅的作用是防止消石灰浆调整罐中没有被溶化的消石灰块进入消石灰浆供应罐，振动格栅处仅使一定粒度以下的消石灰浆能够通过，以防止消石灰浆供应罐及消石灰浆泵发生故障。

(4) 消石灰供应罐。设置 1 台带搅拌器的消石灰供应罐，罐的容量为 4 条线 8h 的消耗量。供应罐的液位被测量，由 DCS 监视。消石灰浆由消石灰供应泵送到消石灰供应线，喷入半干式脱酸塔。未消耗的石灰浆通过循环管道回到供应罐。

(5) 消石灰浆泵。消石灰浆泵的作用是输送石灰浆至反应塔中，设置 2 台消石灰浆供应泵（其中 1 台备用）。泵的启动/停止可由就地或远程操作，装有被供应罐的液位限制的连锁回路。在运行中的消石灰浆泵异常停止时，备用泵自动启动。

四、影响 SO_2 脱除的主要因素

SO_2 的吸收是一个复杂的物理化学反应过程，影响喷雾干燥过程的热量传递和质量传递的参数都会影响 SO_2 的吸收效果。对于干燥过程，影响液滴干燥时间的主要因素为烟气温度、液滴含水量、液滴粒径和脱硫反应后的温度趋近绝热饱和温度。从化学反应角度，吸收剂反应特性及比表面积、反应时间、钙硫比等因素对反应过程有重要影响。

1. 液滴粒径

液滴粒径是一个重要的过程参数，对干燥时间和 SO_2 吸收反应有关键影响。良好的雾化效果和极细的液滴粒径可保证 SO_2 吸收效率和液滴的迅速干燥，但是，液滴的粒径越小，干燥时间也就越短，脱硫吸收剂在完全反应之前已经干燥，气液反应变成气固反应，而喷雾干燥脱硫过程主要是离子反应，反应主要取决于是否存在水分，气固反应使脱硫效率达不到要求。因此，存在一个合理的雾化程度和合适的雾化粒径，以保证在达到满意的脱硫反应之前液滴不至于干涸。

2. 接触时间

烟气和脱硫剂的接触时间对脱硫效果有很大影响。反应物间的充分接触有利于脱硫，各种脱硫技术都设法延长脱硫剂和烟气的接触时间，以提高脱硫效率。在喷雾干燥法脱硫技术中，以烟气在塔内停留时间来衡量烟气与脱硫剂的接触时间，烟气在塔内停留时间主要取决于石灰浆液滴的蒸发干燥时间，一般为 $10\sim12s$。对应的烟气流速称为空塔流速，在实际设计脱硫塔时，烟气空塔流速是一个重要设计参数，降低烟气流速即延长烟气在塔内的停留时间，有利于提高脱硫效率。

在脱硫塔内，通过控制进入塔的水量确定了烟气近绝热饱和温度差后，当烟气温度与烟气绝热饱和温度之差达到了接近绝热饱和温度差时，继续延长烟气停留时间只是增加了液滴干燥后的气固反应，这一阶段脱硫塔内的反应本来就对脱硫效率贡献较小，而停留时间越长，脱硫塔的尺寸就越大，建设成本将增加。可见，从控制工程造价的角度出发，烟气在塔内的停留时间应有一个最佳值。

3. 钙硫比

钙硫比是影响脱硫效率的一个重要因素，由于脱硫反应过程中，脱硫剂不可能百分之百和 SO_2 发生反应，因此钙硫比一般都大于1。通常钙硫比越大，脱硫效率就越高。对于半干法脱硫而言，多数文献确定的钙硫比范围为 $1.2\sim2.0$。

4. 脱硫吸收剂的反应性能

石灰浆的反应性能在很大程度上取决于石灰石产地、研磨细度和熟石灰的消化特性。一般而言，研磨细度越细，在同样的入口烟气 SO_2 浓度和钙硫比的条件下，脱硫效率就越高。

5. 脱硫塔出口烟气温度（近绝热饱和温度差）

脱硫塔出口烟气温度对脱硫效率的影响，又可表示为近绝热饱和温度差对脱硫率的影响。近绝热饱和温度差为脱硫塔出口烟气温度与烟气绝热饱和温度之差，这个参数用来衡量烟气接近绝热饱和温度的程度。近绝热饱和温度差越小，烟气湿度越大，剩余脱硫剂内部所含的水分越高，脱硫效果就越好；近绝热饱和温度不能太低，否则会造成堵塞和腐蚀严重。因此在选取运行的近绝热饱和温度差必须综合考虑。一般情况下，近绝热饱和温度差为 $10\sim25℃$。

6. 入口 SO_2 浓度

一般认为，在其他条件不变情况下，脱硫塔入口烟气 SO_2 浓度增加，系统脱硫率将会有所提高。

7. 烟气入口温度

入口烟气温度提高，需要喷入水量增加，而液滴粒径不变，则液滴的个数增加，反应表面积增加，将提高脱硫率。但是，入口烟气温度也不能过高，尤其是当烟气中 SO_2 浓度较大、石灰浆液浓度较高时，过高的烟气温度会使水分快速蒸发，一开始水分的迁移率就不能保持液滴表面湿润，液滴表面很快形成干燥层，干燥层严重阻碍了水分的传递，使水分停留在液滴内部，气液反应就变成了气固反应，降低反应速率，对 SO_2 去除不利。

💡 任务评价

登录 600t/d 垃圾焚烧炉发电机组系统仿真平台，严格按照脱硫系统巡检规范的技能要求进行练习。

根据工作任务的完成情况和技术标准规范，仿真系统会自动逐项评价并给出完成任务情况的评价结果，依据评价结果，可以确定练习者的技能水平和改进的要求。仿真系统无法实现的技能要能按操作规范准确描述。

要求练习者最终练习要达到 90 分（满分按 100 分）以上水平。

工作任务八　除尘系统巡检

除尘系统包括除尘器与飞灰输送系统。它能对来自烟冷塔的烟气进行净化处理，将烟气里的固体颗粒（灰尘）除去，使烟气排放含尘量达到国家环保排放要求，除尘后的灰尘输送至灰仓，加螯合剂后制成砖填埋。电厂主要除尘设备有静电除尘器、布袋除尘器、电袋除尘器。垃圾焚烧电厂大多采用布袋除尘器，它适用于捕集细小、干燥、非纤维性粉尘。

任务目标

（1）了解除尘器与飞灰输送系统的作用及设备组成，熟悉布袋除尘器的工作过程及原理，掌握布袋除尘器的巡回检查参数及检查方法。

（2）掌握烟气除尘系统工艺流程。

（3）能利用仿真系统进行布袋除尘器启动前的检查及阀门复役操作。

（4）能利用仿真系统对布袋除尘器进行运行中的巡检，保证运行参数在规定值。

任务描述

除尘器与飞灰输送系统巡检工作包括布袋除尘器、斗式提升机、输送机等设备投运前的检查，袋式除尘器、飞灰输送系统运行中的巡检等。每班按照规定时间进行巡检，巡检内容包括检查进气和排气各阀门、卸灰阀、振动器、输送机、斗式提升机、风机等设备，确保运行正常。

任务实施

登录填图软件及 600t/d 垃圾焚烧炉发电机组 3D 仿真平台，严格按规范巡检程序完成除尘系统启动前的阀门恢复及系统日常巡检工作。

一、布袋除尘器投运前检查

（1）确认布袋除尘器相关检修工作完毕，工作票已终结，设备完整良好。

（2）确认压缩空气压力正常，气控阀远控、就地操作开关良好，无卡涩、泄漏现象，就地阀门恢复至系统启动前状态。

（3）确认系统的所有热工仪表、保护均已投入，指示正确。

（4）除尘器首次使用时应先手动各附属设备的传动机构，在没有任何故障时，才可启动电机。

（5）除尘器进气和排气各阀门、卸灰阀、振动器、风机、加热器等设备应进行单机试车，以确认不存在故障，具备正常运行的条件。

（6）除尘器及飞灰输送系统就地阀门恢复至启动前状态，各阀门状态见表1-29。

表1-29 　　　　　　　　除尘器及飞灰输送系统启动前各阀门开关位置

序号	名称	位置
1	压缩空气罐至仪用压缩空气调节阀前、后手动门	开启
2	压缩空气罐至布袋除尘调节阀前后手动门	开启
3	工艺用气至1号炉飞灰输送机手动阀	开启
4	1号布袋除尘器飞灰1、2号双向切换机工艺用气手动阀	开启
5	1号脱酸塔飞灰双向切换机工艺用气手动阀	开启
6	1、2号飞灰储仓排气过滤器工艺用气手动阀	开启

二、飞灰仓投运前的准备和检查

（1）确认检修工作完毕，工作票已终结，转动设备周围无人逗留，机体完整，脚手架拆除，设备和地面无垃圾。

（2）确认设备与系统连接完整，保温良好，吊架支撑良好。

（3）确认仓顶人孔盖板、进出口人孔门、观察孔关闭严密。

（4）确认机料位计完好，电源已送上。

（5）确认仓体电加热器绝缘合格，电加热器电源已送上，控制开关置于"自动"模式。

（6）确认储仓防爆板校验正常，排灰管道及设备无堵灰现象。

三、斗式提升机投运前的准备和检查

（1）确认检修工作完毕，工作票已终结，转动设备周围无人逗留，机体完整，脚手架拆除，设备范围和地面无垃圾。

（2）确认电动机不受潮，接地线良好，绝缘合格，电动机电源已送上。

（3）确认设备与系统连接完整，保温完整，吊架支撑良好。

（4）确认提升机输灰链条无跑偏、堵灰现象，下部无积灰现象。

（5）确认提升机所有的监视门都已关闭，上下区段及经常打开的检查门处照明良好。

（6）确认提升机电加热器绝缘合格，电加热器电源已送上，控制开关置于"自动"模式。

四、输送机投运前的准备和检查

（1）确认检修工作完毕，工作票已终结，转动设备周围无人逗留，机体完整，脚手架拆除，设备和地面无垃圾。

（2）确认压缩空气系统投用，压缩空气压力正常。

（3）确认电动机不受潮，接地线完好，绝缘合格，电动机电源已送上。

（4）确认设备与系统连接完整，保温完整，吊架支撑良好。

（5）确认各就地控制盘完好，各开关、信号指示灯、表计完好。

(6) 确认各输送机、输送带均无堵塞现象，设备试转合格。

(7) 输送系统设备各压力表、温度表完整。

(8) 确认输送机两端轴承箱内悬挂轴承的油杯及驱动装置的减速器均已注入相应的润滑油。

(9) 检查各输送机连接法兰螺栓是否有松动或剪断现象。

(10) 确认出灰气控阀远控、就地操作良好，开关良好，无泄漏、卡涩现象。

(11) 确认旋转排灰阀所有密封衬垫的密封性良好。

(12) 确认旋转排灰阀和其减速电动机充填的润滑油脂的量符合要求。

(13) 确认输送机电加热器绝缘合格，电加热器电源已送上，电加热器控制开关置于"自动"模式。

五、布袋除尘器运行中巡检

(1) 检查仪用和清灰压缩空气罐压力正常；每班对各储气罐进行疏水排污。

(2) 检查卸灰阀阀芯、轴承及电机运行应无异声，各螺栓无松动，卸灰阀温度正常，卸灰阀没有堵灰；卸灰阀电机及减速机温度应无异常，减速机油位正常，无漏油。

(3) 检查脉冲阀运行压力正常，应保持在 0.35～0.4MPa，无漏气，无异声。

(4) 检查并确认袋式除尘器烟道进出口管道上胀缩节、人孔门处严密无泄漏。

(5) 检查烟道压力、除尘器进出口烟气温度、除尘器进出口差压应正常。

(6) 检查烟道上各阀门、循环加热风机进出口阀门、除尘器隔仓顶部提升阀的开关位置应符合运行状态要求。

(7) 检查并确认袋式除尘器隔仓料位、温度正常，振打装置工作正常。

六、飞灰输送系统运行维护注意事项

(1) 料斗内的物料不得混有缠绕物和坚硬的大块状物，以免卡住螺旋输送体而造成设备的损坏。

(2) 在使用中应经常检查设备的工作状态，注意各紧固件是否有松动，一经发现应立即拧紧。

(3) 经常检查设备的头尾轴承处，一是注意轴承的温升是否正常（温升不超过环境温度 30℃），二是定期加润滑脂。

(4) 经常检查设备进出料及连接处，注意有无漏灰现象，一经发现立即处理。

(5) 定期检查设备的头尾轴承处的连接传动情况，若发现异常，立即处理。

⚠ **相关知识**

一、布袋除尘器的作用及工作原理

布袋除尘器是垃圾焚烧发电厂烟气处理系统的关键设备之一。布袋除尘器的功能有两方面：一方面，在进口处分离烟气中的灰尘和固体颗粒，然后在出口处将无尘的干净气体排出；另一方面，袋子上黏附的粉尘中含有石灰浆和活性炭，因此可以延续中和反应和吸附粉尘中的有害物。这在反应塔中的喷雾器关闭后的较短时间里显得尤其重要，中和反应将在滤袋上的粉尘上继续进行。同时，布袋材质的温度等级能够适应在反应塔喷雾器关闭时和烟气冷却中断这段较短时间内的温度变化状况。

布袋除尘器的工作原理如图1-19所示。含尘烟气进入中箱体下部,在挡风板形成的预分离室内,大颗粒粉尘因惯性作用落入灰斗,烟气沿挡风板向上到达滤袋,粉尘被阻留在滤袋外面,干净烟气进入袋内,并经袋口和上箱体由排风口排出。滤袋表面的粉尘不断增加,导致压力降的不断增加。在压力降增加到一设定值时,自动控制系统发出信号,控制喷吹系统开始工作。压缩空气从稳压气包按顺序经脉冲阀和喷吹管上的喷嘴向滤袋内喷射,滤袋因此而急剧膨胀,在产生的加速度和反向气流的作用下,附于袋外的粉尘脱离并落入灰斗,粉尘由卸灰阀排出。

二、烟气除尘系统工艺流程及技术规范

烟气除尘系统包含除尘器本体、收集灰渣的灰斗以及卸灰阀的部分组成。除尘器为布袋除尘器,布袋除尘器有3×3个平行的独立的小室,有共用的进气管道和出口管道。

每两个小室分别连接有一个灰斗和一个进气阀门,每个小室分别用一个阀门连接在共用的出口管道上。烟气在经反应塔中冷却以及石灰浆、活性炭吸附处理后,由反应塔出口进入除尘器各室共用的进口管道里。每个小室都垂直悬挂一定数量的滤袋,以保证来自反应塔的烟气以允许的流速通过除尘器。烟气由布袋的外部穿过滤袋进入布袋的内部,将粉尘隔离在布袋外部,在布袋外部形成饼块状粉尘层,在这种情形下,可以延续反应塔的中

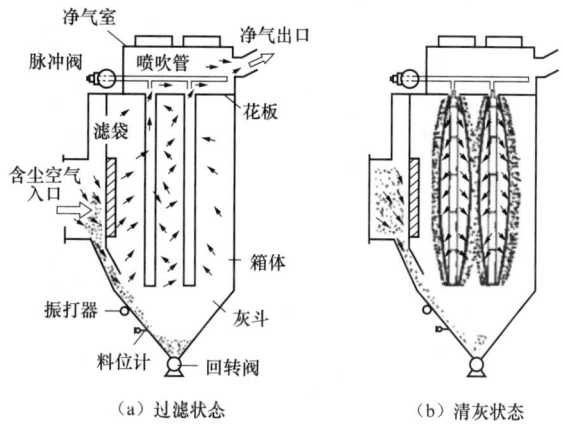

图1-19 布袋除尘器的工作原理

和反应以及活性炭对有害物质的吸附。净化后的烟气由共用的出口管道与引风机连接,通过烟囱排出。布袋除尘系统设备技术参数见表1-30。

表1-30 布袋除尘系统设备技术参数

项 目	单位	技术参数
额定风温	℃	150
布袋除尘器出口烟气最高温度	℃	140
设计入口风量	m³/h	128 560
仓室个数(每台除尘器)	个	6
滤袋数量(每台除尘器)	个	1440
滤袋材质	—	100%PTFE针刺毡覆PTFE膜的防酸性滤料
每隔仓滤袋行数	—	16
滤袋规格(直径×长度)	m×m	0.15×6
每排之间的间距	mm	240
滤袋之间的间距	mm	90

续表

项 目	单位	技术参数
每个滤袋过滤面积	m²	2.82
总过滤面积（6 个箱体）	m²	4060
过滤风速	m/min	0.73（MCR）
滤袋寿命	年	＞3
龙骨材质	—	碳钢镀有机硅
清灰方式	—	在线脉冲反吹式
清灰压缩空气压力	MPa（g）	0.6
清灰频率控制	—	袋式除尘器的压降
通过除尘器的压降	Pa	＜1500
机械设计压力	Pa	—6000
外壳材料/厚度	mm	（Q235B）≥6
最大漏风率	%入口流量	2
外壳保温厚度	mm	＞150
最低外壳温度	℃	145
灰斗	每台除尘器灰斗数量	个	6（每个仓室 1 个）
	灰斗材料厚度	mm	≥6
	保温厚度	mm	150
	电伴热功率	kW	6×12
	锥体角度	—	约 65°
加热循环	电加热功率	kW	240
	循环加热风机的风量	m³/h	17 400
	功率	kW	22

三、除尘系统设备组成

除尘系统由布袋除尘器本体、外壳、滤袋及滤袋笼、布袋除尘器清洁设备（脉冲喷气清扫设备）、布袋除尘器下部灰斗用振动器、热风循环设备（热风循环空气加热器、热风循环风机）、布袋除尘器下部灰斗用加热器、布袋除尘器飞灰排出用旋转阀、挡板、阀门、仪表类等组成。

资源库 13_布袋
除尘器的结构

1. 布袋除尘器本体及滤袋

为确保消石灰、活性炭和碳酸氢钠有足够的时间与烟气中的有害气体反应，布袋除尘器的过滤风速设计为 MCR 工况时 6 仓室运行时 0.8m/min 以下。为保证即使在滤袋的检修、维护时焚烧炉也能继续运行，布袋除尘器采用 6 仓结构。在滤袋的初期附着层上会形成颗粒物堆积层。颗粒物堆积层中含有大量的未反应消石灰，可以对烟气中的有害酸性气体发挥高效率的去除效果。也就是说，酸性气体的去除反应不仅在半干式脱酸塔内进行，也在滤袋上的颗粒物堆积层进行，从而达到较高的去除率。烟气由滤袋外侧向内侧通过时，烟气被滤袋上的颗粒物堆积层所净化，净化后的烟气则通过滤袋支撑板上方的空间排出。

滤袋材质采用 PTFE，表面通过 PTFE 覆膜加工，提高颗粒物的剥离性和捕获性，如图 1–20 所示。

布袋由袋笼支撑，悬挂于花孔板上

图 1–20　布袋除尘器滤袋

2. 脉冲清洁装置

滤袋的清洗是利用脉冲空气将粉尘抖落来达成清扫目的的。这套洗净装置由压缩空气分管道和电磁阀等组成。在滤袋的洗净过程中，在维持烟气净化系统的功能基础上，一次一仓地进行清扫。

监视布袋除尘器的压差，自动控制。设有在线脉冲清扫和离线脉冲清扫方式，在线清洁模式时，可以选择是"单室"还是"分布式"清洁。

资源库 14_布袋除尘器的工作过程

"单室"清洁时，下一排（奇－偶）清洁即是说同一个室的下一排（奇－偶），这样直到最后一排。在最后一排后，则下一个小室的第一排开始清洁。"分布"清洁时，下一排（奇－偶）清洁即是说下一个小室的同一排（奇－偶），直到最后一个小室。在最后一个小室结束后，则第一个小室的下一排（偶－奇）则开始进行清洁。

在正常运行时，采用在线脉冲方式运行，利用脉冲喷气清扫系统的布袋除尘器压差控制自动运行。各条线的清扫周期也根据压差自动控制。该清扫过程可以用定时器来设定清扫作业的周期。

一旦滤袋破损，设置在烟囱上的颗粒物浓度计的数值上升，系统会报警。在滤袋堵塞时，布袋除尘器压差计的数值上升，系统也会报警。报警时可以关闭发生异常的仓室，继续运行焚烧炉。

3. 布袋除尘器飞灰运出装置

被清灰的颗粒物由设置在灰斗下部的旋转阀排出，导入设置在下游的布袋除尘器飞灰输送机。每台输送机运送 3 个灰斗的飞灰，1 台布袋除尘器设置 2 台输送机。灰斗中可以储存 12h 连续运行的飞灰量。另外，为了维持飞灰的稳定期排污出，设置布袋除尘器下部灰斗用振动器和电伴热。灰斗发生架桥时，可以通过灰斗料位计检测。同时，因飞灰堆积会引起温度上升，因此可以由灰斗电伴热器的温度控制器或就地温度计确认温度的异常升高，由此预测架桥。在灰斗的旋转出灰阀的上面设置维修用气动插板阀。

4. 热风循环设备和灰斗电伴热

为了防止因结露而引起的布袋除尘器本体和管道的腐蚀，在焚烧炉启动和停机，以及停机期间，布袋除尘器用热风循环加热暖机，箱体温度需要加热到130℃，方能处理烟气。预热系统包括循环风机、电加热器以及连接各小室的热空气流通管道。通过控制各小室的进口阀门开启/关闭分别形成各小室的热空气封闭回路循环。此时，各小室出口阀门处在打开状态，以便热空气流出各小室进入连接管路，同时，出口总管道上的阀门处于关闭状态。加热系统运行状态一直持续到除尘器小室分别达130℃时停止。

烟气加热器是由程序控制的。加热器共有两级，根据出口的烟气温度来进行控制，如果温度过低，则两级加热器均需启动。如果各小室的温度达到130℃以上，则加热器就会全部关闭。加热器的释放信号来自控制室的预加热程序。它同时也会反馈运行信号和故障信号。

当烟气温度达到130℃以上时，加热器停止运行，除尘器进入正常工作模式。

当除尘器加热器停止运转后（正常状态下），预热管路中仍留有的干净热空气会逐渐变冷，管路会出现结露现象，因此需要配备环境空气清扫系统。只要加热器停止运行，空气清扫系统就会立刻启动运行。空气清扫系统包含有一个风机和空气电加热器，在除尘器预热系统关闭时隔离阀开启，在预热系统运行时隔离阀关闭。空气清扫系统释放信号来自中央控制室，并且反馈运行或故障信号

四、烟气处理间飞灰输送系统

1. 烟气处理间飞灰组成

烟气处理间飞灰包括脱酸反应塔飞灰和布袋除尘器飞灰。所对应的飞灰输送系统为脱酸反应塔输灰系统和布袋除尘器输灰系统。

（1）脱酸反应塔输灰系统。从余热炉水平烟道出来的烟气携带着大量的灰颗粒进入反应塔内，并与喷入反应塔里的石灰浆/小苏打等反应脱除酸性气体，灰颗粒伴随反应生成物在重力、惯性力、离心力的作用下一部分被分离出来，落入反应塔底部的锥形灰斗里，通过灰斗下部的埋刮板输送机将其均匀地输送进入公用埋刮板输送机、斗式提升机内，最终排入细灰罐。

（2）布袋除尘器输灰系统。从反应塔出来的烟气仍然携带着大量的细灰颗粒，反应塔出口有活性炭喷入以吸附烟气中的重金属等，所有的烟气通过引风机从烟囱排向大气之前都要经过布袋除尘器进行过滤，在这里99.5%的灰尘都会被滤除而附着在布袋上，脉冲清灰装置可以将附着在布袋上的灰尘清落到布袋底部的锥形灰斗里，通过灰斗下部的埋刮板输送机将其均匀地输送进入公用埋刮板输送机、斗式提升机内，最终排入细灰罐。

2. 烟气处理间飞灰输送系统流程

飞灰系统指烟气净化系统（喷雾反应器和袋式除尘器）收集的粉尘，因其成分复杂且含有一定量的毒性物质，故与焚烧产生的炉渣分开处理，设置单独的输送及储存设备。

布袋除尘器灰斗收集的灰渣经旋转排灰阀排入埋刮板输送机，每台除尘器 6 个灰斗有 2 台埋刮板输送机（每 3 个灰斗 1 台），飞灰经此输送机与从喷雾反应器锥体排出的固态生成物从不同入口分别排入另一条主要的埋刮板输送机，由该输送机将灰渣输送到斗式提升机，将灰渣提升至飞灰仓，飞灰输送系统流程如图 1-21 和图 1-22 所示。

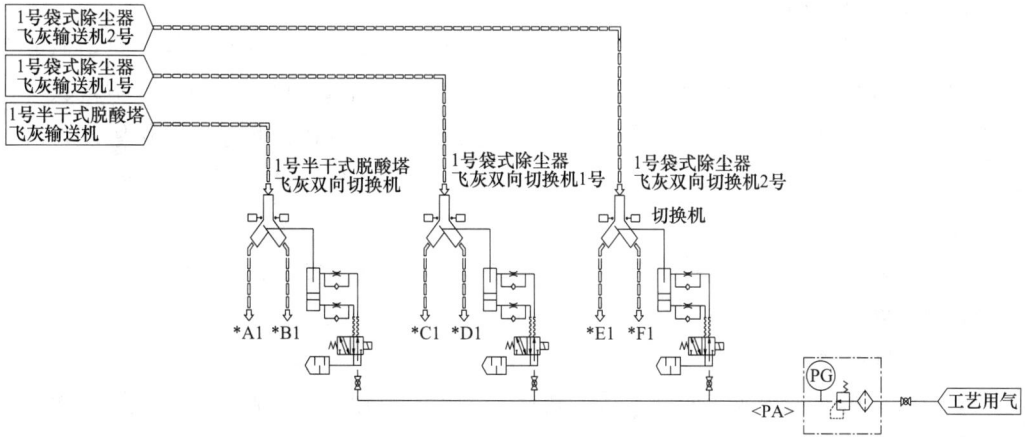

图 1-21　飞灰输送系统流程（一）

图 1-22　飞灰输送系统流程（二）

储仓顶部设有除尘器及排风机，可使仓内保持一定的负压以防止灰渣飞扬。储仓内的飞灰由螺旋搅拌器将其送入灰渣车间，灰渣车间将飞灰加药处理后装入密闭运输车送至危险品废品安全填埋场填埋。飞灰储仓及之前的输送设备即埋刮板输送机、斗式提升机及双向出料螺旋等均设置电伴热并采用矿棉保温以防灰渣吸潮结块及腐蚀。

五、烟气处理间飞灰输送系统设备组成

在烟气净化系统中，飞灰的排出口较多，对输送设备而言，入料口较多且负荷分布不均匀，长度也较长，故喷雾反应器及袋式除尘器下面的输送设备采用埋刮板输送机比螺旋输送机更为合适。飞灰的提升装置采用斗式提升机，占用面积小、结构紧凑，且提升高度更具灵活性。

1. 布袋埋刮板输送机

此为布袋除尘器的飞灰输送用埋刮板输送机，因布袋除尘器的 6 个灰斗分成两排，故每台布袋除尘器设置 2 台埋刮板输送机。

2. 反应塔埋刮板输送机

此为反应塔的飞灰输送用埋刮板输送机，飞灰经破碎机研磨破碎后进入埋刮板输送机，每台反应塔设置 1 台埋刮板输送机。

3. 公用刮板输送机

此为喷雾反应器及布袋除尘器汇总的灰渣输送机，其承担着灰渣输送任务，输送能力按烟气净化线最大灰渣排量设计。公用刮板输送机共两条线，一用一备。通过双向螺旋与各布袋和反应塔埋刮板输送机相连。各刮板输送机技术参数见表 1 - 31。

表 1 - 31　　　　　　　　各刮板输送机技术参数

布袋除尘器飞灰输送机			
序号	项目	单位	技术参数
1	型号	—	YD310
2	数量	台	8
3	输送量	m^3/h	7
4	输送距离	mm	22 900
公用飞灰输送机			
1	1 号飞灰输送机型号	—	YD500S
2	数量	台	2
3	输送量	m^3/h	20
4	输送距离	mm	40 709
5	2 号飞灰输送机型号	—	YD640S
6	数量	台	2
7	输送量	m^3/h	25
8	输送距离	mm	26 718
9	3 号号飞灰输送机型号	—	YD640S

公用飞灰输送机			
序号	项目	单位	技术参数
10	数量	台	2
11	输送量	m³/h	25
12	输送距离	mm	22 932

4. 斗式提升机

为将灰渣送至灰渣储仓内，需设置 2 台斗式提升机，其技术参数见表 1-32。斗式提升机为密闭式，输送能力与埋刮板输送机相匹配，提升高度按灰渣储仓高度加上相应的输送装置所需的高度来确定。

资源库 15_斗式提升机的结构

源库 16_斗式提升机的工作原理

5. 灰渣储仓

灰渣储仓容量是每天烟气净化处理装置处理灰渣量的 3 倍。储仓底部设仓泵，储仓顶部设过滤及排风装置，技术参数见表 1-33。

表 1-32　　　　　　　　　斗式提升机技术参数

序号	项目	单位	技术参数
1	型号	—	NE50
2	数量	台	2
3	输送能力	m³/h	30

表 1-33　　　　　　　　　灰渣储仓技术参数

序号	项目	单位	技术参数
1	数量	台	2
2	容积	m³	300（MCR 运行 3 天的存储量）
3	灰渣储仓用破拱装置	—	有
4	仓顶除尘器	—	有

6. 飞灰固化系统

由于水泥-稳定剂固化技术成熟、工艺简单、成本较低，飞灰固化后性质稳定，能满足 GB 16889—2008《生活垃圾填埋场污染物控制标准》的要求，可进入生活垃圾填埋场填埋。故本厂选用水泥-稳定剂固化技术工艺进行飞灰固化。

飞灰输送至固化车间内钢灰库存放，水泥由汽车送至飞灰固化车间水泥库存放。飞灰固化车间里设有钢灰库、水泥库、螯合剂原液罐、溶液制备罐、溶液储存罐、溶液计量罐、溶液输送泵、溶液计量泵、原液计量泵、溶液喷射泵等。飞灰固化系统技术参数见表 1-34。钢灰库和水泥库下设带刮板输送机及称重计量罐，飞灰和水泥按设定比例称量后送至双轴混炼机。双轴强制搅拌机对物料进行搅拌混合，水泥、螯合剂和加水的添加率分别接近飞灰质量的 12％、2％和 25％。操作中按比例均匀各种物料，同时在运行过程中可根据飞灰性质调整水泥、螯合剂和水的比例。飞灰通过添加固化剂、水泥、黏结剂、水等使飞灰混合后形成固化体。飞灰中的重金属（Hg、Cd、Pb、Cu、Zn）和有害有机物通过螯合剂的螯合反应固定化。从而避免粉尘污染，减少重金属的溶出和有害有机物的渗出。

表 1-34　　　　　　　　　　　飞灰固化系统技术参数

序号	名称	单位	数量	技术参数
1	水泥仓及组件	套	2	80m³
2	水泥仓顶除尘器	台	2	24m²
3	飞灰输送螺旋输送机	台	2	GLS300-7m
4	飞灰称重斗	个	2	3m³
5	水泥称重斗	个	2	0.4m³
6	混合搅拌机	台	2	MEO3000/2000，$Q=1.2t/$次
7	三通换向阀	个	2	QSF400
8	干灰散装机	个	2	JSZ-25
9	加湿水槽（回用水罐）	个	1	2m³
10	清水储罐	个	1	10m³
11	螯合剂配置罐（含搅拌机）	个	2	8m³
12	螯合剂稀释泵	台	2	IHF50-32-125
13	螯合剂注入泵	台	2	65FZB-25C
14	螯合剂溶液输送泵	台	3	IHF50-32-125
15	回用水输送泵	台	2	25QW8-22

为了使稳定化后的飞灰达到足够的强度，防止重金属类的溶出，混合成形后的物料压制成型后送至养护场进行 48 个 h 的养护，稳定化后的飞灰满足 GB 16889—2008 的浸出毒性标准要求后，送至垃圾填埋场指定区域进行安全填埋。

飞灰固化处理流程如图 1-23 所示。

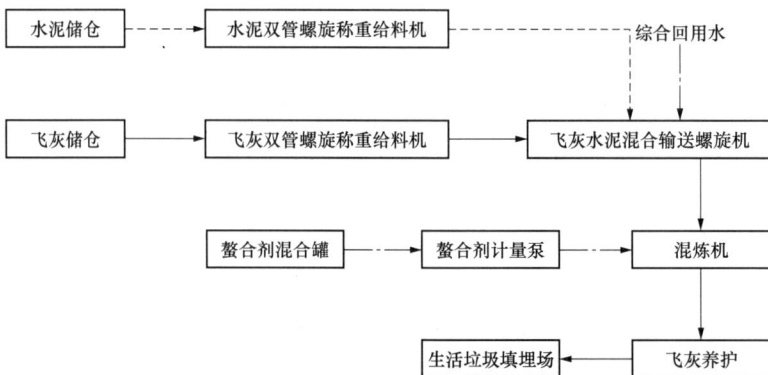

图 1-23　飞灰固化处理流程

💡 任务评价

登录 600t/d 垃圾焚烧炉发电机组系统仿真平台，严格按照除尘系统巡检规范的技能要求进行练习。

根据工作任务的完成情况和技术标准规范，仿真系统会自动逐项评价并给出完成任务情况的评价结果，依据评价结果，可以确定练习者的技能水平和改进的要求。仿真系统无法实现的技能要能按操作规范准确描述。

要求练习者最终练习要达到 90 分（满分按 100 分）以上水平。

工作任务九　灰渣处理系统巡检

灰渣处理系统能够处理焚烧炉排出的底渣、炉排缝隙中泄漏的垃圾、降温塔排灰、锅炉尾部烟道飞灰和除尘器收集的飞灰等。底渣和飞灰的处理以机械输送方式为主，灰渣外运采用汽车运输。锅炉尾部排灰采用螺旋输送机集中排至焚烧炉尾部，与底渣混合后排到渣坑。燃料灰分中的 90% 变为炉渣，10% 变为飞灰，飞灰中还包括活性炭、反应产物和未参与反应的 $Ca(OH)_2$。

📋 任务目标

（1）了解灰渣处理系统作用及设备组成，熟悉灰渣处理各设备的工作过程及原理，掌握设备的巡回检查参数及检查方法。

（2）掌握灰渣处理系统工艺流程。

（3）能利用仿真系统进行灰渣处理系统启动前的检查及阀门复役操作。

（4）能利用仿真系统对灰渣处理系统进行运行中的巡检，使运行参数保持在规定值。

🎓 任务描述

灰渣处理系统巡检工作包括灰渣处理系统启动前的检查和系统正常运行中的巡检。每班应按规定时间对所属设备进行巡检，使各设备运行参数在正常范围内。

👣 任务实施

登录填图软件及 600t/d 垃圾焚烧炉发电机组 3D 仿真平台，严格按规范巡检程序完成灰渣处理系统启动前的阀门恢复及系统日常巡检工作。

一、灰渣处理系统启动前的检查

1. 排渣机启动前的检查

（1）检查并确认排渣机相关检修工作已经结束，工作票已终结，具备启动条件。

（2）检查并确认液压系统已经正常运行，焚烧炉排已经可以正常运行。

（3）按照操作票，将灰渣处理系统恢复至启动前的状态。各阀门开关的位置见表 1-35。

表 1 - 35　　　　　　　　　　灰渣处理系统启动前各阀门开关的位置

序号	名　　称	位置
1	轴冷风机至飞灰输送系统手动阀	开启
2	锅炉第一灰斗 1、2 号输送机吹扫进、出气阀	开启
3	锅炉第二灰斗 1、2 号输送机吹扫进、出气阀	开启
4	省煤器灰斗输送机吹扫进、出气阀	开启
5	锅炉第三灰斗 1、2 号旋转阀前手动挡板门	开启
6	锅炉第四灰斗 1、2 号旋转阀前手动挡板门	开启
7	锅炉第五灰斗 1、2 号旋转阀前手动挡板门	开启
8	锅炉第六灰斗 1、2 号旋转阀前手动挡板门	开启
9	漏渣挡板工艺用气总阀	开启
10	各炉排漏渣挡板用气手动阀	开启

2. 炉底漏灰输送机启动前的检查

（1）检查并确认炉底漏灰输送机的所有检修工作已结束，工作票已终结，现场已清理干净，人孔门关闭严密。

（2）检查并确认炉底漏灰输送机的电机绝缘合格，合上炉底漏灰输送机电机电源和控制电源。

（3）打开炉底漏灰输送机水箱补水阀，水封补至正常水位后关闭。

（4）按照操作票将各炉排漏渣挡板用气就地手动门打开。

3. 余热锅炉输灰系统启动前的检查

（1）检查并确认余热锅炉输灰系统各螺旋输送机、埋刮板输送机检修工作已结束，工作票已终结，具备启动条件。

（2）检查并确认各螺旋输送机、埋刮板输送机的电机绝缘合格。

（3）检查并确认锅炉左右侧排渣机已启动并运行正常。

二、炉底漏灰输渣系统巡检

1. 排渣机正常运行巡检

（1）检查两台排渣机工作是否正常，有无异常的声音。

（2）检查液压缸进退是否到位，限位信号是否正常。

（3）检查排渣机本体有无缺陷，有没有漏水、漏灰渣的现象，排渣口是否被堵塞。

（4）检查并确认各轴承座无漏油现象，振动出渣机振动频率均匀，偏心轴承工作正常。

（5）检查振动弹簧有无损坏，传动皮带是否完好。

（6）检查水箱进水管、溢水管是否畅通，是否有出干灰或溢水现象，必要时调节进水阀，检查浮球阀工作是否正常。

（7）检查渣池有无出生料现象，并及时通知运行值班员调整燃烧。

（8）检查渣池有无垃圾堆积，沉积池是否满水，如有该情况应及时报告值长。

2. 炉底漏灰输渣系统正常运行巡检

（1）检查炉底漏灰输送机补水箱水位是否正常，自动浮球是否可靠，及时清理补水口附近的灰渣及杂物，确保补水畅通。

（2）检查炉底漏灰输送机及炉底公用段刮板机各人孔门法兰、阀门及壳体表面有无滴漏，螺栓有无锈死情况，并做好记录。

（3）检查刮板链条张紧力，减速机工作是否正常，有无振动、卡涩或漏油，仔细观察左右张力调整位置是否一致，必要时进行调整。

（4）检查炉底漏灰输送机左右侧刮板及炉底公用段刮板机链条有无偏斜，若存在跳齿、头尾轮积渣较多时，及时调整链条张紧装置并清洗头尾轮表面。

3. 余热锅炉输灰系统巡检

（1）检查各埋刮板输送机人孔门法兰、阀门及壳体表面有无滴漏，螺栓有无锈死并做好记录。

（2）检查各埋刮板输送机刮板链条张紧力，减速机工作是否正常，有无振动、卡涩、漏油、异声，仔细观察左右张力调整位置是否一致，必要时进行调整。

（3）检查各埋刮板输送机链条有无偏斜，当存在跳齿、头尾轮灰块较多时，应及时调整链条张紧装置并清洗头尾轮表面。

（4）检查各卸灰阀是否正常工作，通过观察口观察排料或输灰管温度来判断飞灰输送是否畅通。

⚠ 相关知识

灰渣处理系统包括锅炉排渣机、炉底漏灰输渣系统，余热锅炉输灰系统和烟气处理间输灰系统组成，如图 1-24 所示。烟气处理间输灰系统内容已在工作任务八中进行了介绍，这里不再叙述。

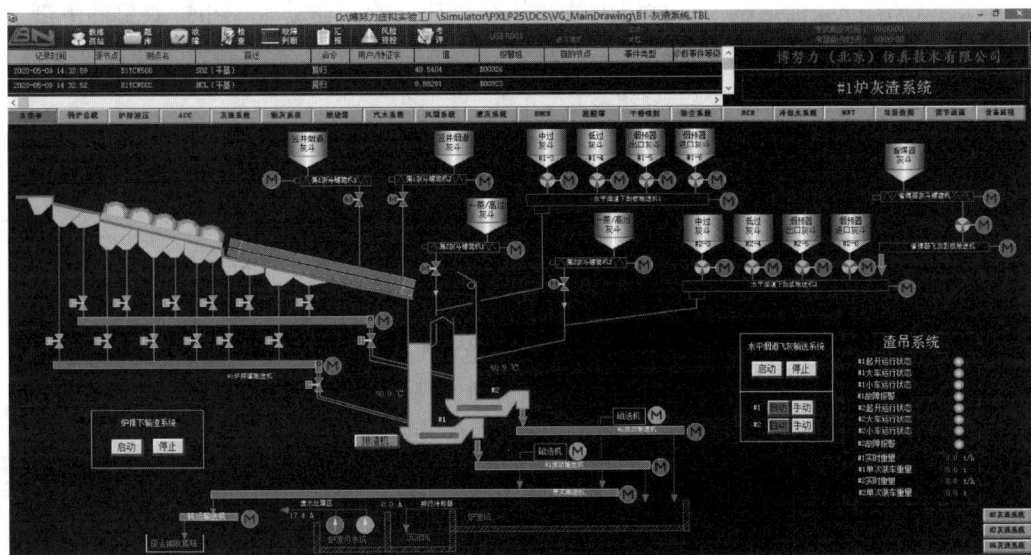

图 1-24 灰渣处理系统

一、排渣机

从焚烧炉来的炉渣经排渣机入料口进入排渣机内部，经排渣机滑枕向排渣机出料口方向推送落入排渣机水槽中冷却后，由出渣机转入直线振动输送机，经除铁后被排入渣坑中，经灰渣吊车抓斗装入自卸汽车运送至综合利用。从炉排缝隙中泄漏下来的较细的垃圾通过刮板输送机被送入出渣通道内，落入排渣机，与炉渣一起被送至渣坑。炉渣通过汽车送至综合利用用户。渣坑容量约 200m³，能储存约 3 天的炉渣。

1. 排渣机的作用

排渣机主要用于从液体与固体混合物中将符合一定粒度的固体物质分离出来，在垃圾焚烧发电厂中是指将焚烧炉中生活垃圾燃尽后的灰和炉渣排出，也作为输送系统和焚烧炉落渣斗间水密封使用。排渣机的主要作用如下所述。

（1）冷却高温炉渣：排渣机内的水将高温的炉渣冷却。

（2）沥干炉渣：冷却后的炉渣浸在水中，通过滑枕或履带式刮板把炉渣推向出口，炉渣内的水在压力和重力作用下沥出。

（3）封隔空气流动：排渣机内的水通过液位控制，可防止外部空气进入燃烧室，确保燃烧室的气密性要求。

2. 排渣机的种类

垃圾焚烧发电厂常用排渣机分为刮板式排渣机和往复推动式排渣机。

（1）刮板式排渣机。刮板式排渣机由本体、驱动装置（液压电机）、驱动大轴、从动大轴、链条、刮板、补水箱、通风装置、控制系统等组成。其工作原理：在主驱动轴的一端，液压电机通过花键与减速机连接，减速机与该主驱动轴相接，液压电机通过液压油驱动，液压电机带动减速机旋转，驱动轴和安装在驱动轴上的链轮带动刮板链条的运行，在排渣机的上部有驱动链轮和驱动轴，在排渣机的下部有尾部链轮和链轮轴，刮板链条与驱动链轮和尾部链轮组成输送系统，

资源库 17_刮板式捞渣机的结构

其工作原理如图 1 - 25 所示。

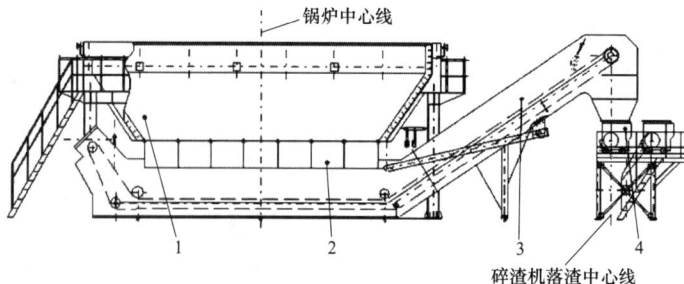

图 1 - 25　刮板排渣机的工作原理
1—渣井；2—关断门；3—刮板排渣机；4—碎渣机

在排渣机的头部有两个液压缸用于拉紧传动链，以保证刮板链条总是处于拉紧状态。排渣机的水位由带浮球的补水箱控制，补水可取自渣池污水回用系统或工业水系

统。排渣机出渣口处设置集气罩，聚集的水汽通过渣池废气净化系统沉淀过滤后排至高空区域。

（2）往复推动式排渣机。排渣机位于垃圾焚烧炉炉排出口下方，600t/d焚烧炉出口配置两台排渣机，其技术参数见表1-36。炉渣经排渣通道落入排渣机，在排渣机内灭火、冷却。

资源库18_往复推动式排渣机的结构

表1-36　　　　　　　　往复推动式排渣机技术参数

序号	项目	技术参数
1	形式	水浴往复式
2	额定输出（湿基）（t/h）	15
3	最大输出（湿基）（kg/h）	4500
4	外形尺寸（mm）	6480×4250×2500
5	设计容量（湿基）（kg/h）	＞4000
6	驱动方式	液压式
7	液压缸规格	160/90-800
8	数量（台/炉）	2

往复式排渣机由槽体、驱动装置、滑枕、密封装置、液位控制开关组成。从焚烧炉来的炉渣经排渣机入料口进入排渣机内部，排渣机内部设置滑枕，用于排出炉渣。滑枕由左右两侧的液压缸提供动力，滑枕向排渣机出料口方向推送，每次推送只推送一段距离，在驱动油缸达到其行程后，推料机构则退回初始位置，而推送的炉渣则停留在原位置处。在推送机构到达初始位置后，则开始进行下一次的推送行程。经过多次的推送行程，被推送的炉渣逐渐累积压缩并露出排渣机内部的冷却水位进行脱水、从出料口排出。排渣机补水箱的水位由电磁阀控制，补水可取自渣池污水回用系统或工业水系统。

二、炉底漏灰输渣系统流程

垃圾在焚烧炉炉膛内燃烧过程中，由于燃烧炉排间的相互运动，炉排片间隙和表面粒径较小的灰渣，各炉排下都设有灰仓，残渣随炉排的往复运动经炉排刮板清理落入炉排底部风室下部漏灰斗，灰渣由每个灰仓的灰斗收集。通过炉底左、右侧漏灰输送机集合后输送到炉底公用段刮板输送机，落入炉底漏灰输送机水槽内，槽内设有水封，水封水位设有自动调节装置，槽中的灰渣由炉底左、中、右侧漏灰输送机送到左、右侧往复式排渣机，然后排至渣池。

垃圾焚烧发电厂常用炉底漏灰输渣机分为水封式、气动挡板式双排链炉底漏灰输送机和埋刮板输送机，各刮板输送机技术参数见表1-37。

表1-37　　　　　　　　各刮板输送机技术参数

名　称	设备型号	输送量（m³/h）	数量（台/炉）	转速（r/min）	功率（kW）	电流（A）	中心长度（mm）
炉排漏渣输送机	YD430	2~5	2	1440	4	8.6	13 867
水平烟道刮板输送机1	YD310	10	1	1440	4	8.6	15 810

名　称	设备型号	输送量（m³/h）	数量（台/炉）	转速（r/min）	功率（kW）	电流（A）	中心长度（mm）
水平烟道刮板输送机2	YD310	10	1	1440	4	8.6	21 460
省煤器下刮板输送机	YD250	8	1	1430	2.2	4.8	7048
旋转卸灰阀	XG400A	6	2	1400	2.2	4.8	—

三、余热锅炉输灰系统

1. 余热锅炉输灰系统流程

余热锅炉输灰包括输送竖直烟道和水平烟道收集的灰，系统流程如图1-26所示。

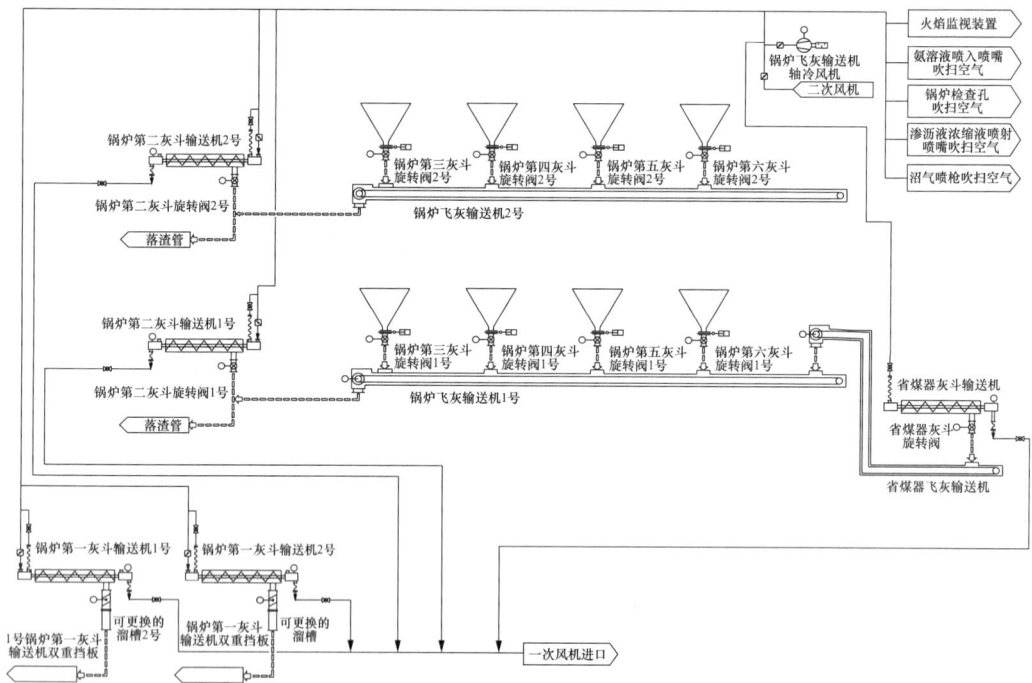

图1-26　余热锅炉输灰系统流程

（1）竖直烟道输灰系统。垃圾焚烧产生的高温烟气从第一烟道进入第二、三烟道，第二、三烟道内高温烟气里携带着大量的灰颗粒，在重力、惯性力、离心力的作用下被分离出来，落入第二、三烟道底部的灰斗里，通过灰斗下部的一、二级螺旋输灰机将其均匀地输送进入埋刮板输送机内，最终排入灰罐或渣池。

（2）水平烟道输灰系统。垃圾焚烧产生的高温烟气进入水平烟道后，冲刷其内竖直布置的过热器、蒸发器及省煤器管束，烟气里的飞灰颗粒由于惯性撞击管束后部分颗粒由于重力落入下部灰斗，其余部分飞灰颗粒集附在管束上，通过激波吹灰系统和机械振打清灰装置的击打后，管束集灰落入下部灰斗中，灰斗内的飞灰通过星形卸灰阀均匀地将飞灰输送至埋刮板输送机，最终排入灰罐或渣池。

2. 余热锅炉输灰系统设备的组成

余热锅炉输灰系统由各螺旋输灰机、埋刮板输送机本体、各驱动装置（减速机）、主从动轮、刮板链条、上下轨道、控制系统组成，各输送机技术参数见表1-38。

表1-38 余热锅炉输灰系统各螺旋输送机技术参数

名称	设备型号	输送量	数量（台）	转速（r/min）	功率（kW）	电流（A）	备注
二、三烟道螺旋	LSL400	6t/h	2	34	5.5	11.6	
出渣机前螺旋	LSL400	6t/h	2	34	5.5	11.6	水平烟道前面第一灰斗下
单电机重锤式卸灰阀	DSF400A	20m³/h	2	1390	0.75	1.9	
省煤器下螺旋输送机	LSL400	6t/h	1	34	2.2	—	
省煤器下螺旋电机	YX3-100L-4	—	1	—	2.2	4.8	
省煤器下螺旋减速机	BWY2715-187-4	—	1				
螺旋出口插板阀	XZF-400	2	1	1400	2.2	4.8	

竖直烟道下的螺旋输灰机均水平布置，落入的灰渣通过螺杆旋转，螺杆上安装的叶片通过旋转配合输灰机壳体压迫灰渣移动排出。螺杆为空心杆，输灰机壳体为双层结构，螺杆和输灰机内部均用工业水进行冷却，避免设备受热变形。

埋刮板输送机是借助于在封闭的壳体内运动着的刮板链条而使灰渣按预定目标输送的运输设备。它依赖于灰渣所具有的内摩擦力和侧压力，在输送物料过程中，刮板链条运动方向的压力以及在不断给料时下部物料对上部物料的推移力，这些作用力的合成足以克服灰渣在机槽中被输送时与壳体之间产生的外摩擦阻力和灰渣自身的质量，使灰渣在水平输送和倾斜输送时都能形成连续的料流，向前移动。

💡 任务评价

登录600t/d垃圾焚烧炉发电机组系统仿真平台，严格按照灰渣处理系统巡检规范的技能要求进行练习。

根据工作任务的完成情况和技术标准规范，仿真系统会自动逐项评价并给出完成任务情况的评价结果，依据评价结果，可以确定练习者的技能水平和改进的要求。仿真系统无法实现的技能要能按操作规范准确描述。

要求练习者最终练习要达到90分（满分按100分）以上水平。

工作任务十 选择性非催化还原脱硝系统巡检

选择性非催化还原（selective non-catalytic reduction，SNCR）是指在无催化剂的作用下，在适合脱硝反应的"温度窗口"内喷入还原剂，将烟气中的氮氧化物还原为无害的氮气和水，可有效地减少垃圾焚烧厂氮氧化物的排放量。

任务目标

（1）了解 SNCR 系统作用及设备组成，熟悉 SNCR 系统各设备的工作过程及原理，掌握设备的巡回检查参数及检查方法。

（2）掌握 SNCR 系统工艺流程。

（3）能利用仿真系统进行 SNCR 系统启动前的检查及阀门复役操作。

（4）能利用仿真系统对 SNCR 系统进行运行中的巡检，使运行参数在规定值。

任务描述

SNCR 系统巡检工作分为系统启动前的检查及正常运行巡检。系统启动前应将阀门恢复至系统启动前的状态，具备启动条件，在就地能进行氨水加注操作等；系统运行中应按巡检标准，定时进行检查，并把设备运行情况做好记录。

任务实施

登录填图软件及 600t/d 垃圾焚烧炉发电机组 3D 仿真平台，严格按规范巡检程序完成 SNCR 脱硝系统启动前的阀门恢复及系统日常巡检工作。

一、SNCR 系统氨水加注操作及启动前的检查

1. 氨水加注操作

（1）氨液储罐加注氨水只能在现场操作盘进行。

（2）除专业操作人员外，其他人员不得接近加注现场。

（3）操作人员要求使用个人安全装备，做好安全措施。

（4）检查选择一台加压泵为工作泵，控制选择"AUTO"，送上 PMF 各设备电源，确认 PMF 控制盘电源指示灯亮。

（5）将氨水槽罐车自带进液软管连接至加注泵的进口，循环软管连接至循环管路接口。

（6）打开槽罐车泄液阀和循环阀。

（7）打开氨液加注阀和加注循环阀，检查 PMF 控制盘状态指示灯亮。

（8）按下 PMF 控制盘上启动按钮，启动加注泵。

（9）加注完成，先清空软管，然后按下停止按钮停泵，并立即关闭氨液加注阀和加注循环阀。

（10）拆除软管后立即在管路上装上快速堵头。

2. SNCR 系统启动前的检查

（1）检查并确认 SNCR 氨液加压泵系统（PMR）区域氨气检漏无异常，氨罐液位正常；选择一台加压泵为工作泵，控制选择"AUTO"，合上泵安全开关，复位紧停按钮，送上 PMR 装置电源。

（2）检查并确认 SNCR 除盐水加压泵系统（PMW）除盐水箱水位正常，缓冲水箱水位正常；选择一台加压泵为工作泵，控制选择"AUTO"，合上泵安全开关，复位紧停按钮，送上 PMW 装置电源。

（3）检查 SNCR 处理单元（PU）装置氨气检漏无异常。

（4）检查喷射器已安装就位，快速插拔进口连接正常。

（5）检查喷射器氨液软管和雾化空气软管连接正常。

（6）按照操作票将排渣机就地阀门恢复至启动前状态，各阀门开关位置见表 1‐39。

表 1‐39　　　　　　　　　　　SNCR 系统启动前各阀门开关位置

序号	名称	位置
1	1～4 号 SNCR 氨液泵进口手动阀	开启
2	除盐水至 1～5 号 SNCR 氨液泵冷却阀	开启
3	5 号 SNCR 氨液泵进口手动阀	开启
4	5 号 SNCR 氨液泵出口至 1～4 号泵手动阀	开启
5	氨溶液一、二次针形阀	开启
6	1 号炉 SNCR 系统工艺用气球阀	开启
7	氨溶液喷入喷嘴吹扫手动阀	开启
8	氨溶液喷入喷嘴工艺用气截止阀	开启

二、SNCR 系统正常运行巡检

1．SNCR 氨液加压泵系统巡检

（1）运行中检查管路有无泄漏，泵工作是否正常。

（2）检查泵出口压力是否正常，需要时调整再循环门保护设备安全。

（3）每年至少检查氨气泄漏检测器两次。

（4）按设备定期切换和试验制度，每月切换工作和备用泵。

2．SNCR 处理单元的维护

（1）检查并确认氨液管路无泄漏，PU 盘柜氨气检漏无异常。

（2）检查并确认 SNCR 处理单元仪控压缩空气压力正常。

（3）氨液管路过滤器每年定期清洗两次，运行中如果怀疑有堵塞，如调节阀开度全开流量不大，应清洗滤网。

（4）检查喷射器模块各喷射器流量、压力正常，且流量、压力均衡。如果流量偏差大，可关小调节流量大的喷射器管路针形阀，使其他管路流量相应增大。

（5）拆开管路前应冲洗管路，做好安全措施。

（6）每年检查氨气泄漏检测器两次。

3．SNCR 喷射器的维护

（1）检查各喷射器雾化压缩空气调节阀工作正常，压力均为 0.1～0.14MPa。

（2）每月至少检查喷射器一次。

（3）如 PU 中喷射器模块针形阀调整后某喷射器流量仍偏小，可能该喷射器喷头有堵塞，应取出喷枪检查清理喷头。

（4）拆除喷射器前应先冲洗管路喷枪，停运该喷射器，关闭气、水隔离门，必要时停运 SNCR 系统；抽出喷射器时应注意炉内烟气回窜，抽出后盖好闷头。

（5）需要时可用弱酸如柠檬酸清洗雾化喷嘴上的浆状物，或者拆除外护管，用细金属丝或压缩空气清理雾化喷嘴。结浆严重时，可拆除整支喷枪，用盐酸清洗。

⋀ 相关知识

锅炉燃烧会产生大量 NO_x，如果直接对外排放会造成大气环境污染。根据 NO_x 的产生机理，NO_x 的控制主要有燃烧前脱硝、燃烧中脱硝和烟气脱硝技术三种方法。燃烧前脱氮技术至今尚未很好开发，是今后深入研究的方向；燃烧中脱硝主要是采用低 NO_x 燃烧技术，合理控制炉膛温度，减少 NO_x 的产生；电厂常用的烟气脱硝技术主要有选择性催化还原法（selective catalytic reduction，SCR）和选择性非催化还原法两种。SCR 在工作任务十一中进行介绍，本任务主要介绍 SNCR。

一、SNCR 系统工作原理

资源库 19_SNCR
脱硝系统工作原理

SNCR 工艺是以 35% 尿素（或氨水）溶液为还原剂，将尿素（氨水）溶液喷入焚烧炉燃烧后的烟气中，在最佳的温度（850～1050℃）下与烟气中的氮氧化物反应，生成氮气和水，正常情况下 SNCR 脱硝效率可达到 50%。

氨水作为还原剂脱硝时的反应机理为

$$4NO + 4NH_3 + O_2 \longrightarrow 4N_2 + 6H_2O$$

尿素作为还原剂脱硝的反应机理为

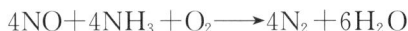

$$CO(NH_2)_2 + 2H_2O \longrightarrow 2NH_3 + CO_2$$

$$4NO + 4NH_3 + O_2 \longrightarrow 4N_2 + 6H_2O$$

尿素作为还原剂同时会发生以下反应：

$$CO(NH_2)_2 \longrightarrow HNCO（生成强腐蚀异氰酸）$$

$$HNCO + NO \longrightarrow N_2O（尿素降解生成笑气）$$

氨水和尿素二者特性对比见表 1-40。尿素与氨水作为脱硝还原剂特点对比见表 1-41。

表 1-40 尿素溶液和氨水物性对比

项 目	尿 素	氨 水
分子式	$CO(NH_2)_2$	NH_3
还原剂分子量	60.06	17.03
常温下物态	固体	液体
SNCR 系统所需配制质量浓度	35%～50%	25%
市场供货状态	粉状或粒状	20%～30%溶液
纯物质熔点	132.7℃	—55℃
25℃饱和蒸汽压	<6.8kPa	46kPa
常压下沸点	分解	38℃
溶液结晶温度	17.7℃	N/A

项 目	尿 素	氨 水
空气中的爆炸极限	不可燃	爆炸极限 15%～28%
健康的影响浓度限值	N/A	17.38mg/m³
气味	轻微氨味	＞53.48mg/m³ 后有非常刺激的气味
储存和输送可用材质	塑料、碳钢或不锈钢（不能有铜、铜合金或锌/铝等金属）	不锈钢（不能有铜或铜合金等）

表 1-41　　　　　　　　　尿素与氨水作为脱硝还原剂对比

项 目	尿 素	氨 水
系统	复杂	简单
还原剂费用	较高	低
运输费用	低	高
安全性	无害	有害
储存条件	常压，干态	常压，液态
储存方式	微粒状	液态
初投资费用	较高	低
运行费用	高	高
维护工作量	较多	较少
氨逃逸率	较高	较少
脱硝效率	较低	较高
反应温度要求	较高	较低
副作用	产生 N_2O、异氰酸，腐蚀炉管	—
设备安全要求	基本不需要	需要

以氨水作为脱硝还原剂时，反应温度对脱硝效率及氨逃逸率的影响如图 1-27 所示。

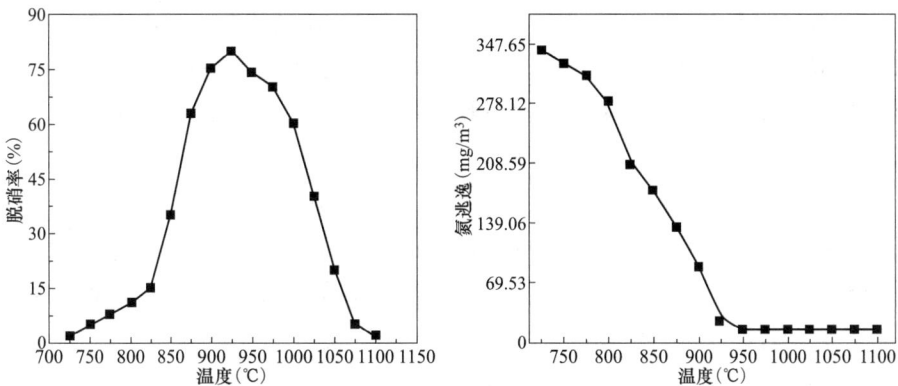

图 1-27　温度对脱硝效率及氨逃逸的影响

二、SNCR 系统流程

以某电厂为例，以氨水作为脱硝还原剂。将氨水原液储罐的氨水，在锅炉第一烟道喷射一定浓度的氨水溶液，将烟气中的 NO_x 浓度从锅炉入口的设计值 $300mg/m^3$ 被分解到省煤器出口 $200mg/m^3$ 之下。所需的氨水通过喷嘴被喷进炉内。氨水溶液供应泵根据省煤器出口的 NO_x 浓度供应最合适的氨水量，氨水流量通过 DCS 的演算输出，由变频器控制。稀释水供应泵是为了用除盐水（或软水）稀释氨水溶液而设置的。由氨水溶液供应泵送来的氨水溶液与稀释水汇合，再由氨水溶液管线送到氨水溶液喷射喷嘴。每台焚烧炉设置 14 个/层×3 层氨水溶液喷雾喷嘴。通过设计，使 14 根喷雾喷嘴覆盖锅炉第一烟道平面，系统流程如图 1-28 所示。

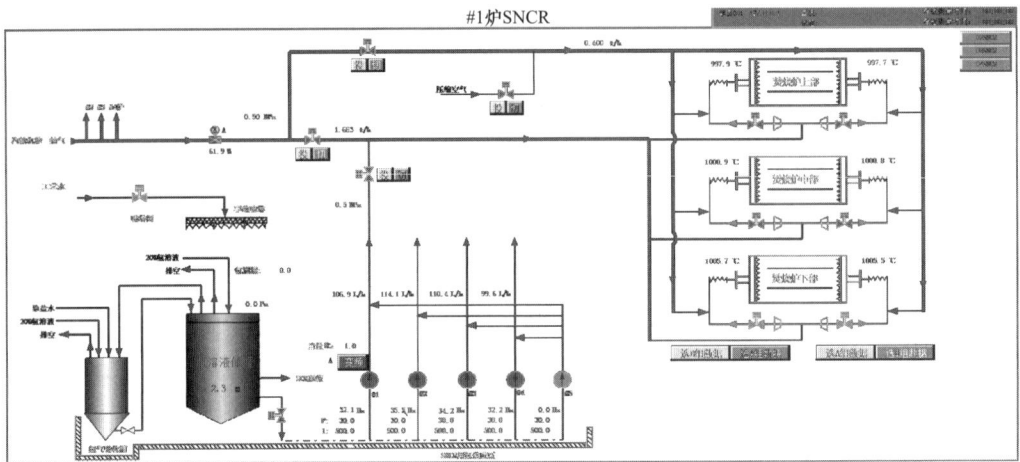

图 1-28　SNCR 脱硝系统流程

三、SNCR 系统设备组成

SNCR 系统主要由氨水溶液储存设备、氨水溶液供应泵、稀释水供应泵、氨水溶液喷雾喷嘴、控制和管理系统等部分组成。

1. 氨水溶液储存设备

系统设置 1 座氨水溶液储存罐供 SNCR 系统和 SCR 系统使用，用于储存 20% 的氨水溶液。储罐的容量是 7 天的使用量。储罐的附近设有氨气泄漏探测器，当空气中的氨气浓度达到警戒线时会报警，通过喷水吸收氨气，降低空气中的氨气浓度。为了防止喷水后含有氨的水向四周流溢，设置防液堤。

2. 氨水溶液供应泵

氨水溶液供应泵采用定量泵。系统设置 5 台氨水溶液供应泵，其中 4 台运行，1 台备用。每台氨水溶液供应泵向 1 座焚烧炉供应 20% 的氨水。DCS 根据省煤器出口的 NO_x 浓度，自动控制氨水溶液的流量，使之最为适宜。

3. 稀释水供应泵

稀释水供应泵采用涡流泵。设有 2 台稀释水供应泵，供应除盐水（或软水）将 20% 的氨水溶液稀释到 5% 以下。稀释水泵 1 台运行，1 台备用。

4. 氨水溶液喷雾喷嘴

氨水溶液喷雾喷嘴使用流体喷嘴。每炉设置 14 根/层、共 3 层，合计 42 根氨水溶液喷雾喷嘴。为了降低 NO_x，被稀释的氨水溶液喷雾到锅炉的第一烟道。

氨水喷雾喷嘴在锅炉第一烟道的 3 层中各设置 14 根，根据设置在第一烟道内的温度计的测量值，控制最适合脱硝反应温度区域内那层的氨水供应阀，喷雾氨水溶液，提高脱硝效率。为了防止氨水溶液喷嘴烧坏，不喷雾氨水那层的喷嘴喷雾稀释水用于冷却。

5. 控制和管理系统

控制和管理模块用来调整、管理、监测整个工艺。该单元有一个 PLC 系统和一个就地操作面板。PLC 系统装入了全自动的控制程序，可以和整个系统的所有单元通过现场总线的方式进行数据通信。PLC 系统采集所有工厂内相关的数据信息，计算出实时的混合配方，给出工艺所要求的喷射量，并和操作面板进行连接，控制原理如图 1-29 所示。操作面板由一个工业计算机和一个触摸屏组成，配置了多幅工艺界面，可进行就地操作和监控，所选择的信号和功能将传送至工厂的主操作系统。

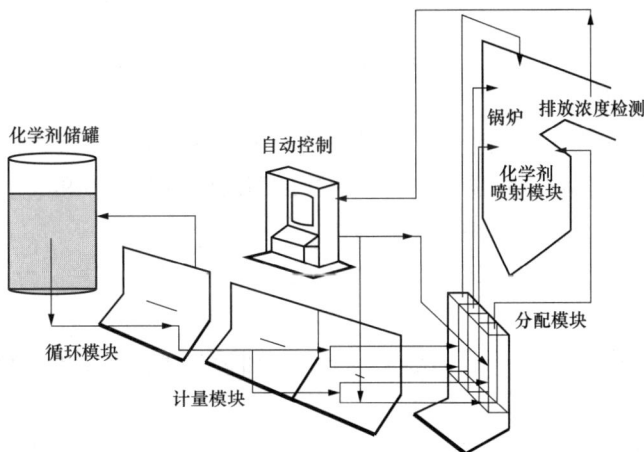

图 1-29 SNCR 自动控制原理

四、影响 SNCR 脱硝效率因素

影响 SNCR 脱硝效率的三个主要因素是反应温度、还原剂与烟气的混合程度和停留时间。

1. 反应温度

SNCR 脱硝反应在一个特定的温度范围内进行，最佳的温度为 850～1150℃，如果温度太低，会导致 NH_3 反应不完全，形成所谓的"氨穿透"，增大 NH_3 逸出的量，形成二次污染。随着温度升高，分子运动速度加快，氨水的蒸发与扩散过程得到加强，对于 SNCR 而言，当温度上升到 800℃ 以上时，化学反应速率明显加快；在 900℃ 左右时，NO 的消减率达到最大；然而随着温度的继续升高，超过 1200℃ 后，NH_3 与 O_2 的氧化反应会加剧，生成 N_2、N_2O 或者 NO，增大烟气中 NO_x 的浓度，脱硝效率反而下降。

2. 还原剂与烟气的混合程度

还原剂与烟气的混合程度决定了反应的进程和速度，还原剂和烟气在炉内是边混合边反应，混合的效果直接决定了脱硝效率的高低。SNCR 脱硝效率低的主要问题之一就是混合问题。例如，局部的 NO_x 浓度过高，不能被还原剂还原，导致脱硝效率低；局部的 NO_x 浓度过低，还原剂未全部发生还原反应，导致还原剂利用率低，还增加氨逃逸。因此，还原剂与烟气的混合程度直接影响脱硝效果。

3. 停留时间

任何反应都需要时间，所以在合适的温度范围内必须保证还原剂在烟气中有足够的停留时间。在相同条件下，停留时间长，脱硝效果好。通过实验表明，停留时间从 100ms 升至 500ms，NO_x 还原率从 60% 升至 83% 左右。NH_3 或尿素等还原剂与烟气的混合、水的蒸发、还原剂的分解和 NO_x 的还原等步骤需全部完成，一般要求时间为 0.5s，而雾化状的氨在炉内停留时间的长短，取决于分解炉的尺寸、烟气流经分解炉的速度、溶液雾化状况、雾场与烟气混合的形式等因素。

任务评价

登录 600t/d 垃圾焚烧炉发电机组系统仿真平台，严格按照 SNCR 脱硝系统巡检规范的技能要求进行练习。

根据工作任务的完成情况和技术标准规范，仿真系统会自动逐项评价并给出完成任务情况的评价结果，依据评价结果，可以确定练习者的技能水平和改进的要求。仿真系统无法实现的技能要能按操作规范准确描述。

要求练习者最终练习要达到 90 分（满分按 100 分）以上水平。

工作任务十一　选择性催化剂还原脱硝系统巡检

选择性催化剂还原法利用氨气作为脱硝剂，在一定 O_2 含量和温度范围内条件下，通过催化剂的作用，将烟气中的 NO_x 与喷入的氨气进反应，生成无害的氮气和水，以减小烟气 NO_x 的排放量。

任务目标

（1）了解 SCR 系统作用及设备组成，熟悉 SCR 系统各设备的工作过程及原理，掌握设备的巡回检查参数及检查方法。

（2）掌握 SCR 系统工艺流程。

（3）能利用仿真系统进行 SCR 系统启动前的检查及阀门复役操作。

（4）能利用仿真系统对 SCR 系统进行运行中的巡检，使运行参数在规定值。

任务描述

SCR 系统巡检工作分为系统启动前的检查及正常运行巡检。系统启动前应将阀门恢复至系统启动前的状态，具备启动条件；系统运行中应按巡检标准，定时进行检查，并把设备运行情况做好记录。

💡 **任务实施**

登录填图软件及 600t/d 垃圾焚烧炉发电机组 3D 仿真平台，严格按规范巡检程序完成 SCR 系统启动前的阀门恢复及系统日常巡检工作。

一、SCR 系统启动前设备的检查

1. 脱硝系统启动前的准备工作

（1）确认所有设备及内件安装完毕。

（2）确认催化剂已安装完毕。

（3）确定氨喷射喷嘴安装完毕。

（4）系统工艺管道连接正确、并密闭良好。

（5）确定 MCC 柜已接上电源。

（6）确定所有的控制和监测装置均正常运转，均被校准并均正确地连入到系统中。

（7）确定所有的装置均被设定在正确的操作位置。

（8）确定在预定运行时间内已储备了足够的氨。

2. 启动前仪表检查

（1）所有调节阀（NH_3 调节阀、蒸汽调节阀等），应开关灵活、可靠、有效。

（2）各表计投运正常。

（3）检查氨水、仪表空气、烟气、稀释空气、蒸汽等温度、压力仪表及参数正常。

（4）确认各自动监测装置已正常投入。

3. 启动前控制检查

（1）检查仪用压缩空气系统已联机并运行正常。

（2）确定氨供应系统已联机并运行正常。

（3）确定氨的量够正常运行使用。

（4）确定蒸汽供给系统已联机并运行正常。

（5）确定所有阀门处于正常操作位置。各阀门状态见表 1-42。

表 1-42　　　　　　　　　　SCR 系统启动前各阀门开关位置

序　号	名　称	位　置
1	1~4 号 SCR 氨液泵进口手动阀	开启
2	除盐水至 1~5 号 SCR 氨液泵冷却阀	开启
3	5 号 SCR 氨液泵进口手动阀	开启
4	5 号 SCR 氨液泵出口至 1~4 号泵手动阀	开启
5	氨溶液储罐排气阀	开启
6	氨气吸收槽排气阀	开启

（6）确定供压风机电机开关已带电。

（7）确定所有的用电装置已有电源供应。

（8）确定紧急停止按钮没有被启动。

（9）确定 SCR 控制系统按钮处于自动状态。

二、SCR 系统运行中的巡检项目

在系统启动后，运行人员需对整个系统进行巡检，并进行运行状态的检查。

（1）检查稀释风机运行应正常，没有不正常噪声和过度的振动。

（2）确认稀释空气的压力。

（3）检查氨水计量泵运行应正常，没有不正常噪声和过度的振动。

（4）检查氨管路是否有泄漏。

（5）检查氨蒸发系统的温度和压力。

（6）确认自动开关阀门的状态。

SCR 系统正常运行参数值见表 1-43。

表 1-43　　　　　　　　　　　　SCR 系统正常运行参数值

名　　称	参数设定值
稀释风蒸汽加热器出口温度	180℃
SGH 出口温度	230℃
密封风蒸汽加热器出口温度	150℃
反应器内温度	220℃
蒸发混合器出口温度	155℃
喷枪雾化空气压力	0.3MPa
氨水输送泵启动频率	25Hz

◇ 相关知识

一、SCR 系统工作原理

SCR 是利用氨气作为脱硝剂，在烟气温度 $200\sim400℃$ 范围内（取决于脱硝剂种类与烟气成分）和一定 O_2 含量的条件下，烟气通过 TiO_2-WO_3-V_2O_5 等催化剂层，与喷入的氨气进行选择性反应，生成无害的氮气和水，从而去除烟气中的 NO_x。由于烟气中氯化氢与硫氧化物可能造成催化剂活性降低及粒状物堆积于催化剂床，易造成堵塞，因此，脱氮反应塔多设置在除酸与除尘设备之后。在催化剂反应塔中的脱硝反应与 SNCR 系统相同，反应方程为

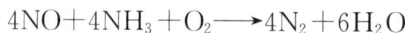

资源库 20_SCR
脱硝原理

$$4NO+4NH_3+O_2\longrightarrow4N_2+6H_2O$$

二、SCR 系统工艺流程

在被半干法反应塔＋布袋除尘器去除有害气体和颗粒物后，布袋除尘器出口的烟温约为 145℃，该温度不适合催化剂的活性化温度，需要升温到催化剂脱硝所需的合适的温度（220℃以上）。烟气再加热系统是把从布袋除尘器出口来的烟气加热到适合于下游

的 SCR 系统的脱硝反应温度的加热装置。利用高压蒸汽作为热源进行热交换，把烟气加热到合适脱硝反应的温度。工艺流程如图 1-30 所示。

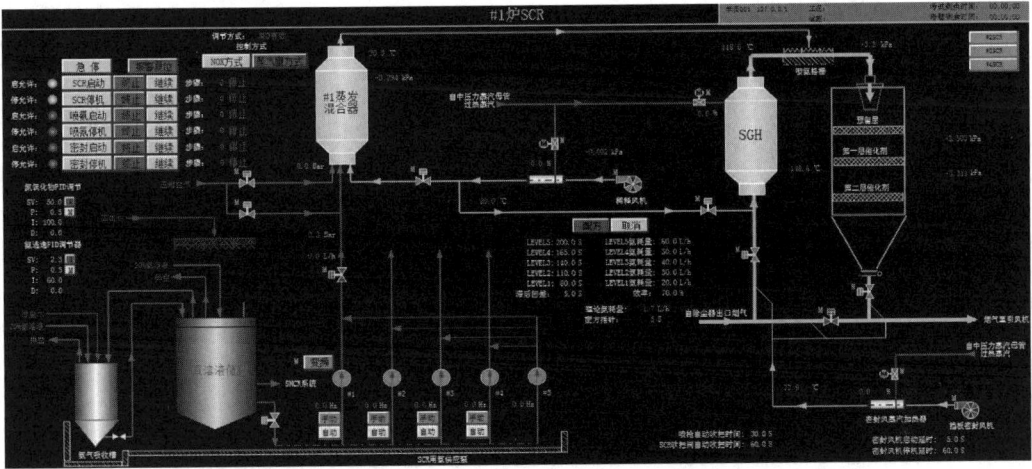

图 1-30　SCR 脱硝系统工艺流程

三、SCR 系统设备组成

SCR 系统主要由烟气再加热器、催化剂反应塔、SCR 用氨水溶液供应泵、氨气稀释空气风机、氨气稀释空气加热器、氨水溶液气化装置等设备组成，各设备技术参数见表 1-44。

表 1-44　　　　　　　　　　　　SCR 系统设备技术参数

项　　目		单位	技　术　参　数
SCR 系统	4 座烟气再加热器	kW	4420（高压）
	烟气设计流量	m³/h	148 070
	催化剂量	m³	21.8
SCR 疏水扩容器	设计压力	MPa	0.6
	设计温度	℃	260
	容积	m³	2.0
	材质	—	Q345R
	工作介质	—	水蒸气
	数量	台	2

1. 烟气再加热器

烟气再加热器是把从布袋除尘器出口来的烟气加热到适合于下游的 SCR 系统的脱硝反应温度的加热装置。利用高压蒸汽作为热源进行热交换，把烟气加热到合适脱硝反应的温度。从布袋除尘器出口排出的约 145℃ 的烟气经烟气再加热器被加热到最适合于催化剂脱硝反应的 220℃，提高催化剂脱硝反应效率。其热源是过热蒸汽。因过热蒸汽是从锅炉到汽轮机去的管道上分支后用于烟气再加热的，所以，无论有无 SCR 系统，余热锅炉可以按照相同设计来运行。但是，因进入汽轮机的蒸汽量减少，所以在采用

SCR 时需考虑汽轮机和冷凝水系统中的蒸汽量减少。因烟气再加热器采用裸管式受热管，是颗粒物不易附着的结构，同时可防止热交换器的效率降低。

2. 催化剂反应塔

催化剂的材质为 TiO_2 - WO_3 - V_2O_5 系列，蜂窝状结构。催化剂由 2 层＋1 层备用构成。

3. SCR 用氨水溶液供应泵

SCR 用氨水溶液供应泵使用膜式泵。为了控制烟囱出口的 NO_x 浓度，氨水溶液流量由 DCS 演算处理，自动控制在最合适的流量。

4. 氨水稀释空气风机

该装置用于向氨水溶液气化装置供应使氨水溶液汽化的空气。氨气稀释空气利用锅炉房的空气，为了抑制吸入颗粒物，在吸入口设置过滤器。

5. 氨水稀释空气加热器

氨水稀释空气加热器是把喷入氨水溶液气化装置的稀释空气加热到 180℃ 的设备。热源采用过热蒸汽。

6. 氨水溶液汽化装置

氨水溶液汽化装置是使氨水溶液与加热后的稀释空气混合、利用稀释空气的热量使氨水溶液中的水分蒸发而产生 140℃ 的氨气，并把氨气喷入催化剂反应塔的容器。

四、SCR 脱硝效率的影响因素

在 SCR 脱硝工艺中，影响脱硝效率的主要因素是反应温度、NH_3/NO_x 摩尔比、接触时间等。

1. 反应温度的影响

以催化剂的材质为 TiO_2 - WO_3 - V_2O_5 为例，当反应温度在 200～310℃ 时，随着反应温度的升高，NO_x 脱除效率快速增加。当温度大于 310℃ 时，随着反应温度的升高 NO_x 脱除效率逐渐下降。所以机组在 SCR 前设置了 SGH，用来提高烟气温度，使烟气温度在适合脱硝反应的温度范围内。

2. NH_3/NO_x 摩尔比对脱硝效率及氨逃逸率的影响

通过试验表明，在一定范围内 NO_x 脱除效率随着 NH_3/NO_x 摩尔比的增加而增加。如果 NH_3 投入量超过需要量，NH_3 氧化等副反应的反应速率将增大，从而导致脱硝效率降低，同时也会增加净化烟气中为转化 NH_3 的排放浓度而带来的 NH_3 对环境的二次污染，一般 NH_3/NO_x 摩尔比控制在 1.2 以下。

3. 接触时间

通过试验表明，脱硝效率随反应气体与催化剂接触时间的增加而迅速提高，接触时间增至 200ms 左右时，脱硝效率达到最大值，随后随着接触时间的进一步增加，脱硝效率反而下降。这主要是由于反应气体与催化剂的接触时间增加，有利于反应气体在催化剂微孔内的扩散、吸附、反应和产物气的解吸、扩散，从而使脱硝效率提高。若接触时间过长，NH_3 氧化反应开始发生，将导致脱硝效率下降。

💡 任务评价

登录 600t/d 垃圾焚烧炉发电机组系统仿真平台，严格按照 SCR 脱硝系统巡检规范的技能要求进行练习。

根据工作任务的完成情况和技术标准规范，仿真系统会自动逐项评价并给出完成任务情况的评价结果，依据评价结果，可以确定练习者的技能水平和改进的要求。仿真系统无法实现的技能要能按操作规范准确描述。

要求练习者最终练习要达到 90 分（满分按 100 分）以上水平。

工作任务十二 活性炭系统巡检

活性炭作为吸附剂可吸附汞等重金属及二噁英、呋喃等污染物。烟气在进入布袋除尘器前，喷入活性炭，吸附后的活性炭在布袋除尘器中和其他粉尘一起被捕集下来，这样烟气中的有害物浓度就可得到更严格的控制，能满足重金属及有机物污染的排放要求。

📖 任务目标

（1）了解活性炭系统的作用及设备组成，熟悉活性炭系统各设备的工作过程及原理，掌握设备的巡回检查参数及检查方法。

（2）掌握活性炭系统工艺流程。

（3）能利用仿真系统进行活性炭系统启动前的检查及阀门复役操作。

（4）能利用仿真系统对活性炭系统进行运行中的巡检，使运行参数在规定值。

🎓 任务描述

活性炭系统巡检工作分为系统启动前的检查及正常运行巡检。系统启动前应将阀门恢复至系统启动前的状态，具备启动条件；系统运行中应按巡检标准，定时进行检查，并把设备运行情况做好记录。

💡 任务实施

登录填图软件及 600t/d 垃圾焚烧炉发电机组 3D 仿真平台，严格按规范巡检程序完成活性炭系统启动前的阀门恢复及系统日常巡检工作。

一、活性炭系统启动前的检查

（1）确认检修工作完毕，工作票已终结，设备完整良好，现场整洁。

（2）确认压缩空气系统投用，压缩空气压力正常。

（3）确认气控阀遥、近控操作灵活，阀门无卡涩、泄漏现象。

（4）确认系统中所有热工仪表、开关均已投入，指示正确。

（5）确认各分路设备试转合格，电动机绝缘良好，电动机动力及控制电源均已送上。

（6）确认对应的烟气处理线已投入运行。

（7）确认活性炭喷射系统阀门已按启动操作票恢复至启动前位置。各阀门开关位置见表1-45。

表1-45 活性炭系统启动前各阀门开关位置

序号	名称	位置
1	活性炭储仓用袋式除尘器工艺用气手动阀	开启
2	1～4号炉活性炭鼓风机出口蝶阀	开启
3	5号炉活性炭鼓风机出口1～4号风机手动阀	开启

二、活性炭系统正常巡检

（1）应定期巡检活性炭计量螺旋给料机、活性炭螺旋输送机、活性炭鼓风机振动、声音、温度、油位均正常，且无噪声。

（2）检查并确认活性炭仓料位正常，系统无泄漏，活性炭输送风机出口压力正常。

⚠ **相关知识**

一、活性炭系统作用

活性炭具有巨大的表面积及良好的吸附性，不仅能吸附固态的二噁英颗粒，而且能将气态二噁英组分凝固吸收，活性炭还可吸附汞等重金属及呋喃等污染物。目前烟气净化系统通常在除尘器前段管道中注入活性炭粉末来吸附烟气二噁英，在下游被除尘器捕集。吸附后的活性炭在除尘器中和其他粉尘一起被捕集下来，这样烟气中的有害物浓度就可得到更严格的控制。

二、活性炭喷射系统工艺流程

活性炭喷射装置有一个活性炭储仓，在仓底内装有搅拌装置，储仓底部出口有出料螺旋，通过调节其转速来控制活性炭给料斗中料位。活性炭给料斗也装有搅拌装置，料斗出口对应出料螺旋，随后经过旋转出料阀，由喷射风机向除尘器入口段喷射活性炭。

粉状活性炭被喷射到半干式反应塔与布袋除尘器之间的烟气管道中，供喷射的粉状活性炭从其储仓采用气力方式定量供应，从插在烟气管道内的开口配管中喷出。随后，烟气被引入布袋除尘器内。活性炭吸附作用主要在布袋除尘器滤袋上进行。

三、活性炭系统设备组成

活性炭系统主要由活性炭料仓、活性炭供应装置、活性炭喷射设备、活性炭流量测量用探测器等组成。活性炭系统设备技术参数见表1-46。

表1-46 活性炭系统设备技术参数

项　　目	单位	技术参数
活性炭储仓	台	1
容积	m^3	20（100%MCR×4座炉×7天的存储量）
储仓直径	mm	2900
储仓高度	mm	6885

项 目	单位	技术参数
活性炭储仓分配给料螺旋	台	2
电动机功率	kW	1.1
电动机电流	A	4.87
转速	r/min	1395
活性炭给料斗	台	2
活性炭分配螺旋	台	1
电动机功率	kW	0.55
电动机电流	A	2.5
罗茨输送鼓风机	台	4+1
风量	m³/h	120
风压	Pa	4000～5000
功率	kW	3
活性炭料仓用架桥破解装置	—	有
仓顶除尘器	—	有
活性炭盘式给料机		
数量	台	1（4方向供应）
出力	kg/h	最大23（每个方向）
压差	kPa	＞20
转速	r/min	0.8～8.3
装填效率	%	约100

1. 活性炭料仓

系统设置1座活性炭料仓。料仓为4条线运行7天所需的容量。通过活性炭上料用真空泵将活性炭装入料仓。设置活性炭料仓用通气过滤器，在向料仓装入活性炭时启动风机，防止活性炭的飞散。装入作业结束后，布袋除尘器由脉冲空气自动过滤。过滤后的排气被排放到大气。为了防止活性炭的溢出以及满足供应的要求，用料位开关监视储存容量。

活性炭储存在密封的料仓内。活性炭可用氮气充填，设有通风过滤器。监视料仓内的活性炭发热，通过温度上升信号自动停止活性炭的供应，为了注入不活跃气体而设置氮气瓶。另外，设置振动式架桥破解装置破除料仓内的架桥。

2. 活性炭供应装置

在活性炭料仓底部设置具有4个排出口的气压输送方式的活性炭供应装置。在每个排出口设置旋转给料的出料装置，通过低浓度气压输送连续地向活性炭喷射管道中定量供应。活性炭的供应量与烟气流量成比例，由DCS演算供应量（SV值）和设置在喷射管道中的流量计的测量值（PV值）的偏差得出的在DCS进行PID控制计算，由DCS计算后的输出来进行变频控制，通过出料装置旋转次数的增减来控制供应粉体流量。变频器输出控制，通过质量传感器实现正确的计量。

3. 活性炭喷射设备

供应足够量的活性炭由活性炭供应风机提供的空气运载，通过活性炭喷射器喷入布袋除尘器入口前的烟道。一旦供应管道堵塞时，设置在活性炭供应管道中的压力开关可以检测出来。

4. 活性炭流量测量用探测器

在空气输送管道中设置粉体流量测量用的特殊探测器（微波方式或静电感应式），以该探测器测量出的活性炭流量（kg/h）为基础，控制供应装置的变频器，进行合适的喷射。

微波方式是高精度检测密度和流速的方式，静电感应式是非接触性检测出管道内移动的带电粒子的电荷移动的方式。该探测器除用于消石灰、活性炭的药剂喷射装置的喷射量监视、控制等之外，也可用于监视管道堵塞、布袋除尘器滤袋泄漏的早期发现，是可靠性很高的仪表。

任务评价

登录 600t/d 垃圾焚烧炉发电机组系统仿真平台，严格按照活性炭系统巡检规范的技能要求进行练习。

根据工作任务的完成情况和技术标准规范，仿真系统会自动逐项评价并给出完成任务情况的评价结果，依据评价结果，可以确定练习者的技能水平和改进的要求。仿真系统无法实现的技能要能按操作规范准确描述。

要求练习者最终练习要达到 90 分（满分按 100 分）以上水平。

工作任务十三　吹 灰 系 统 巡 检

余热锅炉烟气成分复杂，很多烟气成分中含有大量粉尘及熔融状态的黏结性灰，容易在锅炉受热面上积灰并黏结在受热面上，影响受热面的传热效果，致使锅炉出力降低。为了防止积灰，提高锅炉热效率，实现锅炉安全、稳定运行的目的，一般采用清灰装置进行受热面除灰。余热锅炉一般每班都要运行吹灰，尤其是在排烟温度很高的时候应加强吹灰。吹灰器在运行前，应增加引风机流量，避免吹灰时炉内出现正压。垃圾焚烧电厂不同的受热面采用不同的吹灰器进行吹灰。烟气-空气预热器受热面及省煤器受热面的清灰采用蒸汽吹灰方式；在过热器、蒸发器区域采用振打清灰装置及激波吹灰的组合方式。

任务目标

（1）了解吹灰系统作用及设备组成，熟悉吹灰系统各设备的工作过程及原理，掌握设备的巡回检查参数及检查方法。

（2）掌握吹灰系统工艺流程。

（3）能利用仿真系统进行吹灰系统启动前的检查及阀门复役操作。

（4）能利用仿真系统对吹灰系统进行运行中的巡检，使运行参数在规定值。

任务描述

吹灰系统巡检工作分为系统启动前的检查及正常运行巡检。系统启动前应将阀门恢复至系统启动前的状态，具备启动条件；系统运行中应按巡检标准，定时进行检查，并把设备运行情况做好记录。

任务实施

登录填图软件及 600t/d 垃圾焚烧炉发电机组 3D 仿真平台，严格按规范巡检程序完成吹灰系统启动前的阀门恢复及系统日常巡检工作。

一、激波吹灰器使用方法及运行中巡检

1. 激波吹灰器启动前检查及投入操作

（1）启动前，检查吹灰系统管路是否严密，系统正常，如无异常应打开乙炔气瓶。到乙炔站用扳手打开各个乙炔瓶，开启 2~3 圈，两瓶乙炔的压力合计要在 1.0MPa，且保证两瓶乙炔都有气。检查压缩气源是否给上，且流量控制柜内的过滤减压器的出口压力为 0.09~0.12MPa。

（2）用各瓶乙炔压力表的压力调节顶丝柄将乙炔瓶的出口压力均调到 0.12MPa。

（3）打开两三瓶乙炔对应的手动阀门。

（4）确认中间继电器柜的空气开关已经合上。

（5）到控制柜处合上电源，显示屏进入运行画面。触摸"设置"按钮进入参数设置画面，查看参数设置是否正确，符合要求后返回运行画面。按启动按钮或触摸运行画面的"启动"钮，即进入自动吹灰运行。

（6）吹灰结束自动停机后，关闭电源。然后到乙炔站，用扳手关闭各个乙炔瓶阀门，释放各瓶乙炔压力表的压力调节顶丝，并关闭乙炔瓶对应手动阀门。关闭各乙炔瓶时要查看各乙炔瓶的压力，接近零时说明该瓶已经没有气了，必须换新瓶。换新瓶后打开乙炔瓶用鼻子闻一闻乙炔瓶出口接口处，若有乙炔气味，须关闭乙炔，重新紧固直至无泄漏，然后关闭乙炔瓶。

2. 激波吹灰器运行中巡检

（1）出现乙炔低压报警后，应及时调整乙炔压力到正常值。当乙炔压力大于 15kPa（默认值）时报警自动解除，吹灰设备才可正常运行。

（2）吹灰系统在锅炉负压条件下使用状态良好，所以必须保证锅炉的负压环境。锅炉升炉和停炉阶段需要保证引风机系统打开。

（3）吹灰系统根据积灰程度决定爆炸次数和充气时间。

（4）系统中手动阀门经过调试后不要随意调整，否则会导致吹灰器工作不正常。

（5）在吹灰器工作期间必须有人在现场监视吹灰器工作，以便遇有紧急情况可以及时停机。

（6）运行中应注意观察设备运行情况，随时检查管路系统有无泄漏、振动是否超标，如发现异常，应立即关闭电源，消除后重新启动，并做好运行记录。

（7）吹灰器使用的乙炔气瓶存放、使用应按照相关规程进行。

（8）乙炔气压低于允许值时，应及时更换气瓶。

（9）控制柜需要专业人员才能打开，其他人员不能擅自打开柜门。

二、蒸汽吹灰系统启动前的检查及使用方法

（一）蒸汽吹灰启动前的检查

（1）检查并确认现场无工作票，无检修工作，现场没有无关人员逗留。

（2）检查并确认吹灰器外形完好，管道及支架正常。吹灰器本体控制盒上切换开关在"on"位置。

（3）确认密封冷却空气投用正常。

（4）确认主蒸汽手动阀打开，疏水手动阀打开，疏水电动阀打开。

（5）确认压力表、温度计已投用。

（6）确认动力电源已经送上，转换开关在"on"位置，各阀门指示正确。

（7）确认 DCS 无故障报警。

（二）蒸汽吹灰操作

本吹灰程控系统共分为半自动、就地手动两种吹灰模式。这两种模式既互相独立，操作上又有所关联，各操作步骤及注意事项如下所述。

1. 半自动模式

（1）全开吹灰进汽手动门，据吹灰压力调节吹灰进汽电动调节阀。

（2）维持吹灰压力 0.8～1.5MPa，温度 350℃。

（3）全开吹灰疏水门，充分暖管、疏水后，待疏水温度升高到 280℃ 以上时，关闭疏水门。

（4）点击操作面板上的"程控启动"按钮，自动进行蒸汽吹灰，禁止两台及以上吹灰器同时吹灰。

（5）若个别吹灰器损坏，可以在操作面板上手动跳过该吹灰器，对正常吹灰器进行手动吹灰。吹灰结束后，关闭吹灰进汽门和进汽调整门。

（6）发现吹灰器卡住，应立即将自动改为手动退出，同时严禁中断汽源，可适当降低吹灰压力，联系检修人员将其退出。

2. 就地手动模式

当转换开关切换为"就地手动"时，可在吹灰器本体控制盒上对吹灰器进行启动操作。直接按下本体控制盒上的黑色按钮启动吹灰。

紧急返回：当吹灰器前进时，如果有紧急情况需要让该吹灰器后退，按下该按钮即可。

3. 吹灰过程中的注意事项

（1）在吹灰时一定要注意每台吹灰器的工作电流是否稳定。吹灰器正常工作时，电流表的指针会很稳定或是小幅度均匀地左右摆动，如出现摆动幅度突然变大时则说明吹灰器电机负载变大，有卡涩的可能，可将吹灰器紧急退出。

（2）在吹灰时一定要让程序运行完毕再断开程控柜的电源。可通过观察"程序运行"指示灯是否熄灭来判定程序是否运行完毕。

（3）应顺着烟气流向逐个进行吹灰，不得同时启动两台吹灰枪。

（4）停炉降负荷前，应进行一次全面吹灰。

（5）吹灰完毕，吹灰枪应退回原处，若发生故障，应手动退出，联系检修人员修理。

（6）吹灰时，禁止打开观火孔或风口观察燃烧情况。

（7）若锅炉燃烧不稳定或排烟系统严重正压，原因不明时不应吹灰。

三、机械振打清灰启动前的检查及使用方法

（1）启动前，检查气路是否通畅，轨道上确保无异物。

（2）振打小车是否在起始位置。

（3）检查电控柜面板上紧急停车按钮是否在复位位置。

（4）合上控制柜内电源开关，控制柜面板上电源指示灯亮。

（5）将双位开关3旋转至启动位置，将双位开关旋至手动位置，振打小车运行灯亮，过热器振打。

（6）振打小车移动，如遇紧急情况，请按急停按钮。

（7）振打小车移动至第1个穿墙部件前，接近开关灯亮。

（8）振打小车对穿墙部件进行击打，连续击打三次，然后离开。

（9）如果这时振打小车运行动作正常，请将控制柜面板上的双位开关旋转至自动。

相关知识

一、吹灰器的作用及设置

1. 吹灰器的作用及分类

吹灰器的作用是清除受热面上的积灰，保持受热面的清洁，以保证传热过程的正常进行。目前，常用的锅炉受热面清灰方式有蒸汽吹灰、声波清灰和机械振打清灰三种，锅炉常见清灰方式的比较见表1-47。

表1-47 锅炉常见清灰方式的比较

清灰方式	蒸汽吹灰	声波清灰	机械振打清灰
清灰原理	利用高压蒸汽的射流冲击力清除结焦积灰	利用声波的能量与灰粒产生共振使灰粒松动而落下	利用迅速地推下重锤而捶打锅炉管束，使受热面产生振动进行清灰
投资	大	大	小
设备系统	复杂	简单	简单
运行部件	有	无	无
能耗种类	蒸汽	蒸汽、空气、电	压缩空气
清灰效果	用于立式锅炉效果好	差	应用于受热面为悬吊结构的卧式锅炉清灰效果好

清灰方式	蒸汽吹灰	声波清灰	机械振打清灰
可靠性	差	好	好
运行费用	高	较低	低
维护工作量	大	小	小
维护费用	高	低	低

2. 余热锅炉吹灰器的设置

垃圾焚烧电厂不同的受热面采用不同的吹灰器进行吹灰，各吹灰设备技术参数见表 1-48。

表 1-48   吹灰设备技术参数

序号	项 目		技术参数
1		数量	12 套
2		布置位置	过热器与蒸发屏部分
3	激波吹灰器	使用介质	乙炔
4		使用介质（乙炔）压力	0.1～0.15MPa
5		使用介质（空气）压力	0.1～0.25MPa
6		数量	18 套
7	蒸汽吹灰器	布置位置	烟气-空气预热器与省煤器部分
8		使用介质	过热蒸汽
9		使用介质（过热蒸汽）压力	0.55～1.07MPa
10	机械振打清灰	数量	8 套
11		布置位置	第四水平烟道

烟气-空气预热器受热面的清灰采用蒸汽吹灰方式，在烟气-空气预热器区域分上、下两层设置，每台炉共布置 18 台固定式蒸汽吹灰器。

在过热器、蒸发器区域采用振打清灰装置及激波吹灰的组合方式。每台炉共布置 12 台机械式振打装置，左右各设置 6 台共 92 个振打点及 12 台激波吹灰器。振打装置设置在蒸发管、过热器管的各管片上，通过向下部联箱一端的锤击，给予冲击荷重。由该冲击产生的管片各个部分的响应加速度清除飞灰。

省煤器受热面的清灰采用蒸汽吹灰方式，在省煤器区域每段分上、中、下三层设置，每台炉共布置 18 台固定式蒸汽吹灰器。吹灰控制方式采用程序启停自动控制，定期除灰。吹灰蒸汽取自锅炉主蒸汽出口管道，吹灰蒸汽管道设自动疏水，维持稳定、具有可靠的吹灰蒸汽品质。每台锅炉吹灰器的控制部分由一台动力柜、就地控制箱组成，远程控制接入 DCS。

二、吹灰器的工作原理及结构

(一) 声波吹灰器

声波吹灰器工作原理主要是使预混可燃气（例如乙炔-空气预混气）在特制的、一端连接喷管的爆燃罐内点火爆燃，产生强烈的压缩冲击波（即爆燃波）并通过喷管导入烟道内，通过压缩冲击波对受热面上的灰垢产生强烈的"先冲压后吸拉"的交变冲击作用而实现吹灰，声波清灰作用示意如图1-31所示。

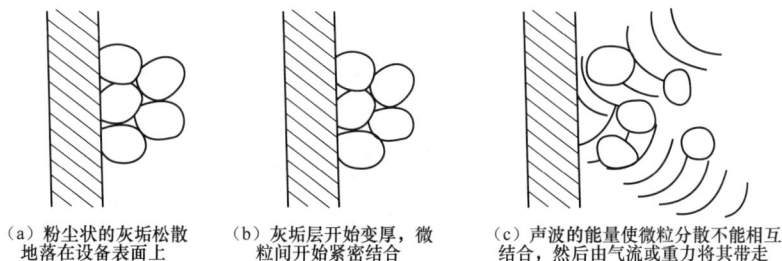

（a）粉尘状的灰垢松散　　　（b）灰垢层开始变厚，微　　　（c）声波的能量使微粒分散不能相互
地落在设备表面上　　　　　　粒间开始紧密结合　　　　　结合，然后由气流或重力将其带走

图1-31　声波清灰作用示意

每次爆燃通过爆燃罐喷口发射出的爆燃波有两个：一是爆燃罐内由于爆燃造成的压力骤增而产生的热爆冲击波，二是在喷口处由压力骤降造成的物理脉冲而产生的压缩冲击波。两道冲击波之间的间隔只有8~12ms，这种紧邻的双冲击波无疑更加强化了其吹灰效果，与双层刀片的剃须刀能够将胡须剃得更干净具有相同道理。图1-32所示为在喷口背后1m处实测出的双冲击波的波形图谱。

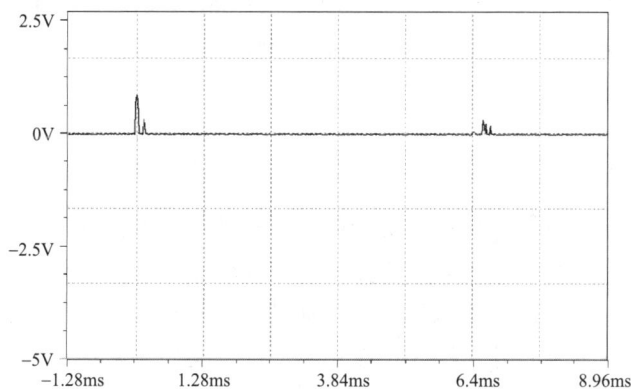

图1-32　双冲击波的波形图谱

这种双重、强烈的"冲压吸拉"的交变冲击作用是脉冲吹灰器最主要，也是最重要的吹灰机理，但不是脉冲吹灰器的唯一机理。除此之外，脉冲吹灰器还存在另外三种吹灰机理：

（1）爆燃产生的高温高压气体通过喷口喷射出的高温高速射流的喷射冲击作用。这种机理与传统的喷射式吹灰器的吹灰机理基本相同，不同的是在冲击的同时还伴有高温气体对积灰的热冲击所产生的"热解"作用。

（2）爆燃引起受热面的激振。干松积灰和已经被冲击波松脱的高温结渣、低温板结积灰会由于振动产生的强烈的交变惯性力而脱离受热面。这与传统振动清灰器的清灰机理是完全相同的，只不过振动清灰器的振动是通过机械运动产生的，工作时是振动几分钟至几十分钟，而脉冲吹灰器的振动则是由爆燃产生的，振动的时间很短，一般不足 1s。

（3）爆燃产生的强烈的声波作用。这与声波吹灰的机理是完全相同的，不同的是这种声波的声级要大得多，也不是长时间连续不停的，而是只持续一个很短的时间。虽然脉冲吹灰器具有较强的吹灰能力，但冲击波的作用距离并非无限的，一个爆燃罐不可能解决全部问题。在实际应用中，还需要根据锅炉受热面积灰的种类、严重程度、受热面的具体布置、烟道尺寸等情况，选择合适型号、合适数量的爆燃罐并进行科学合理的喷口布置，从而组成一个由若干爆燃罐按照一定规则分布的吹灰系统。只有这样，才能在保证吹灰效果的同时又不会对锅炉受热面、炉墙结构等造成不利的影响。

为了获得理想的吹灰效果，在每次吹灰作业时，每个爆燃罐不是仅放一"炮"，而是要一次放 3～6 "炮"。实际使用中还可以根据需要编制各种不同的吹灰流程，甚至可以使同一层面或不同层面的多个爆燃罐进行协同作业。

（二）蒸汽吹灰器

1. 蒸汽吹灰器的工作原理

蒸汽吹灰器通过喷出蒸汽吹扫锅炉管道受热面的积灰，它边旋转边吹灰，吹灰的角度由凸轮控制。吹灰器转动由电动装置提供，其吹扫圈数由控制箱控制。前端大齿轮上装有切好的凸轮，大齿轮顺时针方向（从后端看）转动时，凸轮控制启动臂，开启和关闭阀门，为吹灰枪管提供吹灰介质。

资源库 21_蒸汽吹灰器的工作过程

2. 蒸汽吹灰器吹灰过程

吹扫周期从吹灰枪管处在起始位置开始。吹灰器启动后，电动机驱动跑车沿着梁体下部的导轨前移，将吹灰管匀速旋入锅炉内。喷嘴进入炉内一段距离后，跑车开启提升阀门，吹灰开始。跑车继续前进，吹灰枪管不断旋转、前进吹灰；直至到达前端极限后，电动机反转，跑车退回，吹灰枪管以与前进时不同轨迹后退吹灰。当喷嘴接近炉墙时，提升阀门关闭，吹灰停止。跑车继续后退，回到起始位置。

3. 蒸汽吹灰器结构

机组采用 G3B 型固定式旋转吹灰器。吹灰器转动由电动装置提供，其吹扫圈数由控制箱控制。G3B 型吹灰器主要由阀门、空心轴、吹灰枪、减速传动机构与弓形板、电气控制箱、炉墙接口装置、托板等组成，各部件的主要结构和功能如下：

（1）阀门。阀门用于控制吹灰介质，是吹灰器的主要部件，位于吹灰器下部，因其形如鹅颈，俗称鹅颈阀。吹灰器的大部分部件都支承在阀门上，阀门内有压力调节装置，可根据现场的吹灰要求进行压力调整；阀门上装有启动臂，用凸轮操作，用于开启和关闭阀门；阀门上装有单向空气阀。

（2）空心轴。空心轴将吹灰介质从阀门导入吹灰枪。空心轴键联在前端大齿轮上，与大齿轮一起转动。其一端伸在阀门出口侧的填料孔内，由填料实行与阀门间的转动密封，另一端通过管接头与吹灰枪对接。

（3）吹灰枪。G3B 型吹灰器的吹灰枪根据安装部位、锅炉管束布置专门设计，上面装有多个喷嘴，故又称多孔管。吹灰枪前端旋压封头，后端加工有螺纹，与空心轴对接。

（4）减速传动结构与弓形板。减速传动结构由电动机、蜗轮箱和一组开式传动的齿轮组成。开式齿轮副上设有齿轮罩，空心轴和操作阀门的凸轮装在末级大齿轮上，随其一起转动。

弓形板是吹灰器上位于阀门前端的一个重要零件，起连接和支撑作用。它既是空心轴转动的前端支点，又将阀门、减速传动结构和炉墙接口装置连接成一个整体。

（5）电气控制箱。电气控制箱位于吹灰器后端，箱内装有一个行程开关，行程开关由蜗轮轴传动的齿轮控制。出厂时，控制齿轮上装有两个弹性销，设定吹扫一圈。当只装一个弹性销时，则每次吹扫两圈。

为适应不同的控制要求，电控箱有两种形式。一种只装有行程开关和按钮，控制箱外形尺寸较小；另一种还装有交流接触器、空气开关等电气元件。

（6）炉墙接口装置。炉墙接口装置是吹灰器与锅炉预留口连接的密封接口装置，同时也是将吹灰器固定在炉墙上的支撑点。

（7）托板。为了防止吹灰管弯曲、避免吹灰器传动部件受到过大外力，伸在炉内的吹灰管由一块或几块托板承托。托板装在受热面管子上，托板的材料根据安装部位的烟温确定。

（三）机械振打清灰装置

机械振打清灰装置是利用小容量电动机作为动力，通过变速器带动一长轴做低速转动，在轴上按等分的位置挂有许多振打锤，按顺序对锅炉受热面进行捶击，在捶击的瞬间使受热面产生强烈的振动，使黏附的积灰受到反复作用的应力而产生微小的裂痕，直到积灰的附着力遭到破坏而脱落。机械振打清灰装置结构如图 1-33 所示。

机械振打装置有自动和手动两种操作模式。

（1）自动操作模式。采用自动操作模式可使振打装置在中心控制室（DCS）发出启动信号后按顺序自动操作。由 PLC 发出的操作信号可使振打装置自动操作和停止，振打装置将按数字顺序连续操作。一个操作循环即按照从 1 号振打装置至 8 号振打装置的顺序操作，每隔一定间隔重复该循环操作，此间隔时间应可调。一个操作循环结束后，系统将变为进入下一个循环操作的待机状态。

（2）手动操作模式。手动操作模式可从按压启动按钮到按压停止按钮单独操作一台振打装置，这时方式选择开关置于就地位置。就地控制箱上安装有启动按钮，可使各振打装置单独运行，此就地手动操作模式主要在

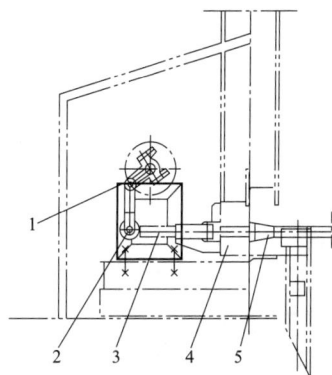

图 1-33 机械振打清灰装置结构
1—转轴；2—振打锤；3—传动杆；
4—密封装置；5—内部振打杆

维护时使用。一次操作结束后，系统状态终止而不待机。

任务评价

　　登录 600t/d 垃圾焚烧炉发电机组系统仿真平台，严格按照吹灰系统巡检规范的技能要求进行练习。

　　根据工作任务的完成情况和技术标准规范，仿真系统会自动逐项评价并给出完成任务情况的评价结果，依据评价结果，可以确定练习者的技能水平和改进的要求。仿真系统无法实现的技能要能按操作规范准确描述。

　　要求练习者最终练习要达到 90 分（满分按 100 分）以上水平。

工作领域二

汽轮机设备及辅助系统巡检

工作任务一　汽轮机本体巡检

汽轮机是以水蒸气为工质，将热能转变为机械能的装置。它在工作时先把蒸汽的热能转变为动能，然后再使蒸汽的动能转变为机械能。

任务目标

（1）熟悉汽轮机本体设备的组成，掌握汽轮机的工作原理及结构，掌握汽轮机本体设备的检查项目及检查方法。

（2）能利用仿真系统进行汽轮机本体设备启动前的阀门复役操作及设备启动前的检查。

（3）能利用仿真系统进行汽轮机本体设备运行中的定期巡检。

任务描述

汽轮机本体巡检工作分为系统启动前的检查及正常运行巡检。系统启动前应将阀门恢复至系统启动前的状态，具备启动条件；本体设备运行中应按巡检标准，定时进行检查，并把设备运行情况做好记录。

任务实施

登录填图软件及 600t/d 垃圾焚烧炉发电机组 3D 仿真平台，严格按规范巡检程序完成汽轮机启动前的阀门恢复及汽轮机本体日常巡检工作。

一、汽轮机本体设备启动前的检查

（1）启动前应对全部设备进行详细的检查（如果在以前运行中发现的问题未得到解决则系统不应启动），确认安装或维修工作已全部结束，汽轮发电机组及各辅助设备附近的地面都已经清扫干净。

（2）对所有的热工仪表及其附件检查其完整性，校正零点，并对各项指示、报警、保护等信号进行测试，最后对控制、测量、信号和保护各回路加电检查并进行联动试验（包括机械部分）。

（3）检查并确认润滑油、控制油系统运行正常。

（4）确认电动盘车试运转，转子转动正常，确认无异常声音后保持盘车（电动盘车电机上的手轮必须取下）。

（5）对汽水系统进行下列检查：

1）对主蒸汽管路上的主闸阀进行启闭检查。

2）确认主闸阀、主汽阀、自动排汽阀及抽汽管路上的单向阀、闸阀、各疏水阀等均应处在关闭位置。

3）确认各蒸汽管路的布置都能自由膨胀，在冷态下测定各特定点的位置并做记录，以便暖机时作为测量热膨胀值的依据。

4）抽汽管道上的安全阀应处于投入状态。

（6）对调节保安系统进行检查，系统运行正常。

（7）检查滑销系统，汽轮机本体应能正常自由膨胀，在冷态下测量各膨胀间隙尺寸，并做记录。

（8）完成上述各项工作后，可通知锅炉房供汽暖管，并打开各疏水阀门和自动疏水器的旁路。

二、汽轮机本体设备运行中的检查

（1）每小时准点抄表一次，发现仪表读数与正常值有差别时，应立即查明原因，采取措施予以消除。

（2）巡回检查时应特别注意各轴承的油流、油温、油压、油箱油位、轴向位移、绝对膨胀指示、振动；检查汽、水、油系统的严密性，不应有跑、冒、滴、漏现象。

（3）检查汽轮机及发电机运转声音是否正常，检查发电机后轴承回油温度是否正常（65℃报警，75℃跳机）。

（4）检查汽轮机及励磁机振动是否合格（0.03mm 合格，0.05mm 报警，与 DCS 上数值一致）；检查转动轴承温度是否正常；检查本体及油管接头是否有油渗漏，地脚螺栓有无松动；用电筒通过观油镜观察各油管道回油量是否充足，油质是否洁净、无杂色。

（5）检查汽轮机轴瓦回油温度是否正常（65℃报警，75℃跳机）。

（6）检查汽轮机后汽缸排汽温度是否正常（负载最大不能超过 65℃，空载最大不能超过 100℃）。

（7）检查汽轮机就地真空表读数应小于 -0.087MPa。

（8）检查并确认盘车手柄应在推出位置，电机连锁开关应在连锁投入位置，就地控制柜投入自动挡，电动机信号显示停止。

（9）检查并确认汽轮机膨胀指示器左右平衡（+1.0、-0.6mm 报警；+1.3、-0.7mm 跳机），正反推力轴承瓦温在正常范围内（100℃报警，110℃跳机）。

汽轮机 ETS 保护定值见表 2-1。

表 2-1　　　　　　　　　　　　　　汽轮机 ETS 保护定值

名称	单位	高高	高	低	低低
凝汽器真空	kPa			−83	−60
润滑油压	℃		0.12	0.09	0.08
轴向位移	mm	+0.8	+0.4	−0.4	−0.8
轴承振动	μm	80	50		
推力瓦温	℃	110	100		
径向轴承瓦温	℃	110	100		
轴承回油温度	℃	75	65		
汽轮机转速	r/min	6035	5980		

注 高、低为报警值，高高、低低是跳机值。

⋀ **相关知识**

一、汽轮机的基本工作原理及分类

（一）汽轮机的工作原理

汽轮机是以蒸汽为工质将热能转变为机械能的旋转式原动机。由锅炉产生的高温高压蒸汽通过汽轮机时降压降温，释放热力学能，膨胀做功，驱动汽轮机转子上设置的叶片转动，进而带动汽轮机大轴旋转，这样蒸汽的热力学能就转变为汽轮机转子的机械能。汽轮机大轴与发电机转子相连，发电机又把汽轮机大轴的机械能通过电磁感应原理最终转变为电能，汽轮机与发电机的组合称为汽轮发电机组。汽轮

资源库 22_汽轮机
的工作原理

机内设置供蒸汽通流做功的格栅分为两类。一类是固定在汽轮机外壳上面的围绕大轴径向设置但不与大轴连接的环形格栅。它不随着大轴转动，称为喷管叶栅，也叫静叶栅或喷嘴，将蒸汽的热能转变为蒸汽的动能。另一类是固定在汽轮机大轴上径向设置的环形叶片群，称为动叶栅或动叶，它将蒸汽的动能转化为叶片的机械能。一列静叶栅和与之配合的一列动叶栅就组成了蒸汽的基本通流单元，也是汽轮机的基本做功单元，称为汽轮机的级，汽轮机一般由多级组成。

图 2-1 所示为最简单的单级汽轮机的工作原理，它由喷嘴、动叶、叶轮和主轴等部件组成。由图可见，具有一定压力和温度的蒸汽通入喷嘴膨胀加速，这时蒸汽的压力、温度降低，速度增加，使热能转变为动能。然后，具有较高速度的蒸汽由喷嘴流出，进入动叶流道，在弯曲的动叶流道内改变汽流方向，

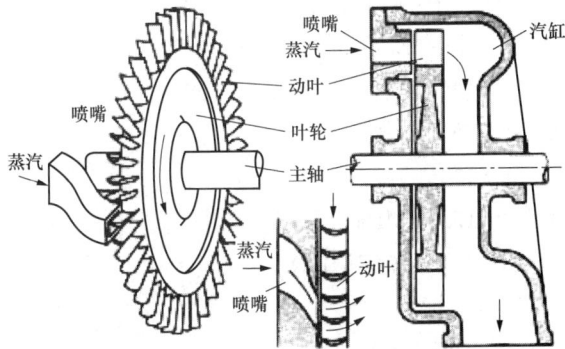

图 2-1　单级汽轮机的工作原理

给动叶以冲动力，产生了使叶轮旋转的力矩，带动主轴旋转，输出机械功，即在动叶内蒸汽推动叶片旋转做功，完成动能到机械能的转换。

（二）汽轮机的分类

1. 按热力过程特性分

汽轮机按热力过程特性分可分为凝汽式汽轮机、背压式汽轮机、调节抽汽式汽轮机、中间再热式汽轮机和多压式汽轮机。

（1）凝汽式汽轮机。进入汽轮机内做功的蒸汽除回热抽汽和少量的漏汽外，其余的蒸汽做完功后全部排入凝汽器。

（2）背压式汽轮机。蒸汽在汽轮机内做完功后，以高于大气压的压力排出，供工业或采暖用汽。

（3）调节抽汽式汽轮机。从汽轮机的某些级后抽出一部分做过功的蒸汽供工业或采暖用汽，其余蒸汽排入凝汽器，而且抽汽压力在一定范围内可以调整。

（4）中间再热式汽轮机。蒸汽在汽轮机若干级内做功后，用导汽管将其全部引入锅炉再热器再次加热到某一温度，然后回到汽轮机中继续膨胀做功。部分汽轮机，尤其大机组设置有多台缸体，每台缸体内设置一组转子，多组转子共用一根大轴，通过锅炉再热的蒸汽进入下一个缸体继续做功，整台汽轮机的功率就是多台缸体内蒸汽做功的总和。

（5）多压式汽轮机。汽轮机的进汽不止一个参数，在汽轮机某个中间级前又引入其他来源的蒸汽，与原来的蒸汽混合共同膨胀做功。

2. 按工作原理分

汽轮机按工作原理分可分为冲动式汽轮机和反动式汽轮机。

（1）冲动式汽轮机。在汽轮机中，蒸汽在喷嘴中膨胀加速，压力降低，速度增加，热能转变成动能；高速汽流进入动叶后，其速度方向发生改变，对动叶产生了冲动力，推动动叶栅旋转做功，将蒸汽的动能变为机械能。

（2）反动式汽轮机。蒸汽不仅在喷嘴中膨胀，而且在动叶栅中也进行膨胀，且膨胀程度大致相同。

3. 按主蒸汽参数分

汽轮机按主蒸汽参数分可分为低压汽轮机、中压汽轮机、高压汽轮机、超高压汽轮机、亚临界压力汽轮机、超临界压力汽轮机和超超临界压力汽轮机。

（1）低压汽轮机（主蒸汽压力 1.18～1.47MPa）。

（2）中压汽轮机（主蒸汽压力 1.96～3.92MPa）。

（3）高压汽轮机（主蒸汽压力 5.58～9.81MPa）。

（4）超高压汽轮机（主蒸汽压力 11.77～13.75MPa）。

（5）亚临界压力汽轮机（主蒸汽压力 15.99～17.65MPa）。

（6）超临界压力汽轮机（主蒸汽压力＞22.16MPa）。

（7）超超临界压力汽轮机（主蒸汽压力＞ 32MPa）。

4. 按蒸汽流动方向分

汽轮机按蒸汽流动方向分可分为轴流式汽轮机和辐流式汽轮机。

（1）轴流式汽轮机中蒸汽流动方向与大轴方向平行。

（2）辐流式汽轮机中蒸汽在汽轮机内的流动方向与大轴方向垂直。

5. 按用途分

汽轮机按用途分可分为电站汽轮机、工业汽轮机和船用汽轮机。

6. 按汽缸数目分

汽轮机按汽缸数目分可分为单缸汽轮机、双缸汽轮机和多缸汽轮机。

（1）单缸汽轮机，只有一个汽缸的汽轮机。

（2）双缸汽轮机，由一个高压缸、一个低压缸组成的汽轮机。

（3）多缸汽轮机，由一个高压缸、一个中压缸和数个低压缸组成的汽轮机。

二、汽轮机的技术规范

高速汽轮机是相对于常规汽轮机而言的，常规汽轮机转速一般为 3000r/min 或者 1500r/min，高速汽轮机转速大于 3000r/min，一般为 5600 或 6000r/min 等。汽轮机转速提高后，相应尺寸变小，结构紧凑，经济性较常规汽轮机提高 3%～5%。受发电机磁极制约，汽轮机传递到发电机的转速须为 3000r/min 或 1500r/min，因此在汽轮机与发电机之间需要齿轮减速箱减速连接。汽轮发电机功率越大，齿轮减速箱传递的扭矩就越大。目前，美国等部分国家，一般 30MW 以下汽轮机采用高速汽轮机，欧洲等部分国家 50MW 或更大容量以下汽轮机采用高速汽轮机。下面以某垃圾焚烧电厂 N25 - 3.8/395 型汽轮机进行介绍。

机组是 SKODA 非再热、冲动式、凝汽式汽轮机，它与锅炉、发电机及其他辅助设备配套成一个成套供热发电设备。本机组采用单汽缸结构和减速箱一起，安装在一个公共底盘上。汽轮机技术参数见表 2-2。

表 2-2　　　　　　　　　　汽轮机技术参数

序号	项　目	单位	技术参数
1	型号	—	N25 - 3.8//395
2	形式	—	中温、中压、单缸、冲动凝汽式
3	旋转方向	—	（从机头方向看） 汽轮机为逆时针，发电机为顺时针
4	额定功率	MW	25
5	最大功率	MW	27.5
6	额定进汽量	t/h	121.2
7	最大连续功率进汽量	t/h	132.9
8	主蒸汽压力	MPa	3.8（最高 4.0，最低 3.5）
9	主蒸汽温度	℃	395（最高 405，最低 380）
10	一段抽汽压力	MPa	1.379
11	一段抽汽温度	℃	278

续表

序号	项 目	单位	技术参数
12	一段抽汽量	t/h	12.6
13	二段抽汽压力	MPa	0.433
14	二段抽汽温度	℃	162
15	二段抽汽量	t/h	5.337
16	三段抽汽压力	MPa	0.074
17	三段抽汽温度	℃	91.49
18	三段抽汽量	t/h	7.01
19	排汽压力	kPa	7.6
20	排汽温度	℃	40.47
21	给水温度	℃	130
22	冷却水温度	℃	25
23	汽轮机汽耗率（设计值）	kg/kWh	4.6338
24	汽轮机热耗率（设计值）	kJ/kWh	11750
25	额定转速	r/min	5500
26	汽轮机-发电机轴系临界转速	r/min	2700
27	汽轮机单个转子临界转速（一阶）	r/min	2610
28	汽轮机单个转子临界转速（二阶）	r/min	8640
29	汽轮机轴承允许最大振动	mm	0.03
30	过临界转速时轴承允许最大振动	mm	0.10
31	汽轮机中心高（距运转平台）	mm	1200
32	汽轮机本体总质量	t	48
33	汽缸上半总质量	t	4.445
34	汽缸下半总质量	t	6.662
35	汽轮机转子总质量	t	4.627
36	汽轮机本体最大尺寸	mm	5350×3480×3650
37	汽轮机油号	—	L－TSA46
38	生产厂家	—	广州广重企业集团有限公司

　　汽轮机进汽是通过直接固定于汽缸上的主汽阀进入。调节阀室与汽缸上半相连接，调节阀具有5个汽阀，各个阀的阀杆自由的悬挂于横梁上。横梁升降通过位于前轴承座盖上的油动机控制。蒸汽从调节阀流经喷嘴室、喷嘴组进入调节级，后流经各压力级。

　　通流部分由1个调节级和10个压力级组成。调节级动叶都设计成坚固的结构，采用双层围带叶顶（内围带为整体围带，外层为铆接围带）和叉形叶根。第1、2压力级采用双层围带，第3~5压力级为铆接围带，均加工成自带径向汽封的围带，与镶嵌于隔板上的阻汽片相密封。第1~7级动叶片采用外包T形叶根固定，末叶片插入锁口用销钉锁紧，第8、9级采用叉形叶根，末级采用枞树形叶根。压力级最后5级为扭叶片。

各级隔板采用坚固的焊接结构。冷轧静叶焊接成格栅后与隔板外环和隔板体焊接成一体。转子上位于前汽封高压弧部位做成台阶结构，构成平衡活塞，以平衡转子的部分轴向力。

转子为整锻结构，除第9、10级叶轮外，其余叶轮都钻有平衡孔以平衡叶轮两边的压力，并通过高速轴和低速轴的两套叠片挠性联轴器与减速箱和发电机连接。转子通过两个径向轴承支承。前轴承为径向推力联合轴承，安装于前轴承座上，前轴承座内部装有电液调节、保安系统等。前轴承座放在公共基础框架上，通过导向键确保与汽轮机中心线对中，并可在底盘支承面上自由膨胀。下半汽缸前部的中分面猫爪放在前轴承座接合面上，猫爪与结合面之间有横向导向键，以确保横向自由膨胀。轴向膨胀则借助前轴承座下方与前汽缸下半的纵向弹性板来实现。后轴承安装于后轴承座上，后轴承座则通过半圆法兰与后汽缸相连接。后汽缸通过两侧的支座支承在底盘上，两支座与底盘间有横向定位键，汽缸后端面与底盘间设有垂直导向键，横向定位键中心线和垂直导向键轴线的交点构成汽轮机的死点。

汽轮机的前汽缸为铸造结构，后汽缸为焊接结构。整个汽缸采用水平中分螺栓连接、前后垂直法兰螺栓连接的整体结构形式；喷嘴室位于汽缸上半的前端，与调节阀、主汽阀组成一体。在前汽缸下半从前往后排列有汽封漏汽法兰口、汽封抽汽法兰口、汽封平衡活塞法兰口、疏水口、工业抽汽口。后汽缸采用向下排汽方式且内装有汽缸喷水降温装置。

汽轮机转子在后轴承和联轴器之间，套有盘车用齿圈。当汽轮机启动前或停机后，为避免转子变形或轴过热，必须进行盘车，直到汽缸表面温度低于100℃。

盘车装置布置在后轴承座上盖，采用电动机驱动，通过一对蜗轮副与一对齿轮的减速，该转子的盘车转速为9r/min。当汽轮机启动时，转子的转速一旦超过盘车的转速，盘车装置能自动脱开。当汽轮机停机时，转子停止后，可以投入盘车装置。

三、汽轮机的结构

汽轮机本体结构可分为静止和转动两部分。静止部分一般包括汽缸、喷嘴、隔板或静叶环、汽封、轴承、滑销系统等部件；转动部分一般包括动叶、叶轮、主轴、联轴器、高速齿轮箱等部件。

资源库23_汽轮机
的本体结构

（一）汽轮机的静止部分

1. 汽缸

汽缸用来将汽轮机的通流部分与外界大气分隔开，从而形成蒸汽能量转换封闭的汽室。对于冲动式汽轮机，在汽缸内安装有隔板、隔板套、喷嘴室、喷嘴环、汽封体、汽封环等部件，外部连接的还有进汽、排汽及抽汽等管道。对于反动式汽轮机，在汽缸内安装有静叶持环、静叶环、喷嘴室、喷嘴环、平衡持环、汽封环等部件，外部连接的还有进汽、排汽及抽汽等管道，如图2-2所示。

由于汽轮机的形式、容量、蒸汽参数、是否采用中间再热及制造厂家的不同，汽缸的结构也有多种形式。根据进汽参数的不同，可分为高压缸、中压缸和低压缸；按每个汽缸的内部结构可分为单层缸、双层缸和三层缸；按通流部分在汽缸内的布置方式可分

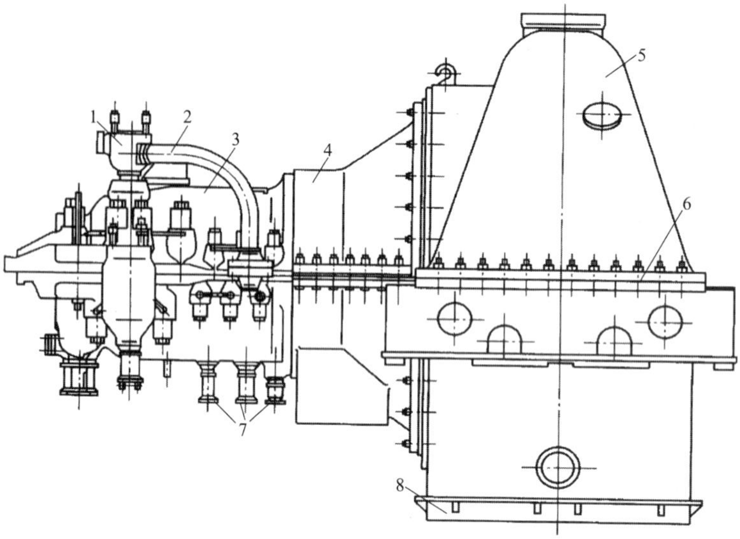

图 2-2　汽轮机本体结构

1—蒸汽室；2—进汽管；3—高压段；4—中压段；5—低压段；6—水平中分面；7—抽汽管口；8—排汽管口

为顺向布置、反向布置和对称对流布置。

2. 喷嘴

汽轮机的第一级喷嘴通常是由若干个喷嘴组成喷嘴组固定在喷嘴室壁上，因其所承受的压力和温度较高，一般采用合金钢铣制而成。

多级冲动式汽轮机从第二级起以后各级的喷嘴都固定在隔板上。现代结构的喷嘴的高压级大都是将钢制喷嘴片焊接在隔板上，低压级由于喷嘴两侧压力差较小，工作温度也较低，为降低造价通常把喷嘴片与铸铁隔板浇铸在一起。

3. 隔板或静叶环

隔板或静叶环的作用是用来固定喷嘴叶片，并将汽缸内间隔成若干个汽室。高压部分隔板或静叶环承受的温度高，压差大；低压部分隔板或静叶环承受的温度低，但承压面积大，并承受湿蒸汽的作用。

对隔板或静叶环的要求：要有足够的强度和刚度、合理的支承与定位以及良好的密封性和加工性。

为了安装与拆卸方便，隔板或静叶环通常做成水平对分形式。在隔板或静叶环的内圆孔处开有汽封安装槽，用来安装隔板汽封或静叶环汽封，以减小隔板漏汽损失或静叶环漏汽损失，结构如图 2-3 所示。

4. 汽封

汽轮机级间漏汽使得汽轮机相对内效率降低，而轴端漏汽除了造成大量高品质蒸汽的浪费外，外漏蒸汽进入轴承箱还会使油中带水，油质乳化，润滑油膜质量变差，破坏润滑效果，引起油膜振荡，造成机组振动甚至烧瓦停机。从汽轮机长期运行的结果来看，汽轮机的漏汽损失量约占内部损失的三分之一左右。

按照密封机理划分，汽封可分为接触式汽封和非接触式汽封两大类，接触式汽封有

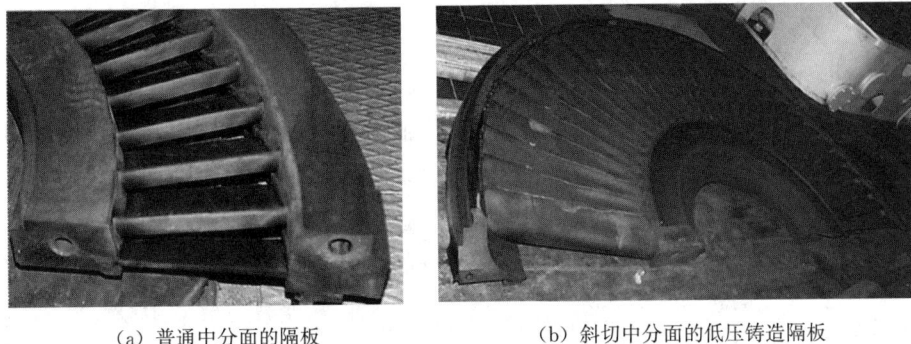

<table>
<tr><td>（a）普通中分面的隔板</td><td>（b）斜切中分面的低压铸造隔板</td></tr>
</table>

图 2-3 隔板实物

碳精环汽封和刷式汽封；非接触式汽封有曲径式汽封和蜂窝式汽封。另外，汽封还可分为可调式汽封和不可调式汽封。

随着汽轮机密封技术的不断发展，从碳精环汽封、曲径式汽封到刷式汽封和蜂窝式汽封；从传统的不可调式汽封到可调式汽封，蒸汽的泄漏量不断减小，汽轮机运行的安全性和经济性得到了提高。汽封按其安装位置的不同，可分为通流部分汽封、隔板或静叶环汽封、轴端汽封，反动式汽轮机还装有高、中压平衡活塞汽封和低压平衡活塞汽封。

（1）通流部分汽封。通流部分汽封包括动叶围带处的径向、轴向汽封和动叶根部处的轴向汽封，如图 2-4 所示。

为减少漏汽，要将动静叶间的轴向间隙减小，但间隙过小，在动静部分出现较大相对膨胀时又会引起碰撞摩擦。因此，对于冲动式汽轮机，因隔板前后压差较大，轴向间隙需设计小些；对于反动式汽轮机，因静叶环前后压差较小，间隙漏汽损失相对小些，轴向间隙可设计的较大些。

（2）隔板或静叶环汽封。冲动式汽轮机隔板前后的压差大，为了减少隔板漏汽损失，应设置隔板汽封，并且隔板汽封与主轴

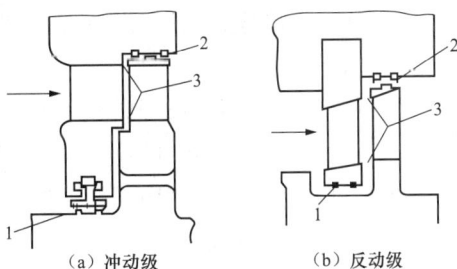

图 2-4 通流部分汽封示意
1—隔板或静叶环径向汽封；2—围带处径向汽封；
3—围带汽封轴向间隙或动叶根部处的汽封间隙

之间的间隙应设计得小一点，通常为 0.6mm 左右，汽封的片数也较多。隔板汽封安装在隔板体内圆的汽封安装槽中。

对于反动式汽轮机，为了减少静叶环漏汽损失，在静叶环内圆处安装有静叶环汽封，但由于静叶环前后压差较小，即使增大静叶环汽封与转子之间的径向间隙，对静叶环漏汽损失的影响也不大。为了机组启停和运行，静叶环汽封间隙可以设计的大一点，通常静叶环汽封间隙为 1.0mm。

图 2-5 所示为汽轮机高中压级静叶环汽封结构。汽封的安装和固定方法与围带汽封相同，对应的转子上有凸肩，与汽封齿相配合，形成隔板或静叶环漏汽的迂回曲折的

汽流通道，以减少漏汽量。

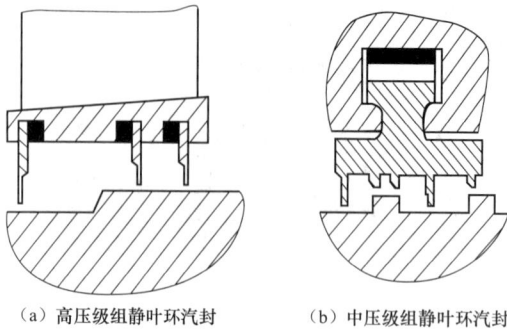

(a) 高压级组静叶环汽封　　(b) 中压级组静叶环汽封

图 2-5　汽轮机高中压级静叶环汽封结构

（3）平衡活塞汽封。为减小汽轮机的轴向推力，反动式汽轮机往往设置了平衡活塞，为在平衡活塞两侧形成压差并减少蒸汽的泄漏，在高、中、低压平衡活塞处均设有汽封。平衡活塞汽封体均制成两半，支承在高、中压缸内缸上。

平衡活塞汽封采用高低齿汽封，由于压降较大，齿数较多，故做成若干个汽封环，分别嵌在平衡活塞汽封持环的环形槽道内，并采用弹性支承。

（4）轴端汽封。为了减少或防止由于轴端漏汽（或漏气）而引起汽轮机效率的降低，在转子穿过汽缸的两端设置了汽封，这种汽封称轴端汽封，简称轴封，如图 2-6 所示。高压轴封用来防止蒸汽漏出汽缸，避免造成工质损失，使运行环境恶化；低压轴封用来防止空气漏入低压缸内，避免影响汽轮机的经济和安全性。

5. 轴承

轴承可以用来承受转子的质量和未平衡的轴向推力，并确定转子在汽缸中的位置，如图 2-7 所示。

采用以液体摩擦为理论基础的轴瓦式滑动轴承。工作时，借助具有一定压力的润滑油在轴颈与轴瓦之间形成油膜，建立液体摩擦，从而使汽轮机平稳工作。

图 2-6　轴端汽封装置

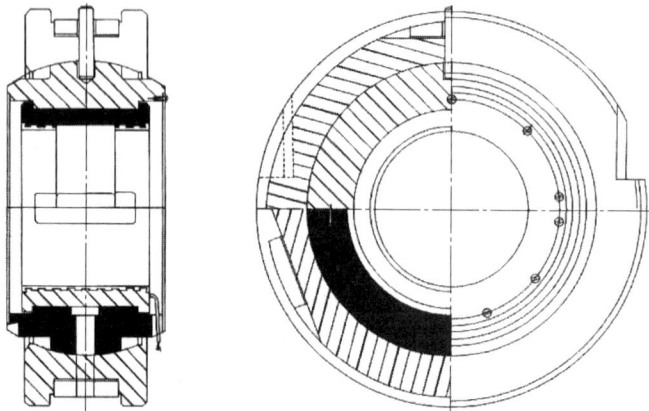

图 2-7　汽轮机轴承示意

汽轮机常用轴承的类型可分为支持轴承和推力轴承两种。支持轴承用来承担转子质量及剩余不平衡质量产生的离心力；确定转子的径向位置，以保持转子旋转中心与汽缸中心一致，从而保证转子与汽缸、汽封、隔板等静止部分的径向间隙合理。推力轴承承受蒸汽作用在转子上的轴向推力，并确定转子的轴向位置，以保证通流部分动静间合理的轴向间隙。推力轴承可看成转子的定位点，即汽轮机转子相对于汽轮机静止部分的相对死点。

6. 滑销系统

（1）滑销系统的作用。滑销系统是保证汽缸定向自由膨胀并能保持轴线不变的一种装置。汽轮机在启动和增加负荷的过程中，汽缸的温度逐渐升高，并发生膨胀。由于基础台板的温度升高低于汽缸，如果汽缸与基础台板为固定连接，汽缸将不能自由膨胀，因此汽缸与基础台板之间以及汽缸与轴承座之间应装上滑销，并使固定汽缸的螺栓留出适当的间隙，形成完整的滑销系统，既能保证汽缸的自由膨胀，又能保持机组的中心不变。

（2）滑销系统的构造形式和安装位置。汽轮机是在高温高压条件下工作的，受热膨胀和冷却收缩数值变化较大。为了保持汽缸自由膨胀、收缩过程中汽缸中心与转子中心不产生偏移，在汽缸与台板、轴承座与台板、汽缸与汽缸、汽缸与前轴承箱处设置有不同形式的销子，构成汽轮机滑销系统。滑销大致可分立销、横销、纵销、猫爪横销、角销等。

按安装位置和不同的作用可分为横销、纵销、立销、猫爪横销、角销（压板）和斜销六种。

1）横销。一般装在低压汽缸排汽室的横向中心线上，或装在排汽室的尾部，左右两侧各一个，如图 2-8 所示。横销的作用是保证汽缸在横向的自由膨胀，并限制后缸在沿轴方向的移动。由于排汽室的温度是汽轮机通流部分温度最低的部位，故横销多装于此处，整个汽缸由此向前或向后膨胀，形成了横向死点。

2）纵销。多装在低压汽缸排汽室的支撑面、前轴承座的底部、双缸汽轮机中间轴承的底部等和基础台板的接合面间。所有纵销均在汽轮机的纵向中心线上，如图 2-9 所示。纵销可保证汽轮机沿纵向中心线自由膨胀，并保证汽缸中心线不能做横向滑移。因此，纵销中心线与横向中心线的交点形成整个汽缸的膨胀死点，在汽缸膨胀时，这点始终保持不动。

图 2-8 横销

图 2-9 纵销

3）立销。立销一般装在低压缸排汽室尾部与基础台板间，高压汽缸的前端与轴承座间，如图 2-10 所示。所有立销均在机组的轴线上。立销的作用可保证汽缸的垂直方向自由膨胀，并与纵销共同保持机组正确的纵向中心线。

4）猫爪横销。猫爪一般装在前轴承座及双缸汽轮机中间轴承座的水平接合面上，由下汽缸或上汽缸端部突出的猫爪、特制的销子和螺栓等组成。猫爪起着横销的作用，又对汽缸起支承作用，如图 2-11 所示。猫爪横销的作用是保证汽缸在横向的定向自由膨胀。同时随着汽缸在轴向的膨胀和收缩，推动轴承座向前或向后移动，以保持转子与汽缸的轴向相对位置。

图 2-10　立销

图 2-11　猫爪横销

5）角销（压板）。角销装在前轴承座及双缸汽轮机中间轴承座底部的左右两侧，以代替连接轴承座与基础台板的螺栓，如图 2-12 所示。其作用是保证轴承座与台板的紧密接触，防止产生间隔和轴承座的翘头现象。

6）斜销。斜销装在排汽缸前部左右两侧支撑与基础台板部。斜销是一种辅助滑销，不经常采用。它能起到纵向及横向的双重导向作用，如图 2-13 所示。

图 2-12　角销

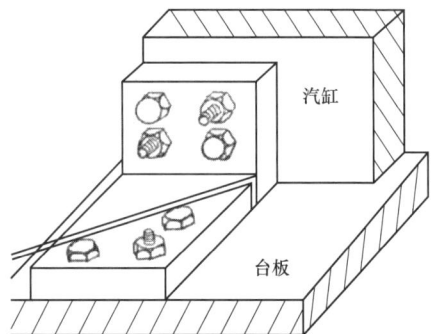

图 2-13　斜销装置示意

（3）汽轮机的死点。死点位于横销与纵销中心线的交叉点，这个点在机组运行中是始终不动的，所以称为死点。机组膨胀的绝对死点在低压缸的中心，由预埋在基础中的定位键和轴向定位键限制低压缸的中心移动，形成机组绝对死点，如图 2-14 所示。

（二）汽轮机的转动部分

转子是转动部分的总称，对于冲动式汽轮机，其转子是由主轴、叶轮、动叶栅、联轴器及其他装在轴上的零部件所组成；对于反动式汽轮机，其转子是由转鼓、动叶栅、联轴器及其他装在轴上的零部件所组成。

1. 动叶

动叶是汽轮机中数量、类型最多的零部件，如图 2-15 所示。动叶安装在汽轮机转子上形成做功蒸汽流动的唯一通道，接受喷嘴出口处高速汽流的冲动作用和蒸汽在动叶流道中膨胀加速的反动作用，将热能转变为机械能，带动汽轮机高速旋转。

图 2-14 汽轮机的死点

注：标"星"处为横销、纵销的交点，即为机组的膨胀"死点"。

此外，为提高动叶片刚性，降低动叶片蒸汽力引起的弯应力，调整振动频率，减少漏汽，汽轮机多数级的动叶常用围带连接成组，部分动叶组还设置有拉金，如图 2-16 所示。

图 2-15 汽轮机动叶

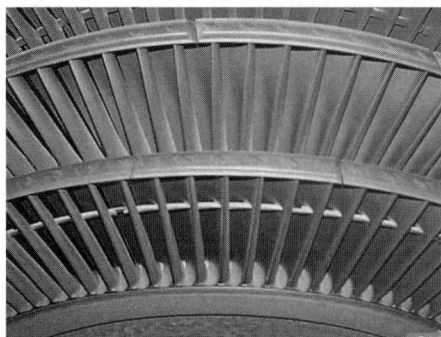

图 2-16 拉金实物

2. 叶轮

叶轮安装在汽轮机主轴上（部分叶轮为套装，还有一部分则是与主轴一同整锻形成），叶轮上安装动叶，传递动叶上的机械功至汽轮机主轴上，其受力环境为自身离心力、动叶离心拉应力、前后的蒸汽压差产生的作用力，与动叶比受力相对简单。

3. 主轴

主轴是汽轮机中传递扭矩即旋转机械功的部件。主轴与其他部件（叶轮、叶片等）之间连接方式分为套装、整锻、焊接、组合四种。根据制造厂家、机组容量、工作参数、金属冶炼水平等因素的不同采用不同的主轴连接方式。主轴由于直径较大，在汽轮机启动和停运过程中，温度变化较大时，热量在转子径向方向上的传递必须有足够的时间和合理的传热温差，才能满足汽轮机主轴均匀加热和冷却。

4. 联轴器

联轴器又称靠背轮或对轮。联轴器是用来连接汽轮机的各个转子以及发电机的转子，并将汽轮机的扭矩传给发电机。在多缸汽轮机中，如果几个转子合用一个推力轴承，则联轴器还将传递轴向推力，如图 2-17 所示。

联轴器的形式有刚性联轴器、半挠性联轴器和挠性联轴器。机组高、低速联轴器技术参数见表 2-3。

图 2-17　汽轮机联轴器

表 2-3　　　　　　　　　机组联轴器技术参数

项　目	高速联轴器	低速联轴器
额定工作转速（r/min）	5500	1500
质量（kg）	258.4	1527
额定传递功率（kW）	27 500	27 500
最大许用转速（r/min）	6325	1650
使用系数	1.3	1.3

5. 高速齿轮箱

汽轮机转子与发电机转子通过高速齿轮箱连接，将汽轮机 5500r/min 降为 1500r/min，并进行力矩的传递带动发电机转动，高速齿轮箱为单级减速传动。高速齿轮箱具有承载能力大、体积小、质量小、效率高、噪声低、振动小、运行平稳、寿命长等特点。盘车装置安装于齿轮箱上，高速齿轮箱技术参数见表 2-4。

表 2-4　　　　　　　　　高速齿轮箱技术参数

项　目	技术参数
齿轮类型	人字齿，一级减速
齿轮副中心距	800mm
质量	18754kg
转速	2950r/min
传递功率	27 500kW
使用系数	1.3
输入转速	5487r/min
输出转速	1500r/min
功率	5.5kW

💡 任务评价

登录 600t/d 垃圾焚烧炉发电机组系统仿真平台，严格按照汽轮机本体系统巡检规范的技能要求进行练习。

根据工作任务的完成情况和技术标准规范,仿真系统会自动逐项评价并给出完成任务情况的评价结果,依据评价结果,可以确定练习者的技能水平和改进的要求。仿真系统无法实现的技能要能按操作规范准确描述。

要求练习者最终练习要达到 90 分(满分按 100 分)以上水平。

工作任务二　调节保安系统巡检

本汽轮机采用电子液压控制系统,由 DEH 电子调速器、电液转换器和 SKODA 的液压伺服机构组成。电液控制系统的电子调节部分可以控制汽轮机的转速或电功率及抽汽压力。基本原理:转速、电功率信号分别通过各自的传感器输入到电子调速器。电子调速器根据输入的电信号经过计算比较,输出分别用于控制汽轮机进汽调节阀的信号。这些信号再经过电液转换器转换为相应的控制油压,由液压油动机控制进汽调节阀,调整汽轮机的进汽量及排汽量以实现机组的转速或电功率的控制。

任务目标

(1) 了解调节保安系统作用及设备组成,掌握各设备巡回检查参数及检查方法。

(2) 掌握调节保安系统流程。

(3) 能利用仿真系统进行调节保安系统启动前的检查及阀门复役操作。

(4) 能利用仿真系统对调节保安系统进行运行中的巡检,使系统各设备运行参数在规定值。

任务描述

调节保安系统巡检包括启动前的检查与系统运行中的检查。启动前的检查包括系统阀门复役操作及系统设备状态检查,确保各设备在启动前状态;正常运行巡检包括油压、温度、油管路有无漏油等检查项目,并按规定进行巡检参数的记录。

任务实施

登录填图软件及 600t/d 垃圾焚烧炉发电机组 3D 仿真平台,严格按规范巡检程序完成汽轮机调节保安启动前的阀门恢复及系统日常巡检工作。

一、调节保安系统启动前的检查

(1) 进行调节阀油动机、调节阀及阀杆的外部情况检查,各转动交点的润滑情况和杠杆机构连接的灵活状况。

(2) 进行主汽阀、调节阀、危急遮断器、电磁阀等人为的试动作。

(3) 检查并确认保护系统在脱闸位置,自动主汽阀、调速汽阀、抽汽止回阀在全关状态。

(4) 检查并确认调节连杆、销子、螺丝无松动、卡涩,油动机行程标尺完好。

（5）检查并确认汽缸滑销清洁无卡涩，膨胀指示器正常。

（6）检查并确认各保安装置均在对应的正确位置。

（7）检查电液转化器及进出油管处有无漏油（若有应擦干净并检查原因），启动阀在全开位置，油动机开度指示及工作情况应正常，与 DCS 上的数值一致。

（8）油动机、错油门连杆螺丝牢固无松动。危急遮断器动作指示应正常，事故油压在 0 位置。

二、调节保安系统正常运行巡检项目

（1）检查并确认主油箱油位正常无泄漏，底部排油无水。

（2）检查并确认油箱油位计显示正常，液位计灵活无卡涩。

（3）检查并确认调节油压表计正常，压力在正常范围。

（4）检查并确认保安油压表计正常，压力在正常范围。

（5）检查并确认主汽阀运行平稳，无漏汽，无异常声音。

（6）检查并确认调节阀运行平稳，无漏汽，无异常声音。

（7）检查并确认调节保安系统油管无振动，无松动、渗油。

（8）检查并确认伺服阀无振动，无松动、渗油。

（9）检查并确认油动机无振动，无松动、渗油。

（10）检查并确认主汽阀、调节阀开度与 DCS 一致。

相关知识

调节系统与保安系统共用一个油系统，调节系统的任务一方面是要保证汽轮发电机组根据负荷的需要及时提供足够的电力，另一方面是调整汽轮机转速，使它维持在规定的范围内。

为确保汽轮机的安全运行，防止设备损坏事故的发生，除了要求其调节系统动作可靠之外，还应具有必要的保护系统。当机组运行时，如出现转速升高、润滑油压低、轴向位移大等，超过规定允许值时，TSI 系统迅速报警，使机组运行人员加以处理。当出现危及机组安全运行的情况时，保安系统能迅速遮断机组进汽，保护机组主要设备的安全。运行人员可在就地手动打危急遮断器或在集控室操作停机按钮，迅速遮断机组进汽，保护机组安全。

一、数字电液调节系统主要功能

汽轮机调节系统采用数字电液调节系统（DEH）。该系统控制精确度高，能实现手动或自动升速、配合电气并网、负荷控制（阀位控制或功频控制）及其他辅助控制，并与 DCS 通信，控制参数在线调整和超速保护功能等，能使汽轮机适应各种工况长期运行。

电液控制系统的电子调节部分可以控制汽轮机的转速或电功率及抽汽压力。基本原理为转速、电功率信号分别通过各自的传感器输入到电子调速器。电子调速器根据输入的电信号经过计算比较，输出分别用于控制汽轮机进汽调节阀的信号。这些信号再经过电液转换器转换为相应的控制油压，由液压油动机控制进汽调节阀，调整汽轮机的进汽量及排汽量以实现机组的转速或电功率的控制。

DEH 调节系统可完成汽轮机从升速到并网及带电、热负荷的全程控制。主要功能如下：

（1）启动前静态试验。

（2）启动控制方式。根据启动曲线启动，主汽阀全开，调节汽阀启动。

（3）转速调节。DEH 可以按照机组启动的经验曲线自动设定目标转速、暖机点及速率，控制机组升速。升速过程人员可干预。

（4）超速试验。

（5）提供同期接口，实现自动同期并网。

（6）自动带初负荷及负荷限制。

（7）自动负荷调节（功率闭环调节，功率开环调节）。

（8）调频。DEH 具有调频功能，当网频变化超过调频死区时，DEH 自动调整调节阀开度。

（9）自动抽汽调节。DEH 具有一级抽汽控制，当机组并网带一定负荷后，在锅炉出力允许的条件下，DEH 根据运行人员的指令控制抽汽油动机，从而控制抽汽压力。

（10）可在线进行故障自诊断，并发出警报。

（11）超速限制及超速保护。超速保护是指当转速达到额定转速的 103% 时，DEH 快速关闭进汽调节阀，以抑制转速的过度上升。超速停机是指当转速超过额定转速的 110% 时，DEH 发出停机信号，立即关闭主汽阀和进汽调节阀，同时关闭旋转隔板，切断汽轮机进汽。

（12）甩负荷控制。当机组甩负荷后，DEH 将快速关闭进汽调节阀以减少转速超调量，而后全开旋转隔板，重开进汽调节阀，使机组维持空负荷位置稳定运行。

（13）停机控制。

（14）提供 RS232C 和上位机或 DCS 通信接口，实际控制和监视功能。

（15）调节保安系统技术参数及保护定值见表 2-5。

表 2-5　　　　　　　　调节保安系统技术参数及保护定值

序　号	项　目	技术参数及保护定值
1	汽轮机额定转速（r/min）	5487
2	主油泵出口油压（MPa）	0.5
3	转速不等率	3%～6%
4	迟缓率	≤0.2%
5	油动机最大行程（mm）	143
6	TSI超速保护值（停机）	6035
7	转子轴向位移报警值	±0.4
8	转子轴向位移保护值（停机）	±0.8
9	润滑油压低一值报警值	0.10
10	润滑油压低二值（启交流润滑油泵）	0.09

序 号	项 目	技术参数及保护定值
11	润滑油压低三值报警值（启直流润滑油泵）	0.08
12	润滑油压低三值保护值（停机）	0.08
13	润滑油压低四值保护值（停盘车）	0.03
14	调速油泵出口油压低报警值	0.80
15	调速油泵出口油压低联动备用泵	0.71
16	轴承回油温度高报警值	65
17	轴承回油温度高停机值	75
18	汽轮机轴瓦温度高报警值	100
19	汽轮机轴瓦温度高停机值	110
20	发电机轴瓦温度高报警值	80
21	发电机轴瓦温度高停机值	85
22	轴承座振动报警值	0.03
23	轴承座振动停机值	0.05
24	发电机轴承座振动报警值	0.05
25	发电机轴承座振动停机值	0.08
26	凝汽器真空低报警值	−0.070
27	凝汽器真空低保护值（停机）	−0.060
28	DEH 超速停机值	5980

二、DEH 系统工作原理

DEH 系统工作原理是当给定或外界负荷发生变化时，经过计算处理后产生偏差信号，经伺服放大器放大后在电液转化器中转化成液压信号并放大，放大的液压信号通过对压力油的控制来调节油动机活塞的位移。当负荷增加时，压力油使油动机活塞向上移动，通过连杆带动，使汽门开大；当负荷减少时，油动机活塞下的压力油与泄油通道接通，弹簧力促使油动机下腔室排油，油动机活塞下移而关小汽门，DEH 系统控制框图如图 2-18 所示，调节系统原理如图 2-19 所示。

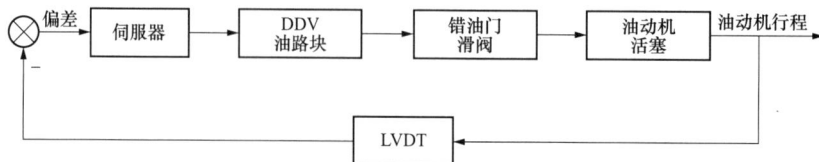

图 2-18 DEH 系统控制框图

三、DEH 系统设备组成

1. 自动主汽阀

在汽轮机进汽调节阀前必须有一个主汽阀（快速关闭阀），其作为保安系统最重要的执行部件来保证汽轮机紧急停机时快速切断蒸汽进

资源库 24_自动
主汽阀的结构

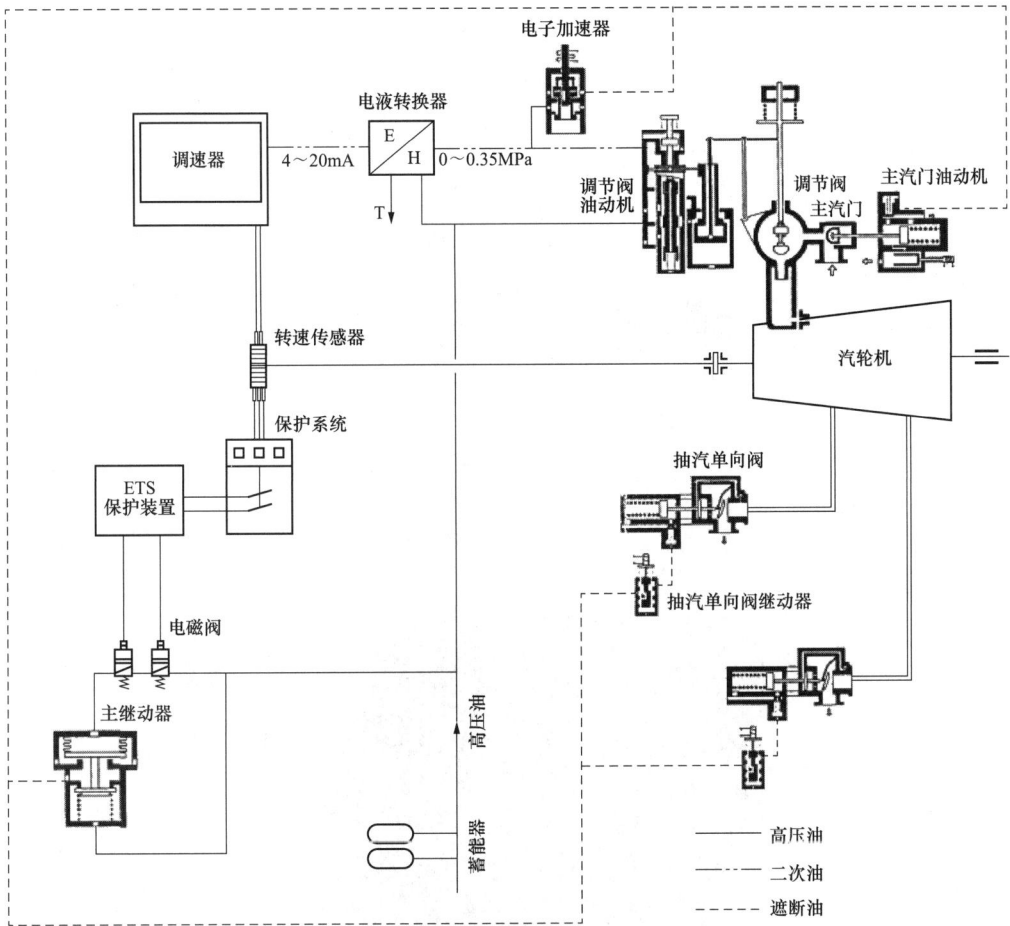

图 2-19 调节系统原理

入。主汽阀水平安装于汽轮机调节阀室的侧面位于前汽缸上部并由油动机控制。本阀由下方进汽,水平方向排出;本阀的阀杆和阀碟内有一小的预启阀以减少阀启动时的蒸汽力;在扩散汽嘴和阀碟的接触处分别堆焊硬质合金以增加其寿命。

自动主汽阀由位于油动机活塞下方的保安(遮断)油压驱动打开,在油动机活塞下方的保安(遮断)油失压后由油动机内的碟形弹簧关闭。根据标准,自动主汽阀的关闭时间应小于0.5s。为在危急情况下快速关闭主汽阀,在本阀的油动机上装有电磁阀可使用手动或电动方式来切断保安(遮断)油而导致主汽阀快速关闭。另外,为防止由于油动机活塞(阀杆)长期不动而产生动作卡涩现象,在油动机上还装有试验电磁阀可定期使用手动或电动方式来使油动机活塞(阀杆)产生一定的位移以检验其灵活性。

2.进汽调节阀

调节阀控制汽轮机的进汽量。五个阀碟均悬挂在共同的横梁上,如图 2-20 和图 2-21 所示,它们的升程由调节阀油动机控制,和二次

资源库 25_调节
汽阀的结构

113

油的压力一一对应。一旦油动机失去高压油压，调节阀在弹簧的作用下迅速关闭。

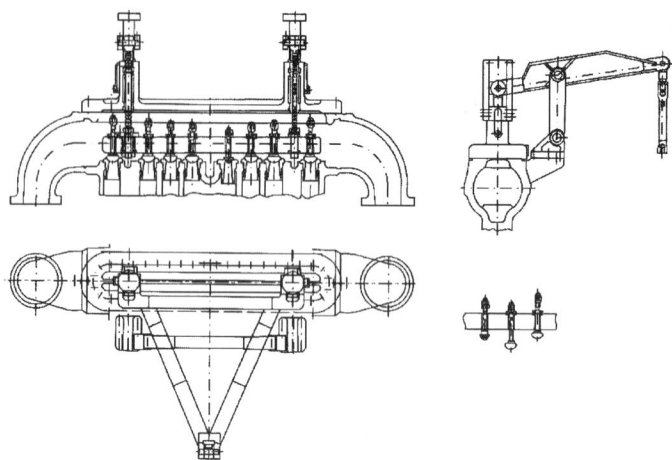

图 2-20　汽轮机调节阀阀座结构

图 2-21　汽轮机调节阀阀芯实物

阀碟采用子母阀结构，阀杆和阀碟内均有一个小的预启阀以减少阀启动时的蒸汽力，调节阀各阀开度见表 2-6。为了增加阀门的寿命，在各阀的扩散汽嘴和阀碟的接触处分别堆焊硬质合金。在调节阀室上有预热法兰（在进汽口的另一侧）和疏水接口用于调节阀室的加热和疏水。

表 2-6　　　　　　　　　　　　　　调节阀各阀的开度　　　　　　　　　　　　　　（mm）

阀号	开始位置	校核全开位置	阀升程	阀通径
Ⅰ	2	25	23	110/66
Ⅱ	25.0	47.5	22.5	100/55
Ⅲ	47.5	57	9.5	66
Ⅳ	57	66	9	66
Ⅴ	66	84	18	100

3. 调节阀油动机

它是调节阀的执行机构，通过二次油压力来控制调节阀的开度。二次油和阀门开度关系，可通过调整调节阀油动机的弹簧来达到。具体原理如下：

当需要增加进汽量时，控制系统发出的电流信号将增加而使电液转换器输出的二次油压上升，错油门活塞下降而打开进油窗口使得油动机活塞上方的压力提高，活塞及连杆下移，打开相应的调节阀而使进汽量增加。同时，由于机械负反馈而使得油动机活塞在某一位置达到平衡来保持调节阀升程（新位置），最终保证进汽量增加的稳定；反之，原理同上。

4. 单向阀、单向阀油动机、单向阀油动机继动器

在抽汽压力比常压高的情况下，在汽轮机抽汽的出口应安装带强制关闭的抽汽单向阀以达到防止蒸汽倒流、抽汽压力过低保护的实现及其他保护要求。单向阀的进出口法兰为角形，蒸汽从水平方向进入单向阀，通过阀碟，最后从竖直位置离开单向阀。在本汽轮机上，空气预热器抽汽、除氧器抽汽都装有抽汽单向阀。另外，抽汽单向阀配有其伺服机构——单向阀油动机和单向阀油动机继动器。在抽汽单向阀内有一个平衡活塞，平衡活塞的上方通过一个小单向阀与进汽口相通，而其下方则与出汽口相连，这样可大大减少强制关闭时的弹簧力。

其工作原理如下：在汽轮机投入运行正常后，当需要投入抽汽时可对单向阀油动机继动器的电磁阀通电使油路接通，这时高压油通过它进入单向阀油动机克服油动机弹簧压力把压住阀碟的阀杆提起，此时单向阀可自由实现单向止回功能。

当汽轮机抽汽口压力大于或等于抽汽管网压力时，汽轮机抽汽即投入使用往外送汽。当管网出现故障或汽轮机突降负荷时，抽汽压力低于管网压力时，单向阀能自动关闭，避免倒流。当汽轮机停机时，高压油泄掉或通过切断单向阀继动器电磁阀而泄掉高压油，油动机内的弹簧压力及阀内的平衡活塞一起克服阀门单向推力而使单向阀被强制关闭。

5. 电气加速器

电气加速器其实是一个特殊的电磁阀，用于建立或切断进汽调节阀油动机的二次油。其工作原理如下：当保安油（遮断油）建立后，油通过心杆的油槽进入上腔室内的活塞下方而把活塞上移，同时使下腔室的二次油卸油阀碟关闭而建立二次油（在电液转换器投入和其他二次油路正常的情况下）。由于上腔室的向上活塞力比下腔室的向下阀碟力大，在正常的情况下可保持系统稳定。在以下两种情况下可使二次油失压导致进汽调节阀油动机动作而关闭进汽调节阀。

第一种情况：电气加速器上方的电磁铁通电而导致心杆下移，截断保安油进入上腔室内的活塞下方并卸油导致失压，而活塞由于其处于下腔室的阀碟向下力而产生向下移动，阀碟打开，二次油失压。

第二种情况：当保安油失压后，上腔室内的活塞下方失压，而活塞由于其处于下腔室的阀碟向下力而产生向下移动，阀碟打开，二次油失压。

6. 电磁阀

电磁阀由两个串联电磁阀和主继动器组成。在操作油建立后，接通和保持两个电磁阀电源可使主继动器建立可保持保安油（遮断油）；当任一电磁阀的电源被切断时，可快速卸去操作油压力，从而使主继动器动作，切断保安油，关闭主汽阀，汽轮机停机。

主继动器用于建立或切断保安油，进而控制主汽阀的开和关。操作油经两串联电磁阀进入主继动器上部腔室，活塞在操作油压力的作用下，下移到工作位置，关闭了保安油的泄油窗口，并打开了保安油的进油口，建立起保安油，使主汽阀开启。当保护系统动作时（切断电磁阀油路），使进入主继动器上部腔室的操作油失压，活塞在弹簧的作用下上移，并关闭了保安油的进油口，打开了保安油的泄油窗口，导致保安油失压，主汽阀关闭，汽轮机停机。

7. 电液转换器

电液转换器的调节过程：根据汽轮机的转速、电功率或抽汽压力信号通过传感器输入电子调节器。电子调节器根据输入的电信号经过计算比较，输出分别用于控制汽轮机进汽调节阀开度的信号。这些信号经过电液转换器转换为相应的控制油压（二次油压）送入各调节阀的油动机而达到控制各调节阀开度的目的。

8. 汽轮机监测仪表系统

汽轮机上装有测量系统，为汽轮机启动和正常运行时提供足够、可靠的信息。同时，汽轮机也有保安和报警系统，这两个系统同时或分别反映汽轮机不正常的运行状态和发出脉冲信号，使主汽阀关闭，汽轮机停机。其中主要的信息显示在控制台的报警信号中。汽轮机前部还装有就地仪表盘，仪表盘内装有压力表、压力开关及压力传感器等。测速齿轮安装在转子前端并带有轴向位移测量盘，其测速齿数为 100 齿（渐开线齿）。

四、汽轮机保安系统

为防止汽轮机在运行中因部分设备工作失常而可能导致的重大损伤事故，设有危急遮断系统，其作用是在异常情况下能快速关闭所有汽门，使汽轮机紧急停机。

1. 电磁阀遮断系统

电磁阀危急遮断系统有两种动作情况：一种是超速防护系统（OPC），该系统动作时只关闭调节汽阀，主汽阀不关闭，不造成汽轮机停机；另一种是自动停机跳闸系统（AST），当该系统动作时，所有汽门全部关闭，实现紧急停机。AST 危急遮断的项目有电超速、润滑油压低、真空低、轴向位移大、胀差大、推力瓦温高、轴承振动大、发电机跳闸、手动停机等。

危急遮断系统由危急遮断控制块（包括 2 个 AST 电磁阀和 2 个 OPC 电磁阀）和压力开关等组成。

（1）超速防护电磁阀。系统设置 2 个 OPC 电磁阀，采用并联连接方式。正常运行时，该电磁阀不带电处于关闭状态，切断了 OPC 总管的泄油通道，调节汽阀油动机活塞下腔室能建立油压。当 OPC 电磁阀带电打开时，OPC 遮断油总管泄油通道被打开，调节汽阀迅速关闭。

（2）自动停机跳闸电磁阀。正常运行时，AST 电磁阀不带电处于关闭状态，此时压力油至无压回油通道被切断，汽门油动机活塞腔室油压能够建立。在危急情况下，该电磁阀所保护的项目中相应的参数超限导致电磁阀带电，打开危急遮断油泄油通道，关闭所有汽门，汽轮机紧急停机。AST 危急遮断保护项目如下：

1）电气超速保护：通过测速电机测量转速到 5980r/min 时，发出停机信号。

2）轴向位移保护：通过涡流传感器测量转子轴向位移，其值为 ±0.4mm 时发出报警信号；达到 ±0.8mm 时，发出停机信号。

3）低油压保护（润滑油）：润滑油低至 0.09MPa 时，联启交流润滑油泵；低至 0.08MPa 时，联启直流润滑油泵，并发出停机信号。

4）低真空保护：通过压力开关感应真空，当真空低至 −60kPa 时，接通后，发出停机信号。

5）胀差保护：应用涡流传感器测量汽缸与转子胀差，当胀差达到 ＋3/−1.5mm 时，发出停机信号。

6）轴承振动：对各瓦振动进行测量，当瓦振达 0.05mm 时，发出报警信号；当瓦振达 0.08mm 时，发出停机信号。

7）轴承回油温度：对各轴承回油温度进行测量，当温度达 65℃ 时，发出报警信号；当温度达 75℃ 时，发出停机信号。

8）推力瓦温度：对工作面 10 个推力瓦块温度进行测量，当温度达 100℃ 时，发出报警信号；当 4 个推力瓦温达到 110℃ 时，发出停机信号。

9）高压调速油：当高压调速油压低至 0.8MPa 时发出报警信号，低至 0.71MPa 时发出停机信号。

2. 机械超速保护装置

机械超速保护装置是目前可靠性最好的超速保护装置。其采用电子控制保护方式：三个来自前轴承座的转速信号（转速探头 MPU）进入本装置的三个独立控制模块，然后通过 2/3 的方式输出两个开关信号到电磁阀上，当超速时可快速关闭主汽阀。

危急遮断器为飞锤式结构，装在转子前端主油泵轴上。飞锤与配重螺钉的质心与转子的中心之间存在偏心距。当转子旋转时，飞锤便产生离心力，由于在运行转速范围内，弹簧力始终大于飞锤离心力，所以飞锤也就在它的装配位置保持不动。当汽轮机转速上升到 110%～112% 额定转速时，飞锤的离心力大于弹簧的压紧力，飞锤在离心力作用下产生位移，向外飞出，打脱危急遮断油门的挂钩，使危急遮断油门滑阀动作，切断保安油路，关闭主汽阀与调节汽阀，使机组自动停机，达到防止汽轮机严重超速的目的。

💡 **任务评价**

登录 600t/d 垃圾焚烧炉发电机组系统仿真平台，严格按照调节保安系统巡检规范的技能要求进行练习。

根据工作任务的完成情况和技术标准规范，仿真系统会自动逐项评价并给出完成任务情况的评价结果，依据评价结果，可以确定练习者的技能水平和改进的要求。仿真系统无法实现的技能要能按操作规范准确描述。

要求练习者最终练习要达到 90 分（满分按 100 分）以上水平。

工作任务三　循环水系统巡检

在机组运行时，汽轮机排汽所携带的大量热量需要带走，机组设计了循环水系统冷却汽轮机的排汽。在凝汽器中冷却汽轮机排汽的供水系统称为循环水系统。

📋 **任务目标**

（1）了解循环水系统作用及设备组成，掌握各设备巡回检查参数及检查方法。
（2）掌握循环水系统流程。
（3）能利用仿真系统进行循环水系统启动前的检查及阀门复役操作。
（4）能利用仿真系统对循环水系统进行运行中的巡检，使系统各设备运行参数在规定值。

☁ **任务描述**

循环水系统巡检工作包括系统启动前的系统检查和系统运行中的巡检两方面。系统启动前应对冷却塔、循环水泵、凝汽器与循环水系统各阀门进行检查，并将阀门恢复至系统启动前的状态；系统运行中应定时对各运行设备进行巡检，使系统各设备运行参数在规定值。

💡 **任务实施**

登录填图软件及 600t/d 垃圾焚烧炉发电机组 3D 仿真平台，严格按规范巡检程序完成循环水系统启动前的阀门恢复及系统日常巡检工作。

一、循环水系统启动前的检查

（1）检查系统检修工作已结束，设备、现场干净无杂物，基础螺栓无松动，具备投入条件。
（2）检查循环水泵冷却塔水池水位应正常。
（3）盘动各循环水泵、机力冷却塔风机电机转子，应无卡涩现象。
（4）检查循环水泵轴承润滑油油位应正常，油质良好，无漏油。
（5）调整循环水泵轴承冷却水开度，应使循环水泵轴承温度为 50℃。

（6）检查并确认冷却塔风机减速箱内油位和油温应正常，油质良好，无漏油。

（7）投入系统各压力、温度表计，系统各阀门恢复至启动前状态，各阀门开关位置见表 2 - 7。

表 2 - 7　　　　　　　　　　循环水系统启动前各阀门开关位置

序号	名称	位置
1	凝汽器循环水甲乙侧电动进水门	全开
2	凝汽器循环水甲乙侧电动出水门	全关
3	凝汽器循环水侧放空气门	全开
4	凝汽器循环水甲乙侧出水管排空气门	全开
5	循环水至汽轮机冷油器滤水器进出水门	全开
6	循环水至汽轮机冷油器滤水器旁路门	全关
7	汽轮机冷油器冷却水进水门	全关
8	汽轮机冷油器冷却水出水门	全开
9	循环水至发电机空气冷却器滤水器进水门	全关
10	循环水至发电机空气冷却器滤水器出水门	全开
11	循环水至发电机空气冷却器滤水器旁路门	全关
12	发电机空气冷却器进水门（4 个）	全开
13	发电机空气冷却器出水门（4 个）	全开

（8）开启循环水泵上的放空气门，有水流出后关闭。

（9）联系电气人员检测循环水泵和机力冷却塔风机电机绝缘合格、电机外部接地良好后送上电源。

二、循环水系统运行中的巡检

（1）循环水泵日常巡检项目见表 2 - 8。

表 2 - 8　　　　　　　　　　循环水泵日常巡检项目

序号	巡检项目	周期	巡检标准
1	检查循环水泵润滑油	每两小时	有无渗油，轴承油位应在 1/2～2/3
2	检查循环水泵及管路	每两小时	无泄漏、清洁无灰尘、油污
3	检查循环水泵运行声音	每两小时	倾听无异声、耳听不清楚则使用听针
4	检查轴承温度	每两小时	使用测温仪测量，温度不超过 85℃
5	检查轴承振动	每两小时	使用测振仪测量，振动值不大于 0.07mm
6	检查进、出口压力	每两小时	循环水泵出口压力在 0.24MPa 左右
7	检查循环水水池水位	每两小时	检查水池水位正常，无溢流

(2) 机力通风塔日常巡检项目见表 2 – 9。

表 2 – 9　　　　　　　　　　　机力通风塔日常巡检项目

序号	巡检项目	周期	巡检标准
1	检查机力冷却塔风机润滑油	每两小时	有无渗油，轴承油位应在 1/2～2/3
2	检查机力冷却塔风机及管路	每两小时	无泄漏、清洁无灰尘、油污
3	检查机力冷却塔风机运行声音	每两小时	倾听无异声、耳听不清楚则使用听针
4	检查轴承温度	每两小时	使用测温仪测量，温度不超过 85℃
5	检查轴承振动	每两小时	使用测振仪测量，振动值不大于 0.08mm

◇ 相关知识

一、循环水系统的作用及分类

循环水系统的主要作用是向汽轮机凝汽器提供冷却水，以带走凝汽器的热量，将汽轮机排汽冷却并凝结成凝结水，循环水系统除了提供汽轮机凝汽器的冷却水用水外，还给开式水系统提供冷却水。

发电厂循环水系统一般分为两大类：一类是开式供水系统，又称直流供水系统，冷却水通过循环水泵从水源的上游取水并加压送入凝汽器，经过换热后再排入水源的下游；另一类是闭式供水系统，又称循环供水系统，循环水泵输送的冷却水经过凝汽器换热后，进入冷却塔进行冷却，冷却后再由循环水泵送入凝汽器中，如此循环往复。

二、循环水系统流程

机组循环水系统采用闭式循环供水方式。循环水池水由生产消防水池水供给，经两台冷却水补水泵将生产消防水池的水供至循环水池，以满足循环水池用水量。循环水系统由循环水泵房三台循环水泵供给，经汽轮机凝汽器、冷油器、空冷器等换热后回至机力冷却塔，经冷却塔冷却后回至循环水池，其中一部分水经循环水旁滤器过滤后回循环水池，系统流程如图 2 – 22 所示。

三、循环水系统设备组成

循环水系统主要由循环水泵、冷却塔、胶球清洗装置及相关管道阀门等设备组成。

（一）循环水泵

循环水泵是循环水系统主要设备，它的作用是向凝汽器提供冷却水，以带走凝汽器内的热量，将汽轮机的排汽冷却成凝结水。小容量机组多采用卧式离心泵，大容量机组多采用立式轴流泵和混流泵，本机组循环水泵采用的是单级双吸卧式离心泵，技术参数见表 2 – 10。

资源库 26_单级
双吸离心泵的结构

资源库 27_单级
双吸离心泵的工作过程

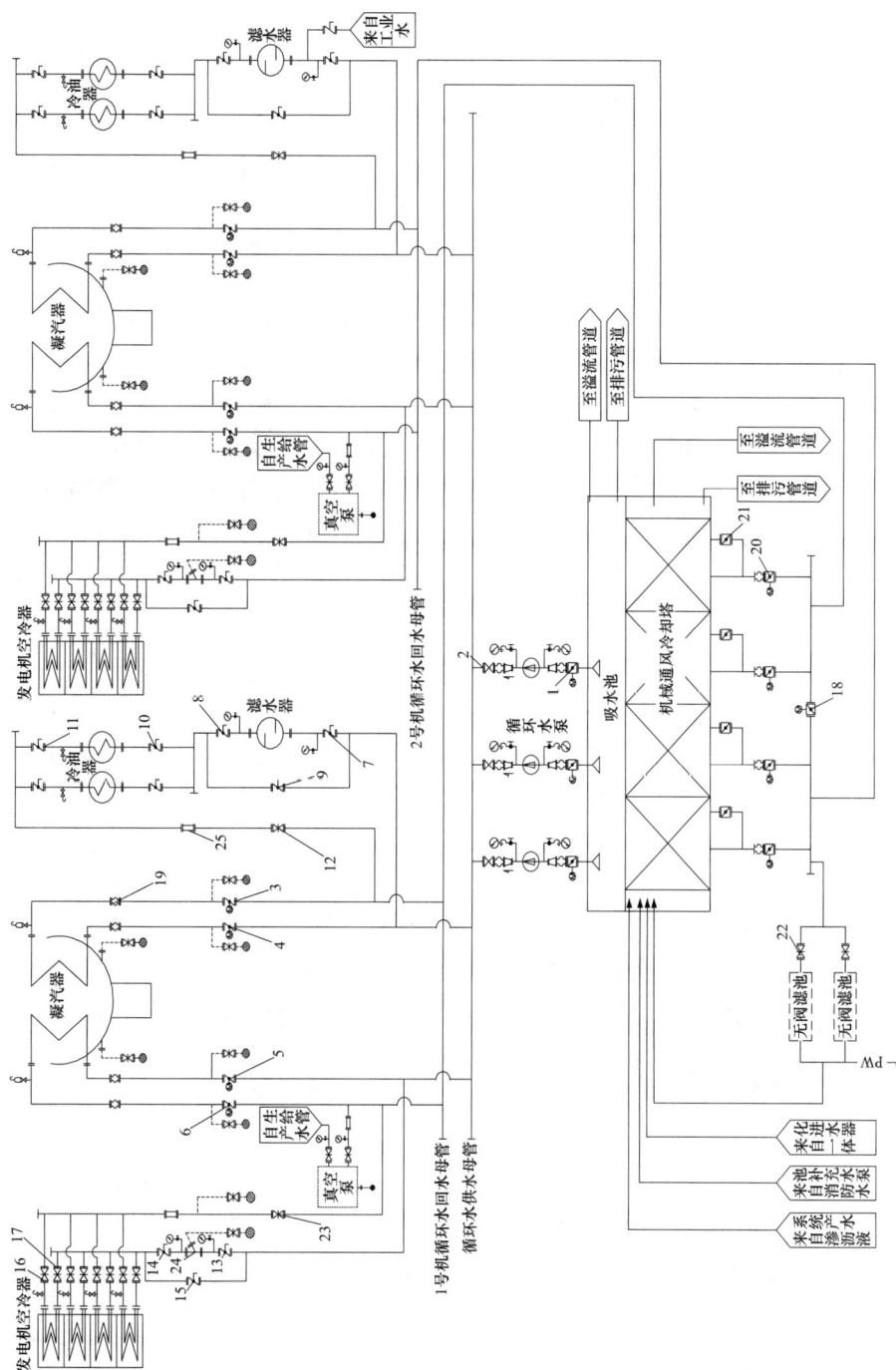

图 2 - 22　循环水系统流程

1—循环水泵入口电动阀；2—循环水泵出口蓄能式罐液控缓闭止回阀；3—凝汽器左侧循环水回阀；4—凝汽器右侧循环水回阀；5—凝汽器左侧循环水供水电动阀；
水电动阀；6—凝汽器右侧循环水供水电动阀；7—冷油器滤水器入口手动阀；8—冷油器滤水器旁路手动阀；9—冷油器循环水回水总阀；10—冷油器循环水入口手动阀；
11—冷油器循环水出口手动阀；12—冷油器循环水回水总阀；13—空冷油器循环水回水总阀；14—空冷器循环水滤网入口手动阀；15—空冷器循环水滤网旁路
手动阀；16—空冷器循环水供水电动阀；17—空冷器循环水回水母管；18—循环水回水母管隔断一次电动阀；19—可曲挠橡胶接头；20—循环水滤网总阀；
电动总阀；21—循环水回水至空冷却塔旁路手动阀；22—无阀滤池入口电动总阀；23—空冷器循环水回水总阀；24—两阀滤池入口冷却水总阀；25—水流指示器

121

表 2-10 循环水泵技术参数

名　称	循环水泵	名　称	所配电机
型　号	NSC700-600-680	型　号	YKK500-8
流　量	5800m³/h	电　压	10000V
扬　程	24m	电　流	38.5A
转　速	740r/min	功　率	500kW
效　率	85%	转　速	742r/min
必需汽蚀余量	6.5m	绝缘等级	F

（二）冷却塔

资源库28_机力
通风冷却塔的结构

冷却水进入凝汽器吸热后，沿压力管道送至冷却塔内的配水槽中，冷却水沿着配水槽由冷却塔的中心流向四周，再由配水槽下部的喷淋装置溅成细小的水滴落入淋水装置，经散热后流入集水池，集水池中的冷却水再沿着供水管由循环水泵进入凝汽器中重复下一阶段的循环。水流在飞溅下落时，冷空气依靠塔身所形成的上升力由冷却塔的下部吸入并与水流呈逆向流动，吸热后的空气由塔的顶部排入大气。

冷却塔主要由水填料、配水系统、通风设备、空气分配装置、除水器、塔体、集水池等部分组成。

1. 淋水填料

淋水填料是淋水装置中，水、气热交换的核心部件，如图 2-23 所示，它是保证冷却塔冷却效率和经济运行的关键。其作用是将热水溅散成水滴或形成水膜，以增加水和空气的接触面积和接触时间，即增加水和空气的热交换程度。水的冷却过程主要在淋水填料中进行。

图 2-23　淋水填料

2. 配水系统

配水系统的作用是将热水经竖井升至配水高度，并通过主配水槽或配水池均匀地溅散到整个淋水填料上。配水分布性能的优劣，将直接影响空气分布的均匀性及填料发挥冷却作用的能力。配水不均将降低冷却效果。

3. 通风设备

通风设备的作用是利用通风机械在冷却塔中产生较高的空气流速和稳定的空气流量，以提高冷却效率，保证要求的冷却效果。机力通风塔所用的风机基本上是轴流式风机，其特点是通风量大、风压小、能耗低、耐水滴和雾气侵蚀。

4. 通风筒

通风筒的作用是创造良好的空气动力条件，减小通风阻力，将湿热空气排入大气，减少湿热空气的回流。机力通风塔的通风筒又称出风筒。自然通风塔的通风筒起通风和把湿热空气送往高空的作用。

5. 空气分配装置

空气分配装置的作用是利用进风口、百叶窗和导风板装置，引导空气均匀分布于冷却塔的整个断面上。

6. 除水器

除水器的作用是将冷却塔气流中携带的水滴与空气分离并回收，减少循环水被空气带走的损失，满足环保要求。除水器应具有除水效率高、通风阻力小、耐腐蚀、抗老化等性能。除水器通常是按惯性撞击分离的原理设计的，一般由倾斜布置的板条或波形、弧形叶板组成。

7. 塔体

塔体是冷却塔的外部围护结构。大、中型冷却塔，特别是风筒式冷却塔，塔体大多是钢筋混凝土结构。中、小型机力通风冷却塔一般用型钢做结构，用饰面水泥波纹板、玻璃钢或塑料板做围护。

8. 集水池

集水池设于冷却塔下部，用来汇集淋水填料落下的冷却水，通常集水池具有储存和调节流量的作用。

(三) 胶球清洗装置

为了保持凝汽器管束内部经常处于清洁状态，提高机组运行的经济性，防止或减轻凝汽器管道腐蚀，延长其使用寿命及改善工作条件，机组运行时，需对凝汽器冷却水进行净化及凝汽器的冷却水管进行清洗，胶球清洗装置是目前清洗管道广泛采用的一种设备，如图 2-24 所示。其优点是对凝汽器各侧可同时进行清洗，任何一侧的胶球清洗出现故障时，均不会影响另外一侧的正常运行。

资源库 29 胶球清洗装置

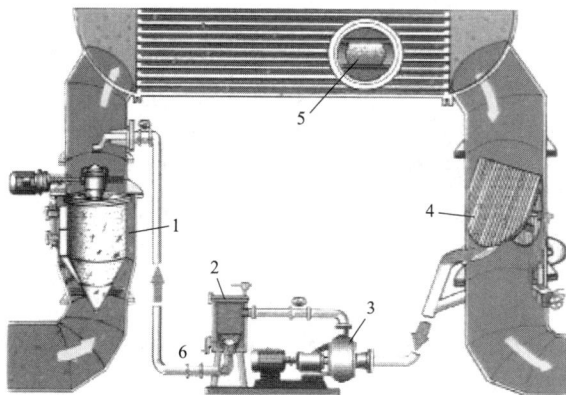

图 2-24 胶球清洗装置
1—二次滤网；2—装球室；3—胶球泵；4—收球网；5—胶球；6—分配器

💡 任务评价

登录 600t/d 垃圾焚烧炉发电机组系统仿真平台，严格按照循环水系统巡检规范的技能要求进行练习。

根据工作任务的完成情况和技术标准规范，仿真系统会自动逐项评价并给出完成任务情况的评价结果，依据评价结果，可以确定练习者的技能水平和改进的要求。仿真系统无法实现的技能要能按操作规范准确描述。

要求练习者最终练习要达到 90 分（满分按 100 分）以上水平。

工作任务四　工业水系统巡检

工业水系统能向两台机组辅机提供轴承、电机和密封水等冷却水，保证各辅机轴承温度、润滑油温等在规定范围之内，确保机组安全运行。

任务目标

（1）了解工业水系统作用及设备组成，掌握各设备巡回检查参数及检查方法。

（2）掌握工业水系统流程。

（3）能利用仿真系统进行工业水系统启动前的检查及阀门复役操作。

（4）能利用仿真系统对循环水系统进行运行中的巡检，使系统各设备运行参数在规定值。

任务描述

工业水系统巡检工作包括系统启动前的系统检查和系统运行中的巡检两方面。系统启动前应对系统设备及各阀门进行检查，并将阀门恢复至系统启动前的状态；系统运行中应定时对各运行设备进行巡检，使系统各设备运行参数在规定值。

任务实施

登录填图软件及 600t/d 垃圾焚烧炉发电机组 3D 仿真平台，严格按规范巡检程序完成工业水系统启动前的阀门恢复及系统日常巡检工作。

一、工业水系统启动前的检查

（1）检查并确认工业水系统检修工作已结束，工作票已终结，系统具备启动条件。

（2）检查并确认前池水位正常。

（3）检查并确认水泵轴承润滑油、冷却水、地脚螺栓、联轴器防护罩等正常。

（4）检查并确认现场各仪表确认无缺损，显示正常，将系统各阀门恢复至启动前状态，各阀门开关位置见表 2-11。

表 2-11　　　　　　　　工业水系统启动前各阀门开关位置

序号	名　　称	位　置
1	循环水吸水池至工业水泵手动阀	开启
2	1号工业水泵进、出口手动阀	开启
3	2号工业水泵进、出口手动阀	开启

序号	名　　称	位置
4	给水泵轴承冷却水进、出水总阀	开启
5	1号给水泵轴承冷却水进、出水手动阀	开启
6	2号给水泵轴承冷却水进、出水手动阀	开启
7	3号给水泵轴承冷却水进、出水手动阀	开启
8	4号给水泵轴承冷却水进、出水手动阀	开启
9	5号给水泵轴承冷却水进、出水手动阀	开启
10	空压机冷却水进、出水总阀	开启
11	1号空压机冷却水进、出水手动阀	开启
12	2号空压机冷却水进、出水手动阀	开启
13	3号空压机冷却水进、出水手动阀	开启
14	4号空压机冷却水进、出水手动阀	开启

二、工业水系统运行中的检查

工业水系统正常运行中的巡检项目见表2-12。

表2-12　　　　　　　工业水系统正常运行中的巡检项目

序号	定期巡视项目	技　术　标　准
1	检查工业水泵润滑油	有无渗油，轴承箱油位在1/2～2/3，油位低了应通知检修人员加油，渗油则应进行处理
2	检查工业水泵及管路	无泄漏，清洁无灰尘油污
3	检查工业水泵运行声音	倾听无异声，耳听不清楚使用听针
4	检查轴承温度	使用测温仪测量，温度不超过75℃，并与DCS上数据核对
5	检查轴承振动	使用测振仪测量，振幅不高于0.03mm
6	检查进出口压力	检查工业水泵进口压力

⋀ 相关知识

一、工业水系统作用

垃圾焚烧电厂工业水主要供给电厂辅助设备，如空压机系统、液压站、各泵冷却水、化学取样架冷却水等。

二、工业水系统设备组成

1. 工业水系统流程

工业冷却水由循环水泵房两台工业水泵供给，其水源为循环水池或生产消防水池中的水，冷却全厂辅机轴承后，回至循环水池或生产消防水池，工业水系统流程如图2-25所示。

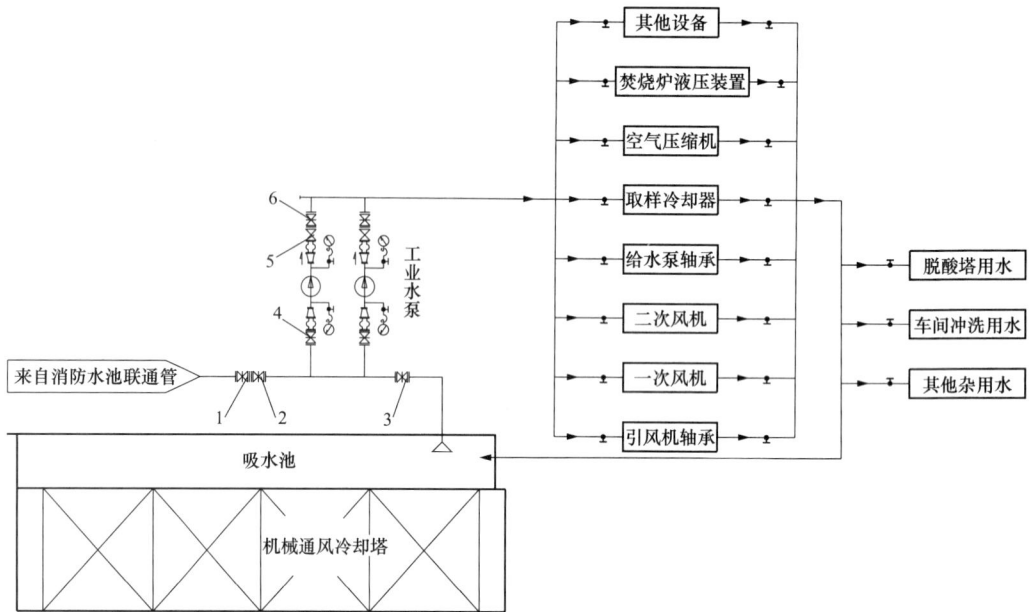

图 2-25 工业水系统流程

1—消防水池联通管至工业水泵一次阀；2—消防水池联通管至工业水泵二次阀；3—循环水吸水池至工业水泵手动阀；
4—工业水泵入口手动阀；5—工业水泵出口逆止阀；6—工业水泵出口手动阀

2. 工业水系统设备组成

工业水系统由2台工业水泵以及各供、回水管道阀门附件等组成，工业水泵技术参数见表2-13。

表 2-13 工业水泵技术参数

名称	工业水泵	名称	所配电机
型号	NI S200-150-400/75SWH	型号	YVP280S-4
流量	400m³/h	电压	380V
扬程	43m	电流	140A
转速	1480r/min	功率	75kW
配套功率	75kW	转速	1485r/min
数量	2	绝缘等级	F

💡 任务评价

登录600t/d垃圾焚烧炉发电机组系统仿真平台，严格按照工业水系统巡检规范的技能要求进行练习。

根据工作任务的完成情况和技术标准规范，仿真系统会自动逐项评价并给出完成任务情况的评价结果，依据评价结果，可以确定练习者的技能水平和改进的要求。仿真系统无法实现的技能要能按操作规范准确描述。

要求练习者最终练习要达到 90 分（满分按 100 分）以上水平。

工作任务五　润滑油系统及盘车装置巡检

汽轮发电机组是高速运转的大型机械，其支持轴承和推力轴承需要大量的油来润滑和冷却，因此汽轮机均配有润滑油系统用于保证上述装置的正常工作。任何供油的中断，即使是短时间的中断，都将会引起严重的设备损坏。大功率汽轮机的润滑油系统和调节油系统是两个独立的系统。润滑油系统用油量大，采用普通的透平油即可满足要求。

任务目标

（1）了解主机润滑油系统及盘车装置作用，润滑油系统组成；掌握系统各设备巡回检查参数及检查方法。

（2）掌握主机润滑油系统流程。

（3）能利用仿真系统进行润滑油系统及盘车装置启动前的检查及阀门复役操作。

（4）能利用仿真系统对润滑油系统及盘车装置进行运行中的巡检，使系统各设备运行参数在规定值。

任务描述

润滑油系统及盘车装置巡检工作包括系统启动前的系统检查和系统运行中的巡检两方面。系统启动前应对系统设备及各阀门进行检查，并将阀门恢复至系统启动前的状态；系统运行中应定时对各运行设备进行巡检，使系统各设备运行参数在规定值，能进行润滑油系统各滤油器的切换操作。

任务实施

登录填图软件及 600t/d 垃圾焚烧炉发电机组 3D 仿真平台，严格按规范巡检程序完成润滑油系统及盘车装置启动前的阀门恢复及系统日常巡检工作。

一、润滑油系统及盘车装置启动前的检查

1. 润滑油系统启动前的检查

（1）检查并确认润滑油系统检修工作已结束，工作票已终结，润滑油系统周围无杂物，各部位螺栓无松动，电气设备、电源线和接地线完好。

（2）检查并确认油箱中的油位应正常。

（3）为清洁管路而设置的临时性滤网或堵板应拆除。

（4）启动辅助油泵，检查油系统有无漏油，油路是否畅通。

（5）检查并确认现场各仪表无缺损，显示正常，将系统各阀门恢复至启动前状态，各阀门开关位置见表 2-14。

表 2-14　　　　　　　　　　　　　润滑油系统启动前各阀门开关位置

序号	名称	位置
1	油箱事故放油一、二次门	全关
2	油箱取样油门	全关
3	油箱至滤油机一、二次油门	全关
4	1、2 号冷油器进油门	全开
5	1、2 号冷油器出油门	全关
6	1、2 号冷油器油侧放空气门	全关
7	交流电动油泵进口门	全开
8	交流电动油泵出口门	全开
9	交、直润滑油泵进、出口门	全开
10	冷油器底部放油门	全关
11	冷油器旁路门	全关

（6）检查润滑油温度不应超过 45℃，如果超过，应打开冷油器的冷却水的阀门。如润滑油温度低于 25℃，应进行加热，使油箱中的油温上升到 30℃即可停止加热。

2. 盘车装置启动前的检查

（1）检查并确认主机润滑油系统已投入，润滑油压力正常，无报警，顶轴油系统运行正常，顶轴油压正常。

（2）检查并确认汽轮机为静止状态，转速为零。

（3）检查并确认汽轮机轴承振动、轴承温度、轴向位移、胀差正常。

二、润滑油系统及盘车装置运行中的检查

（1）机组正常运行过程中应定期试开交流控制油泵、顶轴油泵、交流润滑油泵、直流润滑油泵、盘车装置运行，检查各电机运行正常，油泵内无异声、振动应正常，并进行下列检查：

1）各轴承油流正常。

2）油系统管路无漏油。

3）各润滑油泵出口压力正常。

4）试验正常后，维持交流润滑油泵运行，投入油泵连锁。

（2）检查并确认润滑油系统中各油滤网的前、后压差应在规定范围内。

（3）检查并确认润滑油系统冷油器运行正常，调整出水门开度，使油温保持为 40～45℃，冷却水压力应低于润滑油压。

（4）检查并确认润滑油系统中各设备、阀门无漏油和渗油现象。

（5）检查并确认润滑油压保持在 0.12～0.15MPa。

（6）检查并确认润滑油箱油位正常。

（7）定期化验润滑油油质，油质变差时投入油净化装置运行。

三、运行中润滑油滤油器切换操作

（1）观察切换阀上的油流指向标，确认备用滤油器具备投入条件。

（2）打开备用滤油器上的放气阀。

（3）缓慢旋动切换阀操作手柄，为备用滤油器充油。

（4）观察备用滤油器排气阀，当流出的全部为油时，表明备用滤油器已充满油，关闭放气阀。

（5）继续转动切换阀操作手柄，观察三通切换阀上的油流指向器，确认备用滤油器已投入使用；检查并确认滤油器前后压差正常，系统无漏油。

相关知识

一、润滑油系统作用

（1）向机组各轴承供油，以便润滑和冷却轴承。

（2）供给调节系统和保护装置稳定充足的压力油，使它们正常工作。

（3）供应各传动机构润滑用油。

根据汽轮机油系统的作用，一般将油系统分为润滑油系统和调节（保护）油系统两部分。

二、汽轮机油系统流程

汽轮机油系统可提供汽轮机、齿轮箱、发电机及其配套设备的全部润滑用油和调节用油。除主油泵和储能器外，油系统的其他设备都集成在整体底架上，称为油站。油站主要由交流控制油泵、交流润滑油泵和直流润滑油泵等组成，一般布置在汽轮发电机组厂房的中间平台上。机组油系统采用控制油与润滑油分别由各自独立的油泵供油方式。

1. 主机润滑油系统流程

润滑油正常运行油流回路：油箱→主油泵→冷油器→双筒滤油器→各轴承→回油管→油箱。

机组冷态启动时润滑油系统流程：油箱→交流润滑油泵→冷油器→双筒滤油器→各轴承→回油管→油箱。

厂用电失去时润滑油系统流程：油箱→直流润滑油泵→双筒滤网→各轴承→回油管→油箱。

主机润滑油系统在冷油器出口有一根溢流管道，防止油压过高造成油管路泄漏。当润滑油压大于安全阀起座压力时，安全阀动作，卸去油压；当油压小于安全阀回座压力时，安全阀关闭。

2. 机组控制油系统流程

机组控制油系统流程：油箱→交流控制油泵→压力油管→控制油双筒滤油器→各油动机→回油管→油箱。

主机控制油系统在交流控制油泵出口有一根溢流管道，防止油压过高造成油管路泄漏。当控制油压大于安全阀起座压力时，安全阀动作，卸去油压；油压小于安全阀回座压力时，安全阀关闭。为了维持控制油母管的油压相对稳定，在控制油母管上安装了蓄能器，用来补充控制油系统瞬间增加的耗油及减小系统油压脉动的作用。

汽轮机油系统流程如图 2-26 所示。

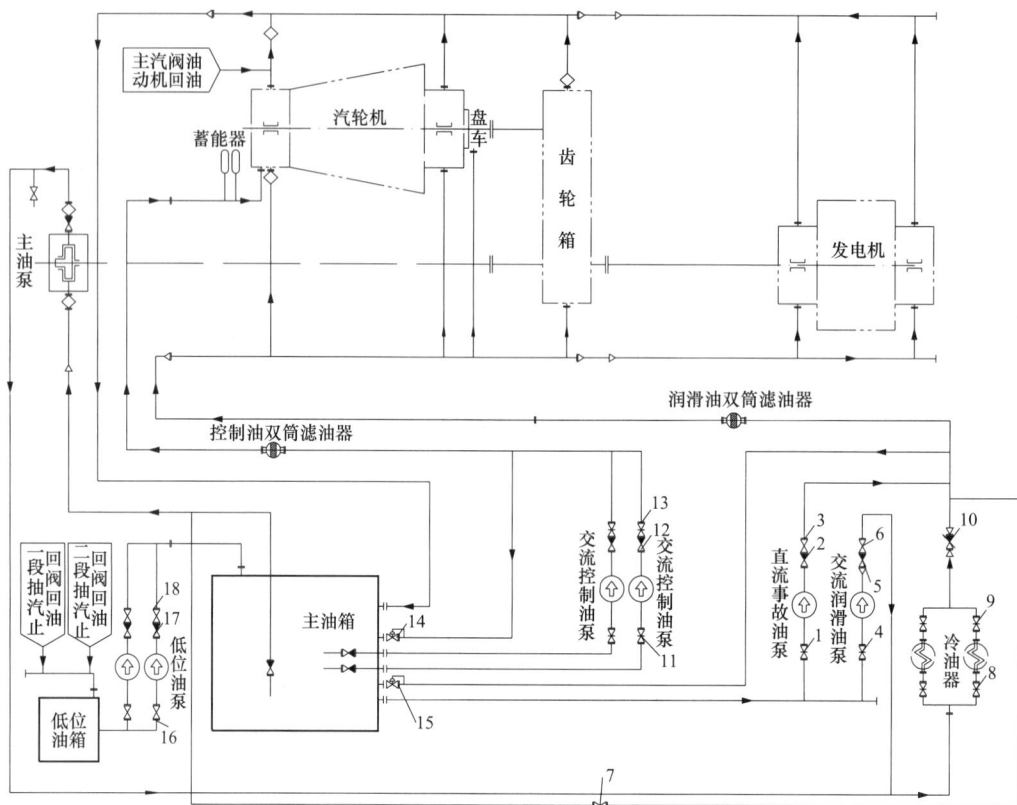

图 2-26　汽轮机油系统流程

1—直流油泵入口手动阀；2—直流油泵出口逆止阀；3—直流油泵出口手动阀；4—交流启动油泵入口手动阀；
5—交流启动油泵出口逆止阀；6—交流启动油泵出口手动阀；7—主油泵入口手动阀；8—冷油器入口手动阀；
9—冷油器出口手动阀；10—冷油器出口可调式节流式逆止阀；11—交流控制泵入口手动阀；12—交流
控制油泵出口逆止阀；13—交流控制油泵出口手动阀；14—润滑油过压阀；15—控制油过压阀；
16—低位油泵入口手动阀；17—低位油泵出口逆止阀；18—低位油泵出口手动阀

三、汽轮机油系统设备组成

汽轮机油系统主要包括主油箱、主油泵、射油器、辅助油泵、冷油器、滤油器、电加热装置、排烟风机、交流控制油泵、蓄能器、顶轴油泵、盘车装置、仪表及供给机组润滑所必需的辅助设备和管道。主油泵一般由汽轮机主轴带动，交流润滑油泵由电动机带动。

（一）主油箱

油箱除用以储存系统用油外，还起分离油中水分、杂质、清除泡沫作用。油箱内部分回油区和净油区，由油箱中的垂直滤网隔开，滤网板可以抽出清洗。在油箱的最低位置设有事故放油口，通过油口可将油箱内分离出来的水分和杂质排出或接至油净化装置。可通过就地液位计和远传液位计进行监视油箱的油位，就地液位计装在油箱侧部，远传液位传感器由油箱顶盖插入油箱内。在油箱的侧部装有加热器，可对油箱内的油加温。在油箱上部设置排烟风机，把分离出来的空气和其他气体及时排出，使油箱维持一定的负压，以便回油顺畅。油箱的负压不应太高，以免吸入灰尘等杂质。

主油箱的容量和机组的大小与系统用油量的多少无关，应保证在交流电源失去且冷油器断水时及汽轮机在惰走过程中，轴承温度不超过极限值。

（二）主油泵

主油泵一般安装在前轴承箱中的汽轮机外延伸轴上，与汽轮机主轴采用刚性连接，由汽轮机主轴直接驱动，以保证运行期间供油的可靠性。本机组的主油泵安装在发电机延伸轴上，与发电机主轴刚性连接，由发电机主轴直

图 2 - 27　主油泵

接驱动。主油泵为单级双吸离心式泵，如图 2 - 27 所示，主油泵的技术参数见表 2 - 15。

表 2 - 15　　　　　　　　　　主油泵的技术参数

序号	项目	单位	技术参数
1	型号	—	SNFJ1300L44QA
2	出口油压	MPa	0.5
3	排油量	L/min	1170

（三）射油器

有些机组主油泵出来的小流量的高压油经射油器降压后，给汽轮机提供大流量的润滑油。射油器也称注油器，是一种喷射泵，其原理是利用少量的压力油作动力，吸入大量的油，以一定的压力供润滑油系统和主油泵用油。射油器安装在主油箱内液面以下，主要由喷嘴、混合室和扩压管组成，如图 2 - 28 所示。主油泵来的压力油在射油器喷嘴内膨胀加速后进入混合室，并在喷嘴出口处形成负压，由于负压

资源库 30_射油器的结构

及自由射流的卷吸作用，不断地将混合室内的油带入扩压管，混合油进入扩压管后，速度降低，速度能部分变成压力能，使压力升高，最后将有一定压力的油供给系统使用。射油器扩压管后面装有翻板式止回阀，防止主油泵在中、低速时，油从射油器出口倒流回油箱。射油器能够把小流量的高压油转化为大流量的低压油。

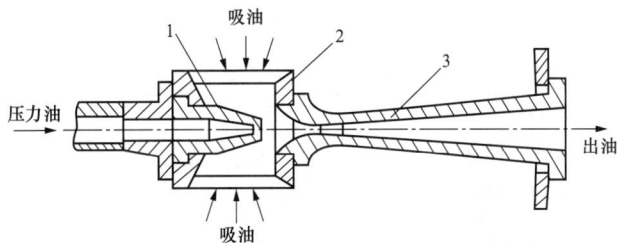

图 2 - 28　射油器结构
1—喷嘴；2—混合室；3—扩压管

资源库 31_双螺杆泵的结构

（四）辅助油泵

辅助油泵包括交流润滑油泵和直流事故油泵，一般安装在油箱盖板上。在机组启动和停机工况时，由交流润滑油泵给系统供油；当机组发生交流失电时，为保证机组安全停运，由直流事故油泵给机组提供必要的润滑油，但直流事故油泵不能用于机组启动或正常运行。交流润滑油泵技术参数见表 2 - 16，直流润滑油泵技术参数见表 2 - 17。

表 2 - 16　　　　　　　　　　交流润滑油泵技术参数

名称	交流润滑油泵	名称	所配电机
型号	IY100 - 65T - 200	型号	YPSH - 180M - 2
流量	100m³/h	电压	AC380V
扬程	50m	电流	23.6A
转速	2900r/min	功率	22kW
绝缘等级	IP44		

表 2 - 17　　　　　　　　　　直流润滑油泵技术参数

名称	直流润滑油泵	名称	所配电机
型号	SNH660R51U12.1W2	型号	Z2 - 61
流量	764L/min	电压	DC220
扬程	50m	电流	53.8A
转速	1450r/min	功率	10kW
绝缘等级	IP23		

（五）冷油器

润滑油从轴承摩擦和转子传导中吸收大量的热量，为保持油温合适，需用冷油器来将润滑油进行冷却，带走油中的热量。冷油器以开式水作为冷却介质，保证进入轴承的润滑油温为 40～46℃。对冷油器的基本要求如下：

不允许冷却水泄漏到油中。冷油器常采用管式换热器或板式换热器，冷油器技术参数见表 2 - 18。在最不利的冷却条件下（夏季水温最高的期间），仍能将油冷却到规定的温度范围，此外，还应有备用冷却水源。应有备用冷油器，若发生故障或需清洗时可及时切换。

表 2 - 18　　　　　　　　　　冷油器技术参数

序号	项目	单位	技术参数
1	油侧工作压力	MPa	0.50
2	水侧工作压力	MPa	0.25
3	冷却面积	m²	40
4	冷却水量	t/h	120

1. 管式冷油器

管式冷油器由铜管、固定管板、活动管板、端盖、壳体及内部隔板组成。冷却水在铜管内流动，油在管外流动。冷油器中油侧压力大于水侧压力，以保证即使铜管泄漏，也不会使冷却水漏入油中，使油质劣化，管式冷油器如图 2-29 所示。

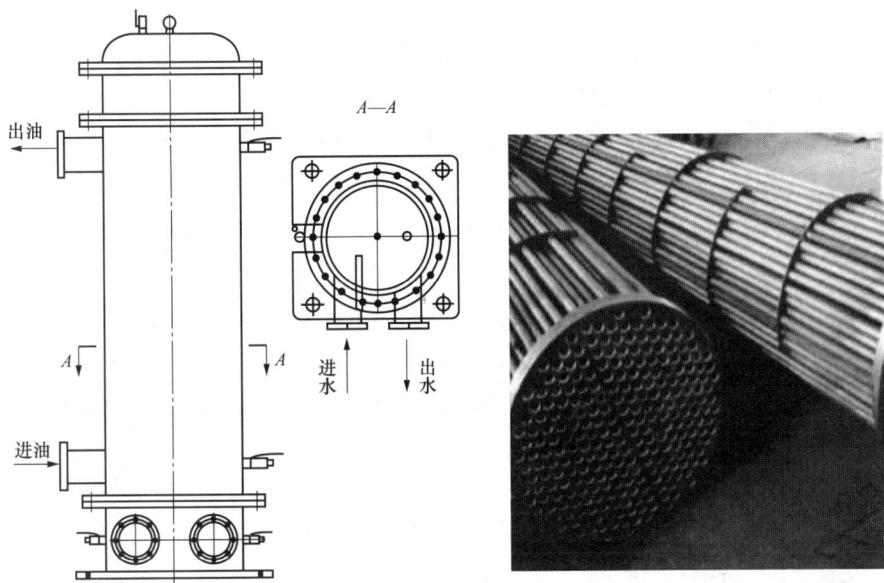

图 2-29　管式冷油器

2. 板式冷油器

板式冷油器采用换热波纹板叠装于上下导杆之间构成主换热元件。导杆一端和固定压紧板采用螺丝连接，另一端穿过活动压紧板开槽口。压紧板四周采用压紧螺杆和螺母把压紧板和换热波纹板压紧固定。

两两换热波纹板之间构成流体介质通道层，作为换热元件的波纹板一侧是冷却循环水，另一侧是润滑油，构成油水的换热通道层交错布置，压紧板和波纹板之间不通换热介质。油（或水）通道层的水进出口周围的两片波纹板之间采用密封垫密封，防止油（或水）进入水通道和冷却器外，两个波纹板之间的油通道（或水通道）采用密封垫密封构成完整封闭的油通道层（或水通道层）并防止油（或水）泄漏到冷却器外。

资源库 32_板式换热器的结构及工作过程

板式冷油器具有以下的特点：

（1）传热效率高、经济性高。换热片采用高导热的波纹板，板片波纹所形成的特殊流道使流体在极低的流速下即可发生强烈的扰动流（湍流），扰动流有自净效应以防止污垢生成，因而传热效率很高。

（2）使用安全可靠。在板片之间的密封装置上设计了两道密封，同时又设有信号孔，一旦发生泄漏，可将其排出冷油器外部，既防止了两种介质相混，又起到了安全报警的作用。

（3）结构紧凑、占地小、易维护。在传热量相等的条件下，所占空间仅为管壳式的 1/3～1/2，并且不像管壳式那样需要预留出很大的空间用来拉出管束检修。

（4）热损失少。因结构紧凑和体积小，换热器的外表面积也很小，因而热损失也很小，通常设备不再需要保温。

（六）滤油器

汽轮机油系统滤网为双筒式滤油器，过滤精确度高，有足够的过滤面积。双筒滤油器由两个滤油器和一个切换阀组成。工作时，一个滤油器投入运行，另一个备用。当压差超过规定值或过滤后油的品质达不到要求时，需切换进行更换滤芯。

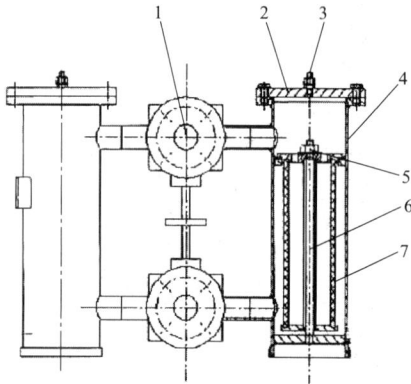

图 2-30　滤油器结构

1—三通切换阀；2—上盖；3—排气阀；4—焊接壳体；5—螺母；6—拉杆；7—滤芯

双筒滤油器主要由滤油器壳体、滤芯和三通切换阀装置组成。滤油器壳体采用焊接结构，如图 2-30 所示，滤芯通过拉杆 6 和螺母 5 固定在壳体内。油从三通切换阀的下面接口进入滤油器，从上面接口出来。油通过滤油器时，油中的杂质被挡在滤网外面，并有可能沉淀在壳体底部。

（七）电加热装置

在油箱顶部安装有浸没式电加热器，由油温调节触点和三位开关控制。开关位于接通时加热器通电，在油温低于 27℃时，投入电加热器运行；油温高于 38℃时，退出电加热器运行。为安全起见，电加热器通常与低油位开关连锁，以便在加热器部件露出水面之前切断加热器的电源。

（八）排烟风机

在运行中因轴承的摩擦耗功和转动部件的鼓风作用，而使其中一部分受热分解为油烟，同时由于轴承座挡油环处会漏入部分水蒸气和空气，而使透平油中含有水分和气体。为了保证油的品质，油箱顶部装有排烟风机，其技术参数见表 2-19。它的作用是维持主油箱在微负压状态，将主油箱中的油气排出，由管道排到主厂房外，防止危及人员和设备的安全。

表 2-19　　　　　　　　　排烟风机技术参数

项目	技术参数	项目	技术参数
全　压	1176Pa	流　量	1500m³/h
数　量	2	电机功率	1.1kW
绝缘等级	IP44	电　压	AC380V

（九）交流控制油泵

交流控制油泵的作用是给汽轮机液压油动机提供油源，用以控制主汽阀、调速汽阀开度，调整汽轮机的进汽量及排汽量以实现机组的转速或电功率的控制，其技术参数见表 2-20。控制油的油源取自主机润滑油油箱。

表 2 - 20 　　　　　　　　　　　交流控制油泵及所配电机技术参数

名　称	交流控制油泵	名　称	所配电机
型　号	XYF210 - 46	型　号	YE2 - 132M - 4
流　量	195L/min	电　压	AC380V
扬　程	1.5MPa	电　流	15.5A
转　速	1450r/min	功　率	7.5kW
绝缘等级	IP44		

图 2 - 31　气囊式蓄能器结构

（十）蓄能器

蓄能器的工作原理：气囊安装在壳体内，给气阀为气囊充入氮气，压力油从入口顶开提升阀，进入蓄能器压缩气囊，气囊内的气体被压缩而储存能量。当系统压力低于蓄能器压力时，气囊膨胀压力油输出，蓄能器释放能量，结构如图 2 - 31 所示。提升阀的作用是防止气囊膨胀时从蓄能器油口处凸出而损坏。这种蓄能器的特点是气体与油液完全隔开，气囊惯性小、反应灵活、结构尺寸和质量小、安装方便，是目前应用最为广泛的蓄能器之一。

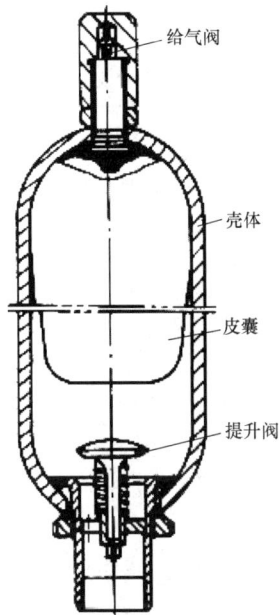

（十一）顶轴油泵

顶轴油泵是在汽轮发电机组盘车、启动、停机过程中顶起转子的作用。顶轴油泵为柱塞泵，是液压系统的一个重要装置，其技术参数见表 2 - 21。它依靠柱塞在缸体中往复运行，使密封工作腔的容积发生变化来实现吸油、压油。柱塞泵具有额定压力高、结构紧凑、效率高和流量调节方便等优点。

资源库 33_柱塞泵的结构

表 2 - 21 　　　　　　　　　　　顶轴油泵及所配电机的技术参数

名　称	顶轴油泵	名　称	所配电机
型　号	DLT - BZ - 16	型　号	C7B - 43B0
流　量	2.3L/min	电　压	AC380
扬　程	12.5MPa	电　流	12A
数　量	2	功　率	5.5kW
绝缘等级	IP44		

顶轴油泵油源来自冷油器后的润滑油，油泵输出的高压油送到集油母管，然后分别送到需要顶轴油的轴承，进入各轴承管道中都设有截止阀、单向阀和压力表。各轴承的载荷存在差异，为使各轴承处轴颈达到要求的顶起质量，应用截止阀对过油压压力进行适当的调整。顶轴油管路上的压力表供监测顶轴油压力用，在机组高速

资源库 34_柱塞泵的工作过程

运转中，还可反映轴承油膜的动压大小，以判别轴系中各轴承承载量大小和轴系载荷分配情况。

（十二）盘车装置

在汽轮机启动和停机后，用外力以一定转速连续转动或间歇转动汽轮机转子的装置，称为盘车装置。机组采用的盘车装置为低速盘车装置，其技术参数见表 2－22，盘车装置安装在高速齿轮箱上；当电动盘车失效时可手动盘车。盘车装置的转速为 9r/min。

资源库 35_盘车装置的结构

表 2－22　　　　　　　　　　盘车及配套电机的技术参数

名称		单位	技术参数
盘车	转　速	r/min	9
配套电机	型　号	—	Y100LI－4B5
	电　压	V	380
	电　流	A	5
	功　率	kW	2.2
	转　速	r/min	1400
	绝缘等级	—	IP44

1. 盘车装置的作用

（1）冲转前盘车，使转子连续转动，可以避免因阀门漏汽和轴封送汽等因素造成的温差使转子弯曲；能检查转子是否已出现弯曲和动静部分是否有摩擦现象。

（2）启动阶段，盘车可以消除冲转时的力矩，使启动均匀可控。

（3）较长时间盘车或间歇盘车，可以消除转子因机组长期停运和存放或其他原因引起的非永久性弯曲。

（4）停机后盘车，使转子连续转动，可以避免因汽缸自然冷却造成的上、下缸温差使转子弯曲。

2. 盘车装置就地启动操作步骤

（1）启动交流润滑油泵，拉出锁定销，逆时针转动盘车手轮，使盘车主动齿轮与汽轮机主轴大齿轮啮合。

（2）按盘车装置启动按钮，盘车投入运行。

（3）检查盘车装置运行正常，无晃动，投盘车连锁开关。

3. 盘车装置就地停运操作步骤

（1）汽轮机冲转后，盘车装置应自动脱扣，电动机自动停止，若不能脱扣，须手动停止，将连锁开关解除。

（2）汽轮机停机后，当汽缸金属温度低于 150℃时，可停运盘车装置。停盘车时，按下停止按钮，顺时针转动盘车手柄复位锁定，停止交流润滑油泵运行。

4. 盘车装置运行注意事项

（1）机组热态停机，要确认转子已静止，才允许投入。

（2）盘车投入后，应仔细倾听轴封和机组内部声音，经常监视盘车电流，润滑油不能中断使得轴承干磨。

（3）盘车运行时，如轴封处或通流部分有金属摩擦声及盘车电流有明显摆动和增大时，应立即停止连续盘车，改为定期手动盘车。

💡 **任务评价**

登录 600t/d 垃圾焚烧炉发电机组系统仿真平台，严格按照润滑油及盘车装置系统巡检规范的技能要求进行练习。

根据工作任务的完成情况和技术标准规范，仿真系统会自动逐项评价并给出完成任务情况的评价结果，依据评价结果，可以确定练习者的技能水平和改进的要求。仿真系统无法实现的技能要能按操作规范准确描述。

要求练习者最终练习要达到 90 分（满分按 100 分）以上水平。

工作任务六　凝结水系统巡检

汽轮机的排汽在凝汽器中定压放热凝结成水，凝汽器热井里的水通过凝结水泵输送至除氧器，并维持凝汽器水位正常。

📖 **任务目标**

（1）了解凝结水系统作用及设备组成，掌握各设备巡回检查参数及检查方法。

（2）掌握凝结水系统流程。

（3）能利用仿真系统进行凝结水系统启动前的检查及阀门复役操作。

（4）能利用仿真系统对凝结水系统进行运行中的巡检，使系统各设备运行参数在规定值。

🎓 **任务描述**

凝结水系统巡检工作包括系统启动前的系统检查和系统运行中的巡检两方面。系统启动前应对系统设备及各阀门进行检查，并将阀门恢复至系统启动前的状态；系统运行中应定时对各运行设备进行巡检，使系统各设备运行参数在规定值。

💡 **任务实施**

登录填图软件及 600t/d 垃圾焚烧炉发电机组 3D 仿真平台，严格按规范巡检程序完成凝结水系统启动前的阀门恢复及系统日常巡检工作。

一、凝结水系统启动前检查

（1）检查并确认凝结水系统检修工作已结束，工作票已终结，检修现场清扫干净，具备启动条件；

（2）根据凝结水系统启动操作票，把凝结水系统就地阀门开至启动前状态。各阀门开关位置见表 2-23。

表 2-23　　　　　　　　　　凝结水系统启动前各阀门开关位置

序号	名称	位置
1	1、2 号凝结水泵进水门	全开
2	1、2 号凝结水泵出水门	全关
3	1、2 号凝结泵水封门	全开
4	漏汽冷凝器进水门	全开
5	漏汽冷凝器出水门	全开
6	漏汽冷凝器旁路门	全关
7	低压加热器（简称低加）进水门	全开
8	低加出水门	全关
9	低加旁路门	全关
10	凝结水再循环电动门	适当开启
11	凝结水至给水泵轴封冷却水门	全开
12	给水泵轴封冷却回水门	全开
13	真空密封用水门	全开
14	凝结水至汽封减温减压水门	全关
15	凝结水排地沟门	全关
16	凝汽器热水井补水门	全关
17	凝汽器热水井补水手动门	全关
18	凝汽器热水井放水门	全关
19	凝结水泵出口母管排地沟门	全关

（3）系统所有设备、管道等均处于备用状态。

（4）通知有关人员将控制系统、调节系统、监视系统和各电动门及凝结水泵电机送上电源。

（5）检查低加和给水除氧系统的启动准备工作已结束或已隔离。

（6）系统管道注水。打开凝汽器补水门，监视凝汽器热井水位，水位达到正常时关闭凝汽器补水门。

二、凝结水系统运行中检查

（1）值班人员应根据本岗位所管辖的设备范围，每 2h 进行全面检查一次，并按规定抄录表计读数，值班人员应经常监视。

（2）凝结水母管压力在正常范围。

（3）凝结水泵电流及出水压力正常。

（4）凝汽器水位正常。

（5）每小时巡视以下项目：

1）轴承温度、声音、振动均正常。

2）水泵轴承油质良好，油环转动灵活，油位 2/3 左右。

3）轴承冷却水畅通，轴封冷却水适量。

4）电动机外壳温度正常。

相关知识

在火力发电厂中，工质循环做功主要分为四个过程：蒸汽在锅炉中的定压吸热过程、蒸汽在汽轮机中的膨胀做功过程、汽轮机的排汽在凝汽器中的定压放热凝结成水的过程、水在给水泵中的压缩升压过程。可见，凝汽设备是凝汽式汽轮机组的一个重要组成部分，其工作性能的好坏直接影响着整个机组的经济性和安全性。

一、凝结水系统作用

凝结水系统的主要功能是将凝汽器热井中的凝结水由凝结水泵送出，经除盐装置、轴封加热器、低加输送至除氧器，其间还对凝结水进行加热、除氧、化学处理和除杂质。此外，凝结水系统还向各有关用户提供水源，如有关设备的密封水、减温器的减温水、各有关系统的补给水，以及汽轮机低压缸喷水等。

二、凝结水系统流程

凝结水系统流程如图 2-32 所示。凝结水泵将凝汽器热井中的凝结水依次流经轴封加热器、过冷器、低压加热器，最后进入除氧器。低加水侧出口管道上设有安全阀，当水侧压力高时，安全阀动作，泄压排水至地沟，防止水侧管道超压。凝结水电动调节阀后引出一路排水管接至排地沟疏水管道，该管道在启动期间或凝结水水质不合格时使用，以排放水质不合格的凝结水，并对凝结水系统进行冲洗。当凝结水水质符合要求时，关闭排水阀，开启 5 号低加出口阀门，凝结水进入除氧器。

三、凝结水系统主要设备组成

凝结水系统主要设备包括凝汽器、凝结水泵、过冷器、凝结水再循环管、凝汽器水位调节阀等设备组成。为保证系统在启动、停机、低负荷和设备故障时运行的安全可靠性，系统还设置了众多的阀门和阀门组。

（一）凝汽器

凝汽器主要是用来在汽轮机的排汽部分建立低背压，并将汽轮机的排汽凝结为水，并予以回收。除此以外，凝汽器还对凝结水和补给水有一定的真空除氧作用，并且可以回收机组启停和正常运行中的疏水，减少工质损失。目前大部分火力发电厂均采用表面式凝汽器，排汽与冷却水通过金属表面进行间接换热的方式来凝结排汽，凝汽器技术参数见表 2-24。

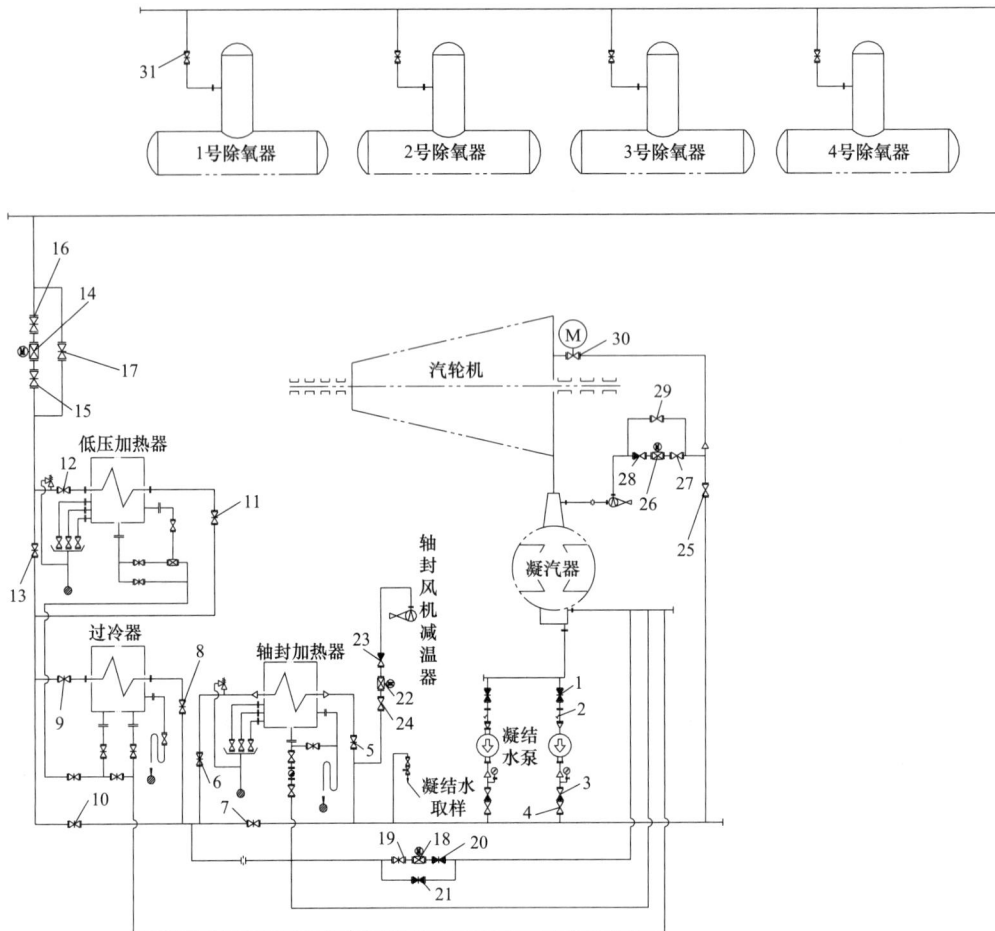

图 2-32 凝结水系统流程（1号汽轮机组）

1—凝泵进口手动阀；2—凝泵进口滤网；3—凝泵出口止回阀；4—凝泵出口手动阀；5—轴加进水手动阀；6—轴加出水手动阀；7—轴加水侧旁路手动阀；8—过冷器进水手动阀；9—过冷器出水手动阀；10—过冷器水侧旁路手动阀；11—低加进水手动阀；12—低加出水手动阀；13—低加水侧旁路手动阀；14—凝结水电动调节阀；15—凝结水电动调节阀前手动阀；16—凝结水电动调节阀后手动阀；17—凝结水电动调节阀旁路手动阀；18—凝结水再循环电动调节阀；19—凝结水再循环电动调节阀前手动阀；20—凝结水再循环电动调节阀后手动阀；21—凝结水再循环电动调节阀旁路手动阀；22—轴加风机减温器减温水电动调节阀；23—轴加风机减温器减温水电动调节阀前手动阀；24—轴加风机减温器减温水电动调节阀后手动阀；25—汽机本体减温水进水手动阀；26—凝汽器减温器减温水电动调节阀；27—凝汽器减温器减温水电动调节阀前手动阀；28—凝汽器减温器减温水电动调节阀后止回阀；29—凝汽器减温器减温水电动调节阀旁路手动阀；30—汽机后缸喷水电动阀；31—凝结水母管至除氧器手动阀

表 2-24 凝汽器技术参数

序号	项　目	单位	技术参数
1	型号	—	N-1950
2	形式	—	对分制双流程表面回热式
3	冷却面积	m²	1950

序号	项　目	单位	技术参数
4	设计冷却水温	℃	25
5	冷却水压	MPa	0.3
6	冷却水量	t/h	5000～6000
7	循环水阻	kPa	34
8	汽轮机排汽压力	kPa	11
9	汽轮机排汽量	t/h	95
10	冷凝管材质	—	304 不锈钢螺纹管
11	冷凝管规格	mm	$\phi 20 \times 0.7 \times 6130$
12	冷凝管数量	根	5570
13	水道数	道	2

根据冷却介质不同，表面式凝汽器又分为空气冷却式和水冷却式两种。其中，水冷式凝汽器应用得较广泛，因此，水冷却表面式凝汽器也常简称为表面式凝汽器。空冷式凝汽器只在缺水地区使用。

下面以水冷却表面式凝汽器为例介绍凝汽器的结构。表面式凝汽器的结构简图如图 2-33 所示。冷却水由进水管 4 进入凝汽器的进水室；先通过下部的冷却水管流入回水室 5，再通过上部冷却水管进入凝汽器的出水室；并通过出水管 6 排出。冷却水管 2 安装在管板 3 上，蒸汽进入凝汽器后，在冷却水管外汽测空间冷凝，凝结下来的凝结水汇集在下部热井 7 中，由凝结水泵抽出送往除氧器。凝汽器的传热面分为主凝结区 10 和空气冷却区 8 两部分，这两部分之间用挡板 9 隔

资源库 36_凝汽器的结构

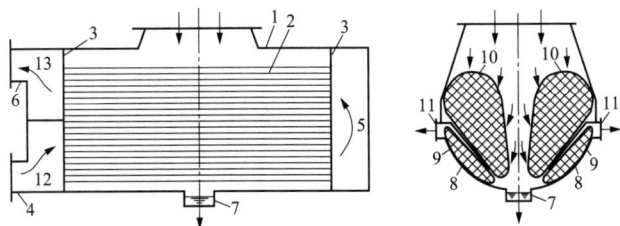

开，空气冷却区可使蒸汽进一步凝结，使被抽出的蒸汽和空气混合物中的蒸汽量含量大为减少，减少了工质的损失。同时，汽-气混合物被进一步冷却，使其容积流量减小，也减轻了抽气器的负担。

图 2-33　表面式凝汽器结构简图

1—外壳；2—冷却水管；3—管板；4—冷却水进水管；5—冷却水回水室；6—冷却水出水管；7—热井；
8—空气冷却区；9—空气冷却区挡板；10—主凝结区；11—空气抽出口；12—冷却水进水室；
13—冷却水出水室

1. 凝汽器的流程数

根据冷却水流程不同，凝汽器可分为单流程、双流程、多流程凝汽器。这里，同一股冷却水在凝汽器内转向前后两次流经冷却水管，称为双流程凝汽器，若同一股冷却水不在凝汽器内转向的，而是一次通过，称为单流程凝汽器。

2. 凝汽器的结构特点

（1）凝汽器的外壳。凝汽器外壳一般采用钢板焊接而成，外壳上用短管或法兰连接着凝结水泵、加热器的疏水排入口、抽汽口等。这种凝汽器结构简单，质量小，分组运输方便，制造成本低。

（2）凝汽器的水室和端盖。凝汽器的水室和端盖是由铸铁或钢板制成，端盖与管板围成水室，对于双流程或多流程凝汽器的水室，内装水平挡板将其分成几个独立的水室，以构成所需的流程数。端盖上开有观察孔和人孔，供检修时使用。

（3）凝汽器与汽轮机排汽口的连接。凝汽器的喉部与汽轮机排汽口的连接处应严密不漏，并且在汽轮机受热后应具有良好的膨胀性能，否则将引起汽轮机排汽缸的变形或位移，导致机组振动。凝汽器喉部与排汽口的连接方式主要有法兰盘连接和波纹管连接。如图2-34所示，当采用波纹管连接时，凝汽器和汽轮机排汽缸将分别安装在各自的基础上，中间用波纹管将它们连接起来。

如图2-35所示，法兰盘连接是将凝汽器的喉部法兰与汽轮机排汽室法兰用螺栓固定。而凝汽器的本体用弹簧支承在基础上，当汽轮机受热膨胀时，由弹簧的弹性变形进行补偿，优点是可以补偿凝汽器与汽轮机排汽缸的热膨胀，还有较好的密封性，而且汽轮机排汽管上不承受重力，因此这种连接方式被广泛采用。

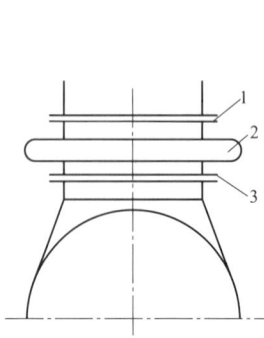

图2-34 波纹管连接
1—排汽缸法兰；2—膨胀补偿器；
3—凝汽器法兰

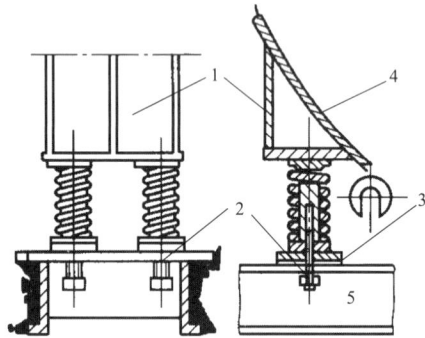

图2-35 凝汽器的弹簧支架
1—凝汽器外壳的支脚；2—调整螺栓；3—垫圈；
4—凝汽器外壳；5—基座

3. 凝汽器抽气口的布置

根据抽气口位置的不同，汽流在凝汽器中的流动形式也不同，现代凝汽器通常采用的有汽流向心式和汽流向侧式两大类，如图2-36所示。汽流向侧式凝汽器的抽气口布置在凝汽器两侧，排汽由排汽口到抽气口的流程较短，汽阻较小，能保证有较高的真空。另外，在管束的中部设有蒸汽通道，可使部分蒸汽畅通无阻地到达热井加热凝结水，使凝结水温度接近排汽温度。

汽流向心式凝汽器的抽气口布置在管束的中心位置，蒸汽由管束四周向中心流动，汽阻小，而且蒸汽可以从两侧流向热井以加热凝结水，但下部管束不易与蒸汽接触，各部分管子的热负荷不均匀。

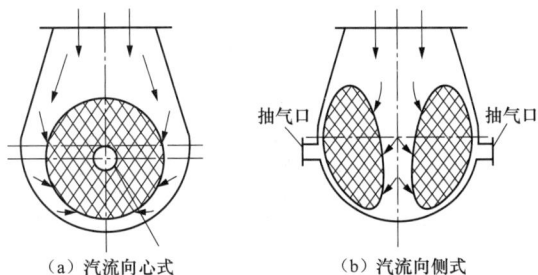

(a) 汽流向心式　　　(b) 汽流向侧式

图 2 - 36　不同汽流方向的凝汽器

4. 冷却水管的排列和布置

(1) 冷却水管在管板上的排列方式。冷却水管在管板上的排列方式一般有正方形排列、三角形排列和辐向排列三种基本方式，如图 2 - 37 所示。

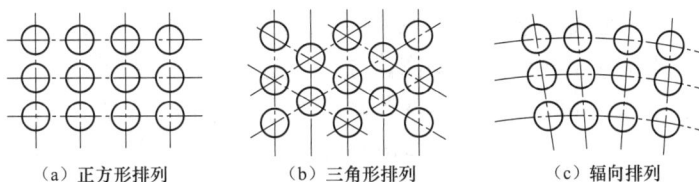

(a) 正方形排列　　　　　(b) 三角形排列　　　　　(c) 辐向排列

图 2 - 37　凝汽器管子的排列方式

正方形排列的特点：汽流途径弯曲较小，阻力较小。

三角形排列的特点：布置紧凑，当节距相同时能在单位管板面积上排列最多的管子，使单位体积内的换热面积最大。同时，错列布置的汽流扰动人，换热效果好，得到了广泛应用。缺点是流动阻力较大。

辐向排列的特点：由于蒸汽的不断凝结，蒸汽流量减小，所需通道空间也在减小，故其流动阻力不变，换热效果也较好。

(2) 凝汽器管束的布置方式。虽然管子在管板上的排列方式有三种，但凝汽器管束布置形式可以是多种多样的。管束的布置方式直接影响凝汽器热交换的效率、汽阻和过冷度。管束布置的原则是要保证凝汽器有最高的传热系数，且有最小的汽阻和最小的过冷度。

图 2 - 38 所示为采用的带状布置管束，蒸汽从排汽口进入后，向两侧流动。进汽部分的管束是一个扩口状，流动阻力较小，并且使蒸汽可以和多排管子接触，加之管束的蛇形布置，增大了换热面积。随着蒸汽的流动，蒸汽逐渐凝结下来，所需通流面积也逐渐减小。两侧的管束在下部并不封口，使一部分蒸汽可以一直流到下部，凝结水可以受到回热，减少了过冷度。

随着单机功率的增大，凝汽器尺寸和冷却水管数量骤增。为加大管束四周中的进汽边界，缩短蒸汽流程以减小汽阻，从而使得热负荷分配均匀，传热性能良好，出现了多区域向心式凝汽器，如图 2 - 39 所示。凝汽器管束为教堂窗式排列，独立区域由两个到十几个，平行布置于矩形外壳内，每个区域中部都有空冷区。

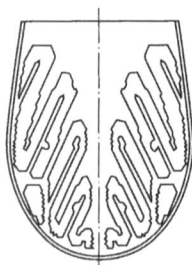

图 2-38　管束呈带状布置

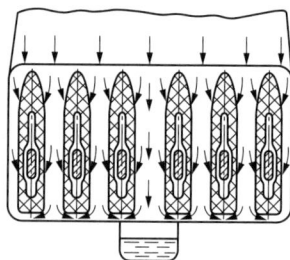

图 2-39　教堂窗式管束排列

（二）凝结水泵及其管道

资源库 37_单级
单吸悬臂式离
心泵的结构

凝结水泵主要是将凝汽器热井中的凝结水输送到除氧器水箱。系统设有两台 100％ 容量的离心式水泵，一台正常运行，一台备用，其技术参数见表 2-25。每台凝结水泵进口管道上安装有闸阀和滤网，闸阀用于水泵检修时的隔离，在正常运行时应保持全开；滤网的功能是防止热井中可能积存的杂质进入凝结水泵内。每台凝结水泵出口管道上装有一只止回阀和一只电动闸阀，止回阀能够防止凝结水倒流入水泵。

两台凝结水泵及其出口管道上均设置抽空气管，在泵启动时将空气抽至凝汽器，在泵运行时也要保持此管畅通，用以防止凝结水泵汽蚀。

表 2-25　　　　　　　　　凝结水泵及所配电机的技术参数

名　称	凝结水泵	名　称	所配电机
型　号	150N110	型　号	YE3-280S-2
流　量	130m³/h	电　压	AC380V
扬　程	100m	电　流	133.7A
转　速	2900r/min	功　率	75kW
生产日期	2017.01	转　速	2970r/min
绝缘等级	F		

主凝结水泵为 N 型单级单吸卧式冷凝离心水泵，带诱导轮，具体结构如图 2-40 所示。

资源库 38_单级
单吸悬臂式离心泵
的工作过程

（三）过冷器

由于低加出口的凝结水温度可能超过 100℃，如果把它直接排到凝汽器，不但对热能利用不利而且还会增加凝汽器的热负荷。为此，在低加的凝结水出口接过冷器将解决上述问题。过冷器是表面管式换热器，技术参数见表 2-26。管内是主凝结水，管外是低加的凝结水。采用卧式布置，从过冷器出来的过冷凝结水将通过水位调节阀进入热井。

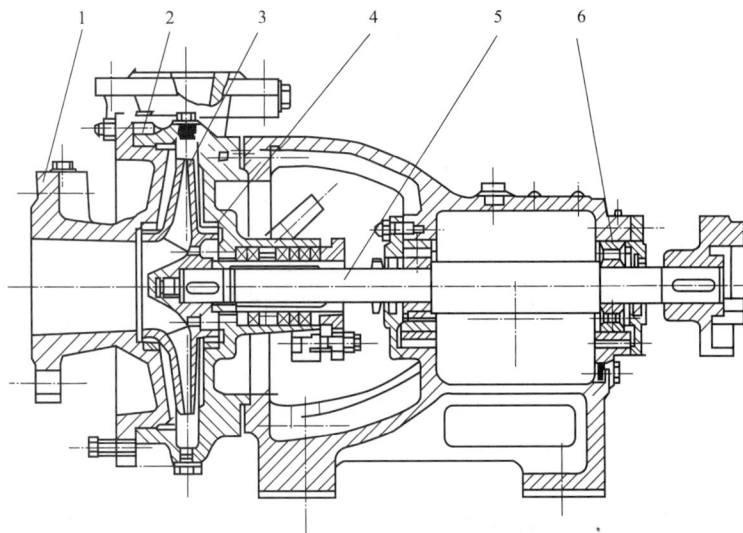

图 2-40 主凝结水泵结构
1—泵盖；2—泵体；3—叶轮；4—泵体密封环；5—泵轴；6—轴承结合部

表 2-26   过 冷 器 技 术 参 数

序号	项目	单位	数据
1	型号	—	Kog000035/I
2	形式	—	卧式表面式
3	壳层压力	MPa	≤0.1
4	加热面积	m²	20
5	冷却水量	t/h	110

（四）凝结水最小流量再循环

在机组启动或低负荷时，主凝结水的流量远小于额定值，但如果凝结水泵的流量小于允许的最小流量，水泵有发生汽蚀的可能。同时，轴封加热器的蒸汽来自汽轮机轴封漏汽，轴封系统运行时需要有足够的凝结水来使其凝结，因此为兼顾不同运行工况下机组、凝结水泵和轴封加热器等各自对凝结水量的需求，在轴封加热器之后，除氧器水位调节阀之前设置再循环管，使其分别满足机组安全运行要求。

（五）补充水系统

凝结水补充水箱用来储存经化学处理后的除盐水，并用做凝结水的水源及补给水。

💡 任务评价

登录 600t/d 垃圾焚烧炉发电机组系统仿真平台，严格按照凝结水系统巡检规范的技能要求进行练习。

根据工作任务的完成情况和技术标准规范，仿真系统会自动逐项评价并给出完成任务情况的评价结果，依据评价结果，可以确定练习者的技能水平和改进的要求。仿真系统无法实现的技能要能按操作规范准确描述。

要求练习者最终练习要达到 90 分（满分按 100 分）以上水平。

工作任务七 回热抽汽系统巡检

回热抽汽系统是利用在汽轮机内做过部分功的蒸汽，抽至加热器内加热凝结水或给水，以提高水的温度，减少汽轮机的排汽损失，以提高机组循环效率。

任务目标

（1）了解回热抽汽系统作用及设备组成，掌握各设备巡回检查参数及检查方法。
（2）掌握回热抽汽系统流程。
（3）能利用仿真系统进行低压加热器启动前的检查及阀门复役操作。
（4）能利用仿真系统对低压加热器进行运行中的巡检，使系统各设备运行参数在规定值。

任务描述

回热抽汽系统巡检工作包括低加启动前的系统检查和系统运行中的巡检两方面。低加启动前应对系统设备及各阀门进行检查，并将阀门恢复至系统启动前的状态；系统运行中应定时对各运行设备进行巡检，使系统各设备运行参数在规定值。

任务实施

登录填图软件及 600t/d 垃圾焚烧炉发电机组 3D 仿真平台，严格按规范巡检程序完成低加启动前的阀门恢复及系统日常巡检工作。

一、回热抽汽系统启动前检查
（1）检查并确认低加检修工作已结束，工作票已终结，检修现场清扫干净，具备启动条件。
（2）根据低加投入操作票，将低加就地阀门开至启动前状态。各阀门开关位置见表 2-27。

表 2-27　　　　　　低加启动前各阀门开关位置

序号	名　称	位置
1	一、二段抽汽止回阀	全关
2	一、二段抽汽止回阀后疏水	全开
3	一、二段抽汽止回阀底疏水门	全开
4	低加进汽门	全关
5	抽汽至低加进汽门前疏水门	全开

序号	名　　称	位置
6	抽汽至除氧器出汽门	全开
7	抽汽至除氧器出汽门后疏水	全开
8	低加疏水器进出水门	全开
9	低加疏水器旁路门	全关
10	低加疏水汽水平衡门	全开
11	低加疏水排地沟门	全关
12	过冷器汽侧进、出水门	全开
13	过冷器汽侧旁路门	全关

（3）检查并确认各热工仪表已投入状态正常，各阀门动作正常灵活。

（4）检查并确认凝结水系统已投运。

二、回热抽汽系统运行中巡检

（1）每两小时定期进行巡视检查。

（2）保持低加疏水水位在水位计 1/2 处，且与 DCS 水位一致。若水位不正常的升高应立即查明原因。

（3）检查低加出水温度正常，低加端差为 3～5℃。

（4）检查回热抽汽系统无泄漏、管道及低加无振动。

（5）当低加故障停用时，应先停运汽侧和空气系统，然后先开启低加水侧旁路门，再关闭进出水门。

入 相关知识

回热抽汽系统是指在蒸汽热力循环中，通常是从汽轮机数个中间级抽出一部分蒸汽，送到给水加热器中用于锅炉给水的加热及各种厂用汽等。汽轮机采用回热循环的主要目的是提高工质在锅炉内吸热过程的平均温度以提高机组的热经济性。

一、回热抽汽系统的作用

回热抽汽系统是从汽轮机数个中间级抽出一部分蒸汽，送到除氧器和低加中用于锅炉给水加热。一定抽汽量的蒸汽做了部分功后不再至凝汽器中向冷却水放热，减少了冷源损失，热耗率下降。同时，提高了给水温度，减少了锅炉受热面的传热温差，从而减少了给水加热过程的不可逆损失，因此回热抽汽系统提高了机组循环热效率。

二、回热抽汽系统流程

凝汽式汽轮机具有三级非调整抽汽。第一段非调整抽汽作为一、二次风蒸汽-空气预热器的汽源；第二段非调整抽汽作为除氧器加热用汽、轴封供汽的汽源及采暖用汽，除氧器工作参数定为：压力 0.27～0.36MPa，温度 130～140℃；第三段非调整抽汽作为低加的汽源。一段抽汽及二段抽汽为母管制。汽轮机回热抽汽系统流程如图 2-41 所示。

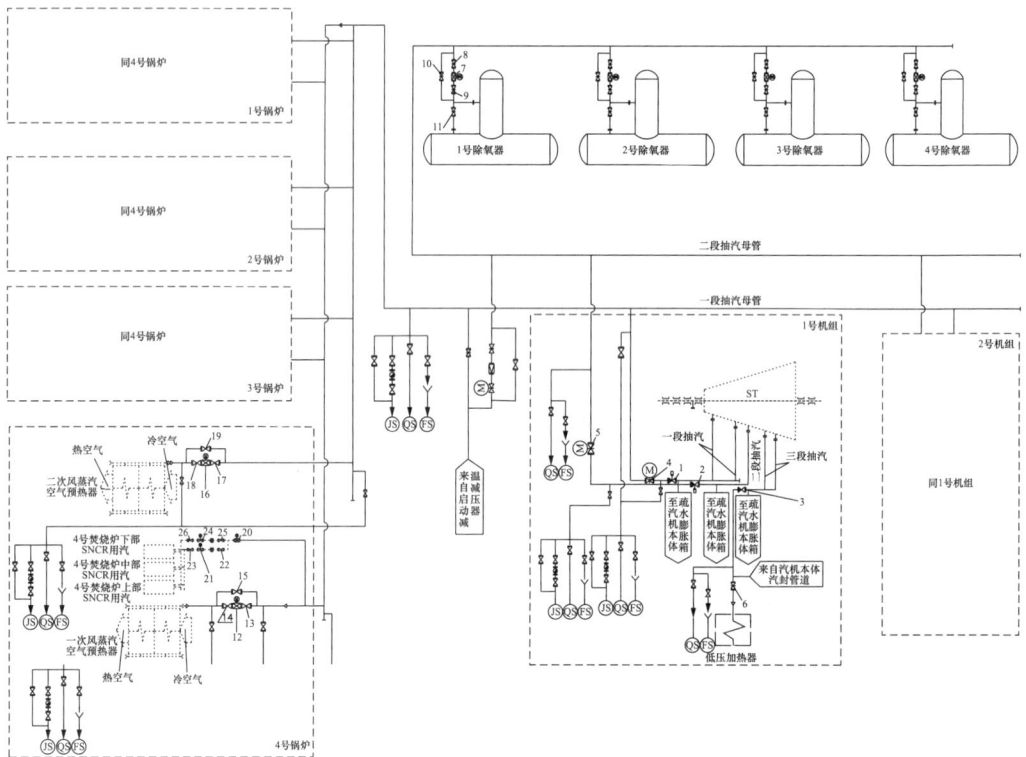

图 2-41　汽轮机回热抽汽系统流程

1——段抽汽止回阀；2—二段抽汽止回阀；3—三段抽汽止回阀；4——段抽汽出口电动阀；5—二段抽汽出口电动阀；6—三段抽汽出口手动阀；7—除氧器加热蒸汽调节阀；8—除氧器加热蒸汽调节阀前手动阀；9—除氧器加热蒸汽调节阀后手动阀；10—除氧器加热蒸汽调节阀旁路手动阀；11—除氧器再沸腾手动阀；12——次风蒸汽空气预热器低压进汽调节阀；13——次风蒸汽空气预热器低压进汽调节阀前手动阀；14——次风蒸汽空气预热器低压进汽调节阀后手动阀；15——次风蒸汽空气预热器低压进汽调节阀旁路手动阀；16—二次风蒸汽空气预热器低压进汽调节阀；17—二次风蒸汽空气预热器低压进汽调节阀前手动阀；18—二次风蒸汽空气预热器低压进汽调节阀后手动阀；19—二次风蒸汽空气预热器低压进汽调节阀旁路手动阀；20—SNCR 进汽电动调节阀；21—SNCR 左侧进汽电动阀；22—SNCR 左侧进汽电动阀前手动阀；23—SNCR 左侧进汽电动阀后手动阀；24—SNCR 右侧进汽电动阀；25—SNCR 右侧进汽电动阀前手动阀；26—SNCR 右侧进汽电动阀后手动阀；JS—经常疏水；QS—启动疏水；FS—放水；FQ—放空气

　　正常情况，蒸汽-空气预热器加热用汽由汽轮机一段抽汽供给。当机组在低负荷下运行，抽汽参数不满足蒸汽-空气预热器加热用汽要求时，或当汽轮机组事故停运，无抽汽时，锅炉仍然需要维持运行一段时间，由主蒸汽通过相应的减温减压器减温减压后供给。

　　正常情况下，除氧器加热用汽、轴封供汽由汽轮机二段抽汽供给。当机组在低负荷下运行，抽汽参数不满足除氧器加热用汽要求时，或当汽轮机组事故停运，无抽汽时，锅炉仍然需要维持运行一段时间，由主蒸汽通过相应的减温减压器减温减压后供给。

三、回热抽汽系统设备组成

回热抽汽系统由低加、抽汽电动阀和抽汽止回阀组成。

（一）低加

低加多采用表面式加热器，表面式加热器根据布置形式又可分为立式和卧式两种。机组低加为立式表面式加热器，技术参数见表2-28，低加结构如图2-42所示。

资源库39_低加的结构（立式）

表2-28　　　　　　　加热器技术参数

序号	项目	单位	技术参数
1	型号	—	NK120
2	形式	—	立式表面式
3	壳程设计压力	MPa	≤0.1
4	壳程设计温度	℃	≤100
5	壳程耐压试验压力	MPa	0.52
6	壳程工作介质	—	水蒸气
7	管程设计压力	MPa	≤1.6
8	管程设计温度	℃	≤95
9	管程耐压试验压力	MPa	2.08
10	管程工作介质	—	水
11	换热面积	m²	110
12	加热器净重	kg	3829

加热器受热面由不锈钢制造的U形管组成，管子胀焊在管板上，管板用法兰与水室和壳体连接。因U形管束较长，故在壳体内设有隔板来支持U形管束，防止U形管束在运行时因蒸汽引起的有害振动。同时，为了防止蒸汽入口处的管束受到蒸汽冲击或侵蚀，在蒸汽入口处的管束上会装设防板，来分散蒸汽流的直接冲蚀。为便于加热器受热面的清洗和检修，整个管束可设计成从壳体中抽出的形式。这种结构有较多厚管板，管孔多，厚管板与薄管壁胀接或焊接复杂，技术难度较大。但这种法兰连接的管板式加热器结构简单，管束水阻比较小，管子泄漏时堵漏后仍可继续使用，一般用于被加热水的压力小于7MPa的加热器中。

资源库40_低加的工作过程

（二）抽汽止回阀

抽汽止回阀是带液压控制的止回阀，防止抽汽管路蒸汽倒流回汽缸。抽汽阀上的油缸由保安油路上的单向阀控制启闭。在保安油压建立后，油缸使抽汽阀处于开启状态，抽汽管道蒸汽流动时，汽流力使止回阀碟开启。当保安系统动作后，单向阀使油缸内压力油泄掉，在油缸的弹簧力、阀碟自重和反向汽流的作用下，阀碟关闭。

抽汽止回阀上设有行程开关，用于指示抽汽阀的关闭状态。

（三）加热器的疏水装置

加热器一般都装有疏水装置。它的作用是在加热器正常工作时，及时而可靠地排出

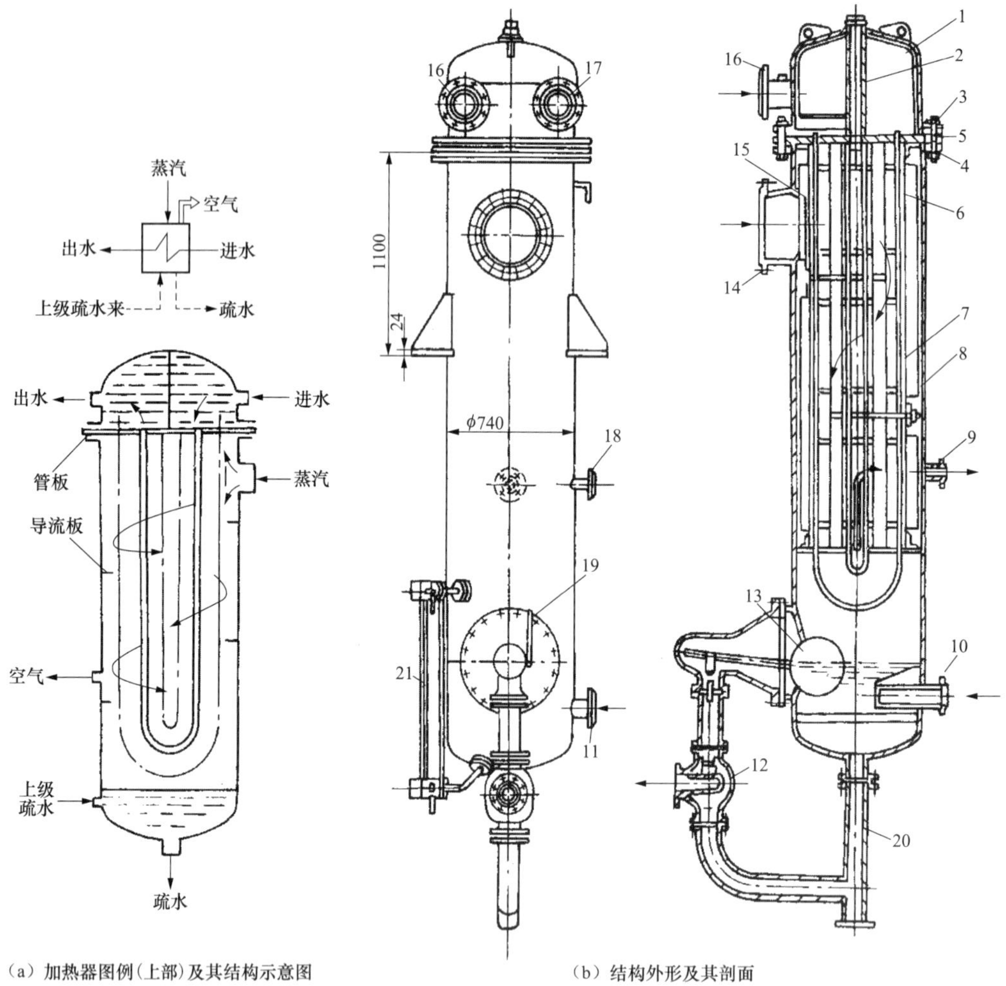

（a）加热器图例（上部）及其结构示意图　　　　　（b）结构外形及其剖面

图 2-42　法兰连接的管板式加热器

1—水室；2—拉紧螺栓；3—水室法兰；4—筒体法兰；5—管板；6—U形管束；7—支架；8—导流板；9—抽空气管；
10、11—上级加热器来的疏水入口管；12—疏水器；13—疏水器浮子；14—进汽管；15—护板；16—进水管；17—
出水管；18—上级加热器来的空气入口管；19—手柄；20—加热器疏水管；21—水位计

汽侧凝结水（疏水），同时又不让蒸汽排出，以维持加热器汽侧压力和疏水水位。发电厂中常用的疏水设备有疏水调节阀、U 形水封管、疏水自动调节器等。

1. 疏水调节阀

疏水调节阀的开启和关闭是通过摇杆绕心轴的转动来实现的，如图 2-43 所示。图中摇杆在虚线位置是调节阀关闭的位置，当摇杆从虚线位置绕心轴转动到实线位置时，心轴带动杠杆向顺时针方向转动，并带动阀杆在上、下轴套内向下滑动，滑杆向下移动带动了滑阀向下移动使阀处于启动位置，将疏水排除。这种疏水装置的调节是根据加热器疏水水位的变化，通过一套电子调节系统来实现的。

2. U 形水封管

U 形水封管由疏水管自身弯制而成，其结构简单，安全可靠。但仅适用于两容器间压差小于 0.1MPa 的情况下，因当压差大于 0.1MPa 时，将使 U 形管太长，布置困难。因此，它主要应用于低加、轴封加热器、疏水扩容器等低压设备疏水至凝汽器的管道上。U 形水封管的工作原理如图 2-44 所示。用 U 形管内一侧高度为 h 的水柱静压力来平衡两容器之间的压力差。

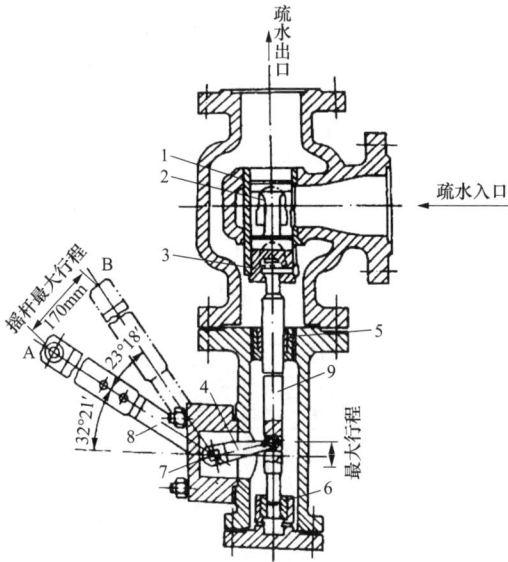

图 2-43 疏水调节阀

1—滑阀套；2—滑阀；3—钢球；4—杠杆；5—上轴套；

6—下轴套；7—心轴；8—摇杆；9—阀杆

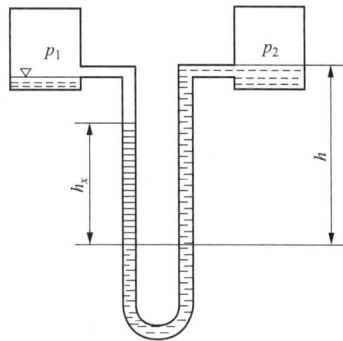

图 2-44 U 形水封工作原理

平衡状态时：$p_1 = p_2 + \rho g h$

当压力为 p_1 的容器内的凝结水量增加时，U 形管左侧管内水位升高，平衡破坏，若水位升高为 h_x，凝结水就会在富裕静压 $\rho g h_x$ 的作用下疏至压力为 p_2 的容器中。U 形水封管中始终有一段水柱存在，以防止水位过低时蒸汽进入下一级加热器。

根据 U 形水封管的工作原理，有的机组还设计安装了多级水封和水封筒作为低压加热、轴封加热器等设备的疏水装置，如图 2-45 所示。

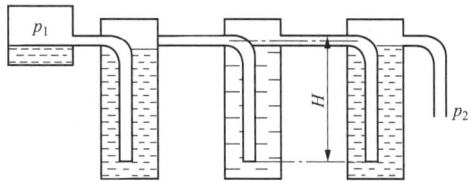

图 2-45 多级水封原理

3. 疏水自动调节器

汽液两相流疏水自动调节器是基于流体力学理论，采用汽液两相流自平衡原理，利用汽液变化的自动调节特性以控制加热器疏水水位而设计的一种新型水位控制器，如图 2-46 所示。这种调节器摒弃了传统水位控制器的机械运动部件和电气控制系统，无需外力驱动，执行机构的动力来自本级加热器的蒸汽，所需汽量仅为加热器疏水量的 0.3%。

汽液两相流疏水自动调节器的调节原理：加热器疏水流过疏水器前段渐缩喷嘴后，

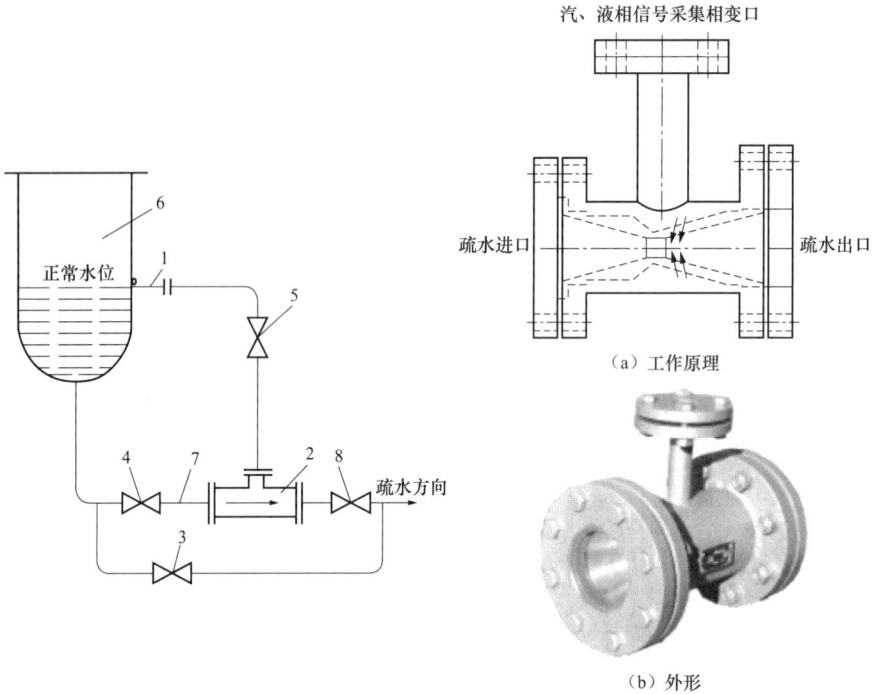

（a）工作原理

（b）外形

图 2-46 汽液两相流疏水自动调节器工作原理

1—相变管（信号筒）；2—自动调节器；3—旁路阀；4—调节阀；5—汽阀；6—加热器；7—连接短管；8—隔离阀

升速降压，在喉部形成强大的抽吸作用，当疏水器信号筒上端全部被疏水淹没时，疏水器抽吸的就是水，不影响疏水在后面的流动，若疏水流动正常，加热器水位逐渐下降。当信号筒上端管段没有全部被疏水淹没时，在疏水器里被抽吸过来的会有一部分水蒸气，由于蒸汽的比体积是水的 1000 多倍，这部分蒸汽会影响疏水器后半段扩大管的工作（蒸汽在此段与水同时存在，同时流动，会造成水流的扰动），造成疏水的流速、流量都降低，加热器水位上涨。整个系统内始终存在着上述的动态平衡，从而实现加热器水位的自动控制。

四、低加的运行维护

低加运行中要注意监视以下参数：加热器进、出口水温，加热器汽侧压力、温度，被加热水的流量，疏水水位，加热器的端差等。

加热器运行中应保持正常疏水水位。水位过高淹没受热面，影响换热。水位过低或无水位时，蒸汽将通过疏水管流入下一级，排挤下一级的抽汽，造成整个机组回热经济性下降。同时高速汽流冲刷疏水管，还会加速管道的损坏。

加热器运行中还要注意监视其端差。加热器端差是指加热器出口水温与本级加热器工作蒸汽压力所对应的饱和温度的差值，差值越小说明加热器的工作情况越好。运行中发电加热器端差增大时，可以从以下几个方面进行分析：

（1）加热器受热面结垢，使传热恶化。

（2）加热器内积聚空气，增大了传热热阻。

（3）水位过高，淹没了部分管束，减小了换热面积。

（4）抽汽门或止回阀未全开或者卡涩，造成抽汽量不足，抽汽压力低。

（5）旁路门漏水或水室隔板不严使水短路。

⚙ 任务评价

登录 600t/d 垃圾焚烧炉发电机组系统仿真平台，严格按照回热抽汽系统巡检规范的技能要求进行练习。

根据工作任务的完成情况和技术标准规范，仿真系统会自动逐项评价并给出完成任务情况的评价结果，依据评价结果，可以确定练习者的技能水平和改进的要求。仿真系统无法实现的技能要能按操作规范准确描述。

要求练习者最终练习要达到 90 分（满分按 100 分）以上水平。

工作任务八　给水除氧系统巡检

给水除氧系统能在机组各种负荷下，对主给水进行除氧、升压和加热，为锅炉省煤器提供数量和质量都满足要求的给水。

📋 任务目标

（1）了解给水除氧系统作用及设备组成，掌握各设备巡回检查参数及检查方法。

（2）掌握给水除氧系统流程。

（3）能利用仿真系统进行给水除氧系统启动前的检查及阀门复役操作。

（4）能利用仿真系统对给水除氧系统进行运行中的巡检，使系统各设备运行参数在规定值。

🎓 任务描述

给水除氧系统巡检工作包括系统启动前的系统检查和系统运行中的巡检两方面。系统启动前应对系统设备及各阀门进行检查，并将阀门恢复至系统启动前的状态；系统运行中应定时对各运行设备进行巡检，使系统各设备运行参数在规定值。

💡 任务实施

登录填图软件及 600t/d 垃圾焚烧炉发电机组 3D 仿真平台，严格按规范巡检程序完成给水除氧系统启动前的阀门恢复及系统日常巡检工作。

一、除氧器启动前检查

（1）检查除氧器检修工作已结束，工作票已终结，现场已清理干净，具备启动条件。

（2）检查各表计应完好，DCS 上水位显示应正常，就地水位计应完好明亮。

（3）按照除氧器启动操作票，将除氧器系统就地阀门开至启动前状态。各阀门开关位置见表 2 - 29。

表 2 - 29 除氧器启动前各阀门开关位置

序号	名称	位置
1	除盐水母管至 1～4 号除氧器调节阀前、后手动阀	开启
2	1～4 号除氧器启动排气阀	适当开启
3	1～4 号除氧器至低压给水母管手动阀	开启
4	水位溢流电动门	开启
5	凝结水上水门	开启
6	1～4 号汽平衡门	关闭
7	二抽进汽调节门	关闭
8	一次风蒸预器进气手动门	关闭
9	二次风蒸预器进气手动门	关闭
10	给水泵再循环门	关闭
11	再沸腾门	关闭

二、给水泵启动前检查

（1）检查给水泵检修工作已结束，工作票已终结，现场干净无杂物，基础螺栓无松动；具备启动条件。

（2）检查各仪表应齐全完好，数值指示正常，与 DCS 显示一致。

（3）检查并确认轴承、盘根冷却水进水门处于开启状态。

（4）检查并确认给水泵密封水门应开启，密封水漏水量正常。

（5）检查并确认给水泵轴承油位正常，油质合格。

（6）检查并确认给水泵进口门、再循环门应开启，出口电动门关闭。

（7）检查并确认除氧器下水门已开启，并确认除氧器水位维持在 3/5 刻度。

（8）检查并确认给水泵及电机盘车灵活、防护罩牢固，电机转动方向正确后，通知电气测绝缘并送上电源。

三、除氧器运行中巡检

（1）工作正常后投入温度、压力、水位自动调节，除氧器紧急放水门投自动（水位高于 1700mm 时自动打开）。

（2）保证压力为 0.27MPa，出水温度在 130℃以上。

（3）出水含氧量应小于 $7\mu g/L$。

（4）水箱水位保持 1200～1600mm。

（5）送向除氧器的各水源应均匀连续，避免时断时续，达不到除氧要求。在任何情况下，包括汽轮机骤降负荷或突增补充水时，必须及时增加供汽量，防止除氧器的压力降低，给水泵入口给水发生汽化。

（6）除氧运行中要保证供汽，使排汽管有小量蒸汽冒出适合为准。

（7）定期冲洗各种表计，每班至少将 DCS 上水位显示与就地水位计对照一次。

（8）每小时抄表一次，并与往常对照，若发现异常，应查明原因，采取措施，消除异常；设备有缺陷时，应填写缺陷单。

四、给水泵运行中巡检

（1）经常检查水泵运行情况，确认水泵及电机内部无异响，电流值正常；给水泵进、出口压力值正常。

（2）经常检查轴承油位应正常，确认油质良好，否则应加油或换油。

（3）检查并确认轴承不发热，振动不大于 0.05mm。

（4）检查并确认盘根不发热，各冷却水应畅通，盘根有少量水流出。

（5）每小时抄表一次，并与以往值对照，如有不正常变化，应及时查明原因，设法消除，发现设备有缺陷，应报告值长并填写缺陷单。

（6）经常检查备用泵确认处于可靠的备用状态。

（7）不允许水泵出水门关闭或出水量很少的情况下长时间运行。

（8）确认备用给水泵进、出水门全开，再循环门全开。

⚠ 相关知识

一、给水除氧系统的作用

给水除氧系统是指除氧器及除氧器与锅炉省煤器之间的设备、管路及附件等。其主要作用是把凝结水经过除氧器除氧后，再经给水泵升压，通过高压加热器加热给水，向锅炉提供具有一定压力和一定温度的给水，同时提供过热器减温水。

二、给水除氧系统流程

垃圾焚烧机组给水除氧系统为母管制，配置了 4 台中压热力除氧器、5 台电动给水泵，其中 2 台为变频控制。除氧器工作压力 0.17MPa，出水温度 130℃，除氧器出力 75t/h。每台除氧器水箱容积 35m³，可满足 4 台余热锅炉 38min 的给水要求。给水泵出口均设置独立的再循环管，其作用是保证给水泵低负荷时有一定的工作流量，防止给水泵汽蚀。给水泵的出口管道上依次装有止回阀、电动闸阀。给水泵出口设置止回阀的作用是当工作给水泵和备用给水泵在切换，工作给水泵停止运行时，防止压力水倒流，引起给水泵倒转。除氧器水侧和汽侧分别设有水平衡管和汽平衡管，用来平衡各除氧器的水位。给水除氧系统流程如图 2-47 所示。

机组主给水系统的主要流程：除氧器水箱→低压给水母管→给水泵→高压给水母管→各炉给水调节门→省煤器进口联箱。

三、给水除氧系统设备组成

（一）除氧器

由于水中溶解氧气，会腐蚀热力设备及汽水管道，影响其可靠性和寿命，而水中 CO_2 会加速氧的腐蚀，所以不凝结气体在换热设备中均会使热阻增加、传热效果恶化，从而降低机组的热经济性。所以现代火电厂均要求对给水系统进行除氧，给水除氧方式有化学除氧和热力除氧两种方法。化学除氧可以彻底除氧，但只能去除一种气体，且需要昂贵的加药费用，还会生成盐类；热力除氧采用加热方法，能够去除水中的大部分气体，现在电厂大多采用热力除氧。

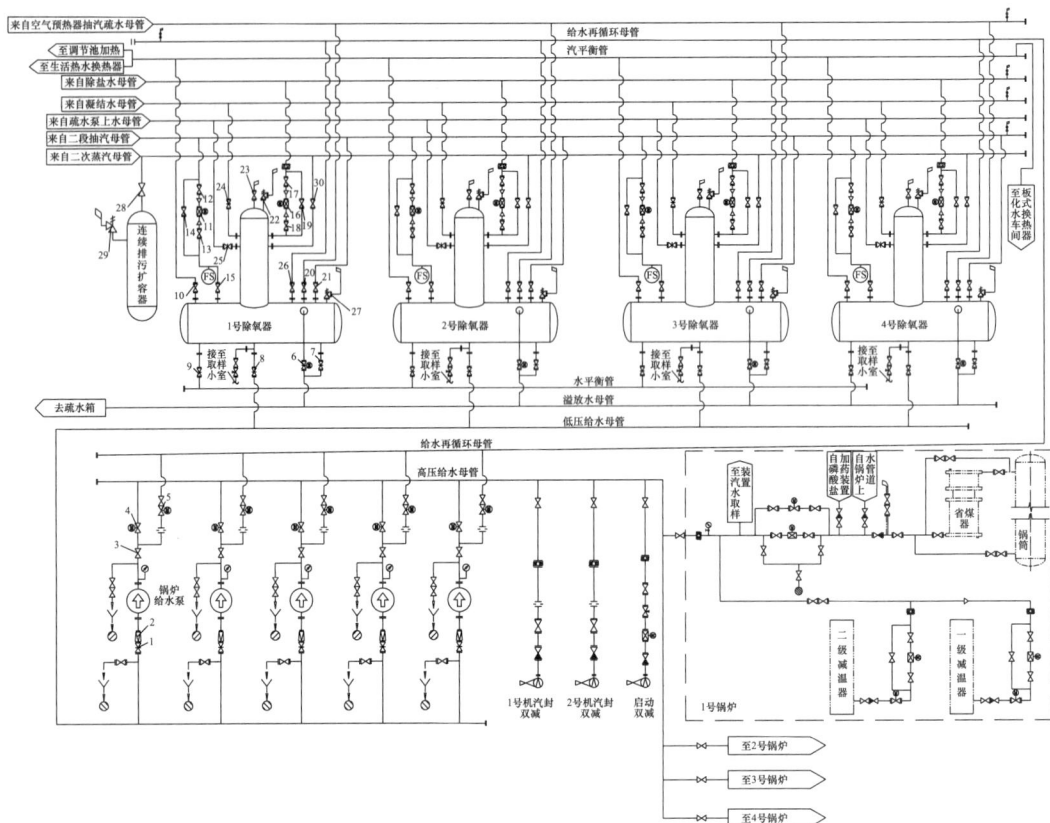

图 2-47 给水除氧系统流程

1—给水泵进口手动阀；2—给水泵进口滤网；3—给水泵出口逆止阀；4—给水泵出口电动阀；5—给水泵至给水再循环母管电动阀；6—除氧器溢流放水电动阀；7—除氧器事故放水手动阀；8—除氧器至低压给水母管手动阀；9—除氧器至水平衡管手动阀；10—除氧器至汽平衡管手动阀；11—除氧器二段抽汽调节阀；12—除氧器二段抽汽调节阀前手动阀；13—除氧器二段抽汽调节阀后手动阀；14—除氧器二段抽汽调节阀旁路手动阀；15—除氧器二段抽汽总阀；16—除盐水母管至除氧器调节阀；17—除盐水母管至除氧器调节阀前手动阀；18—除盐水母管至除氧器调节阀后手动阀；19—除盐水母管至除氧器调节阀旁路手动阀；20—空预器抽汽疏水至除氧器手动阀；21—除氧器再沸腾手动阀；22—除氧头安全阀；23—除氧头排空阀；24—凝结水母管至除氧器手动阀；25—疏水泵上水至除氧器手动阀；26—给水再循环母管至除氧器手动阀；27—除氧水箱安全阀；28—连排扩容器至二次蒸汽母管手动阀；29—连排扩容器安全阀；30—二次蒸汽至除氧器手动阀

1. 除氧器的作用及工作原理

除氧器的作用是除去给水中的不凝结气体，以防止或减轻这些气体对设备和管道系统的腐蚀，同时还防止这些气体在加热器析出后，附在加热器管束表面，影响传热效果。除氧器配有一定水容积的水箱，它还兼有补偿锅炉给水和汽轮机凝结水流量之间不平衡的作用。

除氧器去除水中溶解的氧气及其他不凝结气体通常采用热力除氧，其原理是利用亨利定律和道尔顿分压定律。亨利定律反映了气体在水中溶解的规律，它指出在一定温度条件下，当某气体溶解于液体中并处于进出动态平衡时，该气体溶于单位体积中的质量

与液面上该气体的分压力成正比，其数学表达式为

$$b = K \frac{p_i}{p}$$

式中：b 为该气体的溶解度，mg/L；K 为该气体的质量溶解度系数，mg/L；p_i 为在平衡状态下液面上该气体的分压力，MPa；p 为在平衡状态下液面上混合气体的总压力，MPa。

可见，当水面上气体的分压力小于溶解该气体所对应的平衡压力时，则该气体就会在不平衡压差作用下自水中离析，直到新的平衡状态为止。因此，如果能使水面上该气体的分压力一直维持零值，就可以使该气体从水中完全逸出。此外，气体的溶解度还与液体的温度有关，温度越高，气体的溶解度就越小。

道尔顿分压定律则确定了混合气体的总压力与各组成气体分压力的关系，这里的分压力是指混合气体中的某种气体单独占据整个混合气体总体积时对应的压力。定律指出，在除氧器中，水面上方气体的总压力 p 等于水蒸气的分压力 p_s 和各不凝结气体分压力 $\sum p_i$ 的和，即

$$p = p_s + \sum p_i$$

凝结水来的水在除氧器中被汽轮机抽汽加热至饱和温度，部分水沸腾变成水蒸气，使水蒸气分压力逐渐增大接近除氧器的总压力，相应水面上方不凝结气体的分压力逐渐降低趋于零，于是溶解在水中的氧气等不凝结气体就会从水中逸出。

2. 热力除氧过程

热力除氧不仅是一个传热的过程，还是一个传质过程，因此，必须同时满足传热和传质两个方面的条件才能达到热力除氧的目的。

（1）给水应加热到除氧器工作压力下的饱和温度，以建立除气的传热条件。在热力除氧中即使出现少许的加热不足，都会引起除氧效果急剧恶化，使水中溶氧量增大，达不到给水除氧要求的指标。

（2）要有足够大的汽水接触面积和不平衡压差，创造气体从水中析出的传质条件。在除氧器设计和运行时，通过将给水用喷嘴雾化形成小水滴或用筛盘等使水下落形成水滴、细流、水膜等，增大汽水接触面积，增加传质面积和传热面积。此外，还要保证水和加热蒸汽的逆向流动，及时排走自水中逸出的气体，保证水面上各不凝结气体的分压力趋于零，以保持较大的不平衡压差。

在传质过程中，气体从水中离析出来的过程可分为两个阶段：

第一个阶段为初期除氧阶段。此时由于水中溶解的气体较多，不平衡压差 Δp 较大，气体以小气泡的形式克服水的黏滞力和表面张力逸出，此阶段可以除去水中 80%～90%的气体。

第二个阶段为深度除氧阶段。这时，水中还残留少量气体，相应的不平衡压差很小，气体已经没有足够的动力克服水的黏滞力和表面张力逸出，只有靠单个分子的扩散作用慢慢离析出。为提高气体的离析速度，可以用加大汽水的接触面积，如制造出水膜或细水流，减小其表面张力，从而使气体容易扩散出来；或制造蒸汽在水中的鼓泡作

用，使气体分子附着在气泡上从水中逸出。

3. 除氧器的结构及类型

除氧器通常包括除氧头和与之相连接的给水箱两部分，其技术参数见表 2-30。除氧头主要用于进行除氧，也称为除氧塔，因此常说的除氧器结构指的是除氧头结构。除氧器的除氧结构有淋水盘式、喷雾式、填料式、喷雾填料式、喷雾淋水盘式等。

表 2-30　　　　　　　　　　　　除氧器技术参数

序号	项目	单位	技术参数
1	型号	—	XMC-75
2	形式	—	卧式有头旋膜除氧器
3	设计压力	MPa	0.6
4	设计温度	℃	除氧头 180、水箱 130
5	工作压力	MPa	0.17
6	工作温度	℃	130
7	加热蒸汽压力	MPa	0.433
8	加热蒸汽温度	℃	162
9	额定出力	t/h	75
10	出水含氧量	μg/L	≤7
11	水箱有效容积	m³	30
12	凝结水进水压力	MPa	0.9
13	凝结水进水温度	℃	86
14	凝结水流量	t/h	220
15	补水压力	MPa	0.55
16	补水温度	℃	<33
17	除氧器出水温度	℃	130

机组采用的卧式旋膜除氧器，其除氧流程：凝结水及补充水首先进入除氧头内旋膜器组水室，在一定的水位差压下从膜管的小孔斜旋喷向内孔，形成射流，由于内孔充满了上升的加热蒸汽，水在射流运动中便将大量的加热蒸汽吸卷进来；在极短时间很小的行程上产生剧烈的混合加热作用，水温大幅度提高，而旋转的水沿着膜管内孔壁继续下旋，形成一层翻滚的水膜裙（水在旋转流动时的临界雷诺数下降很多即产生紊流翻滚），此时紊流状态的水传热传质效果最理想，水温达到饱和温度，氧气即被分离出来，因氧气在内孔内无法随意扩散，只能随上升的蒸汽从排汽管排向大气。经起膜段除氧的给水及由疏水管引进的疏水在这里混合进行二次分

资源库 41_除氧器的工作过程（有头）

配，呈均匀淋雨状落到其下的液汽网上，再进行深度除氧后才流入水箱。

旋膜式除氧器由除氧头和水箱组成。

（1）除氧头。给水除氧器加热主要在除氧头内完成，除氧头的结构如图 2-48 所示。

1）入口水混管。入口水混管是作为全部给水（含各种补给水）经混管混合后送入水室，供除氧用。混管的特点是利用喷射器的原理可混不同压力和温度的水。

資源库 42_除氧器的结构

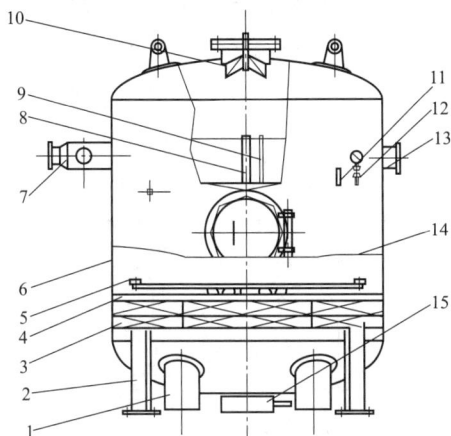

图 2-48　除氧头的结构

1—通汽管；2—支腿，3—填料组；4—算组；5—压紧件；
6—筒体；7—入口水混管；8—旋膜管；9—双流连通管；
10—汽水分离器；11—温度计；12—压力表；13—检查孔；
14—水膜裙室；15—落水管

2）旋膜管。旋膜管是传热、传质的主要部件，由无缝钢管上面钻有射流孔、泡沸孔制成。

3）双流连通管。双流连通管的主要作用是导回汽水分离室内分离下来的积水和旋膜管带出的积水，排出除氧头自由空间上部的气体，并在管内使两种介质进行换热，它由无缝钢管制成。

4）水膜裙室。水膜裙室相当于除氧的雾化区，它是旋转膜作用的终程。由于除氧器水膜裙室温度已近饱和温度，水中氧的解析也应该全部或接近于全部完成，水膜裙形态及水膜裙室的容积对除氧效果有直接影响。

5）算组。算组的主要作用是将一级除氧后的水进行二次分配，它是由厚度为 3mm 钢板经切割、压制成弧形的管条和框架组成。算条等距焊在框架上。

6）填料。填料组是用网波填料和框架组成，填料层为两层。网波填料也称液汽网，它用 0.1mm×0.4mm 扁不锈钢丝编制成网带。

7）汽水分离器。汽水分离器由托架、排汽管和填料组成。为简化设备，将汽水分离器与除氧头上部人孔组合为一体，检修时要将人孔盖连同汽水分离器一起取下。

（2）除氧器水箱。除氧给水箱用于储存已除过氧的水，作为缓冲之用，同时能向锅炉给水泵连续稳定地供水。它一般由卧式筒身和两端的冲压椭圆形封头焊接制成，位于除氧头下方。水箱筒身上装有不同规格的各种接管，两端封头上设有人孔以用于检修。水箱内一般设有再沸腾装置，将蒸汽送入水箱水面以下，用于加热除过氧的水，既对给水补充除氧，又在更大程度上防止了氧气等气体重新溶入水中。水箱上还装设了安全阀、水位调节装置、压力表、温度计、水位计及报警装置等，用以保证除氧器的安全运行。

除氧头内的加热蒸汽是经水箱内上部蒸汽导管接入除氧头下部通汽导管送至除氧头

内底部。水箱下部有两个出水口，在出水管口装有防旋板，防止低水位时水的旋流相应增加水箱有效容积。

除氧器给水箱应具有一定的储水量，以保证在机组启动、负荷大幅度变动、凝结水系统发生故障或除氧器进水中断等异常情况下，在一定时间内向锅炉不间断地供水。给水箱的储水量是指给水箱正常水位至水箱出水管顶部水位之间的储水量。

（二）给水泵

给水泵的主要作用是将来自除氧水箱的给水，提高压力后送到锅炉。给水泵属于高温高压离心水泵，其吸入口为除氧后的高温饱和水，出口水压则大于蒸汽压力。由于电力生产的连续性和锅炉不能缺少的要求，给水泵必须能连续不断地工作，并能根据锅炉负荷要求，相应地改变给水量，还要能维持在最小流量下稳定运行。给水泵的技术参数见表 2-31 和表 2-32。

资源库 43_电动
给水泵的结构

表 2-31　　　　　　　　　工频给水泵技术参数

名　称	给水泵	名　称	所配电机
型　号	DG85-80X8	型　号	YE2-355L1-2
流　量	72m³	电　压	380V
扬　程	685m	电　流	492A
转　速	2980r/min	功　率	280kW
效　率	65%	转　速	2985r/min

表 2-32　　　　　　　　　变频给水泵技术参数

名　称	给水泵	名　称	所配电机
型　号	DG85-80×8	型　号	YSP355L1-2
流　量	72m³	电　压	380V
扬　程	685m	电　流	485A
转　速	2980r/min	功　率	280kW
效　率	65%	转　速	2985r/min

四、除氧器的运行监视

除氧器在运行中，由于机组负荷、蒸汽压力、进水温度、水箱水位的变化，都会影响除氧效果。因此，除氧器在正常运行中应注意监视其给水溶氧量、压力、温度和水位。

1. 溶氧量

在除氧器运行中，必须监视和控制水中溶氧量，使其符合规定的标准。为此，应监视和调节排气阀的开度、一次及二次加热蒸汽的比例、主凝结水的流量及温度变化、喷嘴雾化质量、补水率、除氧器给水箱中再沸腾管的运行、高压加热器疏水等项目。

排气阀的开度应得到及时调整，以保证既能及时地排出气体，使出水含氧量合格，又不至于大量冒汽，减小工质和热量损失。对于有一、二次加热蒸汽的除氧器，一次加热蒸汽量减小，则初期除氧效果下降；若一次加热蒸汽量过大，则二次加热蒸汽量减少，深度除氧效果将受到影响，因此合理分配一、二次加热蒸汽比例有利于除氧效果的保证。主凝结水流量过大、除氧器进水温度过低、喷嘴雾化质量变差、再沸腾管不能良好运行等均会引起除氧器内的水达不到饱和温度，使除氧效果恶化，出水溶氧量增加。另外，高压加热器疏水以及汽轮机门杆和高压轴封漏汽等引入除氧器时，不能引起除氧器的自生沸腾。除氧器出水溶氧量应通过取样监视。

2. 除氧器压力与温度

在运行中，除氧器的工作压力与温度直接影响着除氧效果和给水泵的安全运行，因此应监视除氧器内的压力和温度，要求两者相对应，即除氧器内水的温度应达到除氧器压力下的饱和温度，否则除氧效果将会恶化，而且除氧器压力的不正常下降还会使给水泵入口压力降低，造成给水泵汽蚀。另外，除氧器进行加热汽源切换或高压加热器疏水、汽轮机门杆及高压轴封漏汽等投入和停运时，要严格监视除氧器内的压力和温度，以使其与当时机组的运行工况相对应，并且注意监视除氧器超压时安全阀的动作情况，确保除氧器能够安全可靠地运行。

3. 给水箱水位

在除氧器运行中，应严密监视给水箱水位并控制其在正常值。水位过高将会造成给水箱满水，严重时会导致除氧头满水，从而引起汽封进水、抽汽管进水甚至导致汽轮机水击、排汽带水以及除氧器振动等。水位过低会使得给水泵入口压力降低，易引起给水泵汽蚀。当除氧器水位低时，不得急剧补水，应查找原因并及时处理。

💡 **任务评价**

登录600t/d垃圾焚烧炉发电机组系统仿真平台，严格按照给水除氧系统巡检规范的技能要求进行练习。

根据工作任务的完成情况和技术标准规范，仿真系统会自动逐项评价并给出完成任务情况的评价结果，依据评价结果，可以确定练习者的技能水平和改进的要求。仿真系统无法实现的技能要能按操作规范准确描述。

要求练习者最终练习要达到90分（满分按100分）以上水平。

工作任务九　轴封系统巡检

汽轮机运转时转子和静子之间需有适当的间隙，应不相互碰摩。存在间隙就会导致漏气（汽），轴封系统能减少蒸汽泄漏及防止空气漏入汽轮机，提高机组运行的安全性与经济性。

📋 **任务目标**

（1）了解轴封系统作用及设备组成，掌握各设备巡回检查参数及检查方法。

（2）掌握轴封系统流程。

（3）能利用仿真系统进行轴封系统启动前的检查及阀门复役操作。

（4）能利用仿真系统对轴封系统进行运行中的巡检，使系统各设备运行参数在规定值。

任务描述

轴封系统巡检工作包括系统启动前的系统检查和系统运行中的巡检两方面。系统启动前应对系统设备及各阀门进行检查，并将阀门恢复至系统启动前的状态；系统运行中应定时对各运行设备进行巡检，使系统各设备运行参数在规定值。

任务实施

登录填图软件及 600t/d 垃圾焚烧炉发电机组 3D 仿真平台，严格按规范巡检程序完成轴封系统启动前的阀门恢复及系统日常巡检工作。

一、轴封系统启动前检查

（1）检查并确认轴封系统检修工作已结束，工作票已终结，检修现场清扫干净，具备启动条件。

（2）根据轴封系统启动操作票，将轴封系统就地阀门开至启动前状态。各阀门开关位置见表 2 - 33。

表 2 - 33　　　　　　　　　轴封系统启动前各阀门开关位置

序号	名　　　称	位置
1	蒸汽母管前支路切断阀	开启
2	汽轮机汽封双减调节阀前、后手动阀	开启
3	汽轮机汽封双减旁路调节阀前、后手动阀	开启
4	轴封供汽手动阀	开启
5	轴封调节阀后疏水手动阀	开启
6	轴封排汽至凝汽器手动阀	适当开启
7	轴加进汽手动阀	开启

（3）检查并确认汽轮机盘车投入运行，转速 4～7r/mim，各轴承振动正常。

（4）检查并确认凝汽器及凝结水系统投运正常。

（5）检查并确认汽轮机本体疏水开启。

（6）检查并确认均压箱（主蒸汽）进汽母管蒸汽温度大于 130℃（热态启动大于 150℃）。

（7）检查并确认汽轮机自动主汽阀已开启。

（8）检查并确认轴加水侧已充满水，汽轮机本体疏水阀已开启。

二、轴封系统运行中巡检项目

（1）监视各运行参数正常。

（2）检查轴加风机运行应正常。

（3）轴封加热器水位正常，防止无水及满水运行。

（4）巡检现场主要检查设备是否出现以下情况，有则及时报告：

1）管道振动、有水锤现象，异常声音。

2）漏水、漏汽。

3）保温脱落，设备过热。

4）接线端子松脱、过热。

相关知识

一、轴封系统的作用

轴封蒸汽系统的主要功能是向汽轮机的轴端供密封蒸汽，防止蒸汽向外泄漏，同时为了防止空气进入轴封系统，在高压区段最外侧的一个轴封汽室必须将蒸汽和空气的混合物抽出，以确保汽轮机有较高的效率；在汽轮机的低压区段，必须向汽室送汽防止外界的空气进入汽轮机内部。

二、轴封系统流程

汽轮机在运行时转子和汽缸间隙是通过非接触的迷宫式汽封密封进行密封。为了尽量避免蒸汽从前端泄漏，从后端漏入空气而破坏真空，采用了前后汽封系统装置。同时在前汽封和转子间设计一个平衡活塞来平衡转子的轴向推力。

前汽封分为三个汽封段室，后汽封分为两个汽封段室。前汽封从内到外排列，各段的汽封环均装在前汽封体上。前汽封第一段汽室蒸汽和汽缸抽汽口Ⅲ蒸汽平衡后作为除氧器抽汽；前汽封第二段室的蒸汽作为汽封密封蒸汽经汽封蒸汽母管一部分引到后汽封第一段汽室，多余的部分蒸汽引到低加；前汽封第三段室的气体由汽封漏汽和从末段汽封漏进的空气组成（此室压力比常压低）直接排到漏汽冷凝器。

机组启动时密封蒸汽是来自减温减压站的辅助蒸汽，它由两个调节阀控制，压力保持在一个范围内。当压力低时，减温减压站来的辅助蒸汽通过一调节阀引入；当压力高时，多余蒸汽经另一调节阀后进入低加。前汽封的漏汽和后汽封的漏汽通过母管直接引入漏汽冷凝器，这样可防止上述蒸汽进入前、后轴承座和排到厂房内。轴封系统流程如图 2-49 所示。

三、轴封系统设备组成

轴封蒸汽系统主要由密封（汽封）装置、汽封减温减压器、轴封加热器、轴加风机及轴封蒸汽母管等设备及相应的阀门、管路系统构成。

1. 密封装置

密封装置也可以称为汽封装置。汽封装置用来减少汽轮机级内漏汽及通过两端的轴端漏汽，传统的汽封装置为曲径式汽封，主要是利用汽封齿的节流降压来减少漏汽量。

按照密封机理不同，汽封可分为接触式汽封和非接触式汽封两大类，接触式汽封有碳精环汽封和刷式汽封等形式；非接触式汽封有曲径式汽封和蜂窝式汽封等形式。图 2-50所示为梳齿形汽封。

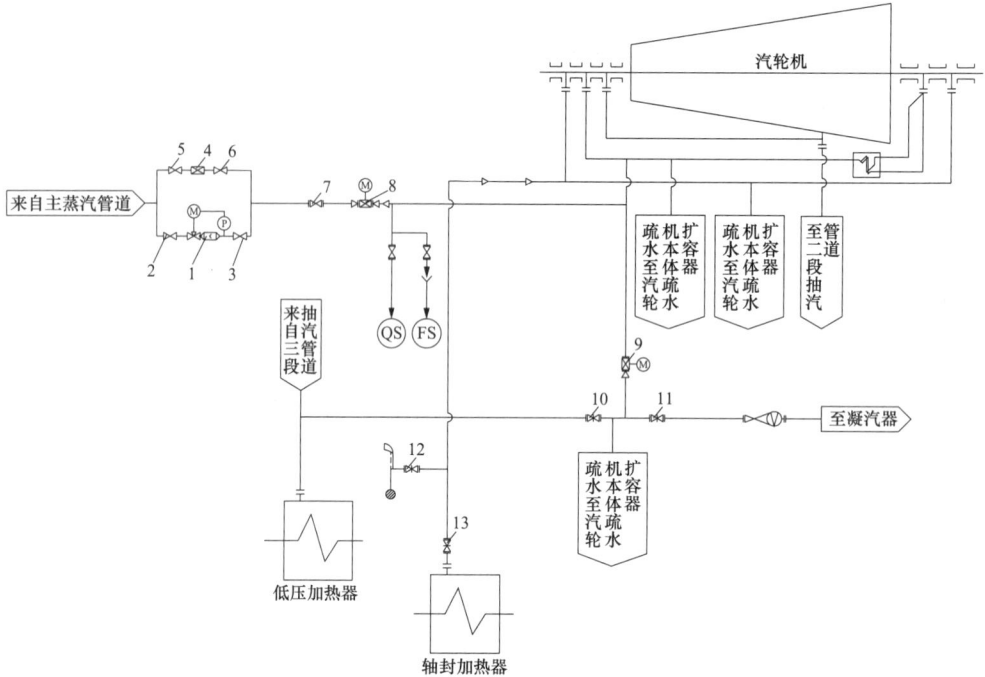

图 2-49　轴封系统流程

1—主蒸汽至轴封供汽双减；2—主蒸汽至轴封供汽双减前手动阀；3—主蒸汽至轴封供汽双减后手动阀；
4—主蒸汽至轴封供汽双减旁路手动调节阀；5—主蒸汽至轴封供汽双减旁路手动调节阀前手动阀；6—主蒸汽至
轴封供汽双减旁路手动调节阀后手动阀；7—轴封供汽手动阀；8—轴封供汽电动调节阀；9—轴封排汽电动调节阀；
10—轴封排汽至三段抽汽手动阀；11—轴封排汽至凝汽器手动阀；12—轴加进汽手动阀；
13—轴封漏气放空阀；QS—启动疏水；FS—放水

梳齿形汽封在汽封环上直接车出或镶嵌上汽封齿，汽封齿高低相间，在汽轮机主轴上车有环形凸肩或套装上带有凸肩的汽封套，汽封低齿接近凸肩顶部，高齿对应凹槽，构成许多环形孔口和环形汽室，形成了由许多环形孔口和环形汽室组成的曲折的蒸汽通道，如图 2-51 所示。蒸汽通过时，在依次连接的环形孔口处反复节流，逐步膨胀降压，随着汽封齿数的增加，每个孔口前后的压差减小，流过孔口的蒸汽流量减小。

图 2-50　梳齿形汽封

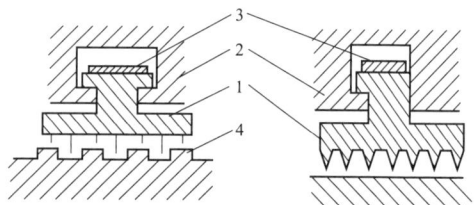

图 2-51　梳齿形汽封原理

1—汽封环；2—汽封体；3—弹簧片；4—汽封凸肩

2. 汽封减温减压器

送往轴封的蒸汽除了有压力的要求外,还有温度的要求,由于低压缸的温度比较低,送往低压缸两端轴封的温度不宜过高,否则会引起汽封体和轴承座产生过大的热膨胀和热变形。供给轴封用汽的温度要控制在 121~177℃ 之间,主要通过汽封减温减压器进行轴封用汽的压力和温度调节。汽封减温减压器技术参数见表 2-34。

表 2-34 汽封减温减压器技术参数

型　号	WY1.0-3.5-4.0/380-405-1.2/250-6.8/130	数　量	2
进汽压力	3.5~4.1MPa	进汽温度	380℃
减温水压力	6.8MPa	减温水温度	130℃
排汽流量	1.0t/h	排汽温度	250℃

3. 轴封加热器

轴封加热器的作用利用轴封蒸汽的回汽加热凝结水,减少热损失,其技术参数见表 2-35。通过凝结水冷却轴封回汽,使轴封回汽由汽态变成液态,从而形成负压。

4. 轴加风机

轴封加热器上部设有轴加风机,其技术参数见表 2-36,其作用是将不凝结气体排向大气,始终维持轴封加热器为负压状态,保证轴封回汽的顺畅。轴封加热器在运行时处于微负压状态,压力约为 -6kPa。

资源库 44_轴封加热器的结构(立式)

表 2-35 轴封加热器技术参数

序号	项　目	单位	技术参数
1	型号	—	Kog0000142
2	形式	—	立式表面式
3	蒸汽压力	MPa	≤0.1
4	加热面积	m²	15
5	冷却水量	t/h	110

表 2-36 轴加风机技术参数

轴封风机		所配电机	
型　号	AZY10-600-2.2	型　号	YE2-90L
流　量	391m³/h	电　压	380
全　压	6293Pa	电　流	4.7A
转　速	2900r/min	功　率	2.2kW
功　率	1.1kW	转　速	2900r/min
绝缘等级	F		

任务评价

登录 600t/d 垃圾焚烧炉发电机组系统仿真平台,严格按照轴封系统巡检规范的技能要求进行练习。

根据工作任务的完成情况和技术标准规范，仿真系统会自动逐项评价并给出完成任务情况的评价结果，依据评价结果，可以确定练习者的技能水平和改进的要求。仿真系统无法实现的技能要能按操作规范准确描述。

要求练习者最终练习要达到 90 分（满分按 100 分）以上水平。

工作任务十 真 空 系 统 巡 检

机组启动时，真空系统使凝汽器内建立真空，在机组正常运行时，不断抽出漏入凝汽器的空气，以维持凝汽器的真空。

任务目标

（1）了解真空系统作用及设备组成，掌握各设备巡回检查参数及检查方法。

（2）掌握真空系统流程。

（3）能利用仿真系统进行真空系统启动前的检查及阀门复役操作。

（4）能利用仿真系统对真空系统进行运行中的巡检，使系统各设备运行参数在规定值。

任务描述

真空系统巡检工作包括系统启动前的系统检查和系统运行中的巡检两方面。系统启动前应对系统设备及各阀门进行检查，并将阀门恢复至系统启动前的状态；系统运行中应定时对各运行设备进行巡检，使系统各设备运行参数在规定值。

任务实施

登录填图软件及 600t/d 垃圾焚烧炉发电机组 3D 仿真平台，严格按规范巡检程序完成真空系统启动前的阀门恢复及系统日常巡检工作。

一、真空系统启动前检查

（1）检查并确认真空系统检修工作已结束，工作票已终结，检修现场清扫干净，具备启动条件。

（2）根据真空系统启动操作票，将真空系统就地阀门开至启动前状态。各阀门开关位置见表 2-37。

表 2-37 真空系统启动前各阀门开关位置

序号	名 称	位 置
1	1号真空泵出口手动阀	开启
2	2号真空泵出口手动阀	开启
3	真空泵换热器出口至2号真空泵手动阀	开启

序号	名　　称	位　置
4	真空泵换热器出口至 1 号真空泵手动阀	开启
5	真空泵换热器冷却水进口手动阀	开启
6	真空泵换热器冷却水出口手动阀	开启
7	1 号凝结水泵抽真空手动阀	开启
8	2 号凝结水泵抽真空手动阀	开启
9	真空破坏阀电动阀注水手动阀	注水完成后关闭
10	低加抽空气手动阀	开启
11	汽水分离器放水门	关闭
12	1、2 号真空泵放水手动门	关闭
13	真空泵汽水分离器补水减压阀旁路门	关闭

（3）检查循环水系统、凝结水系统、仪用压缩空气系统已投运正常。

（4）检查并确认各仪表指示正常。

（5）测量水环式真空泵电机绝缘，绝缘合格后，将开关送至热备用位置。

（6）检查并确认水环式真空泵气水分离器水位正常为 200～450mm。

二、真空泵系统运行巡检

（1）检查并确认汽水分离器水位在 200～450mm（就地磁翻板水位计）范围内，若自动补水故障，应进行手动补水。

（2）检查并确认冷却器冷却水进水压力在 0.1～0.3MPa，并调整冷却器水温，保证冷却效果。

（3）检查并确认运行真空泵的循环泵运行正常。

（4）检查并确认水环式真空泵声音、各轴承温度及振动正常。

（5）检查并确认水环式真空泵填料密封处漏水适量，各真空门水封正常。

（6）检查并确认备用水环式真空泵处于良好的备用状态。

⚙ **相关知识**

一、真空系统作用

在机组启动时，凝汽器的真空是靠抽气器抽出其中的空气建立起来的，在汽轮机正常运行中，低压缸的排汽进入凝汽器，凝汽器中真空的形成，主要是靠汽轮机的排汽被冷却成凝结水时，其比体积急剧缩小形成的。如在 4.9kPa 的压力下，1kg 蒸汽的体积比 1kg 水的体积大两万多倍。因而，当蒸汽凝结成水后，其体积骤然缩小，原来被蒸汽充满的空间就形成了一定的真空。此时，抽气器的作用是抽出真空系统中漏入的空气及其他不凝结气体，以维持凝汽器的真空。

二、真空系统流程

在机组启动时，真空系统利用真空泵抽出凝汽器汽侧、热井、汽缸及给凝结水泵的空气，以便加快启动速度；在机组正常运行时，抽出漏入真空系统的空气及蒸汽中携带的不可凝结气体,以保证凝汽器必需的真空度和减少其腐蚀。真空系统设置了 2 台 100%出力的水环式真空泵组,一台运行,一台备用,真空系统流程如图 2-52 所示。

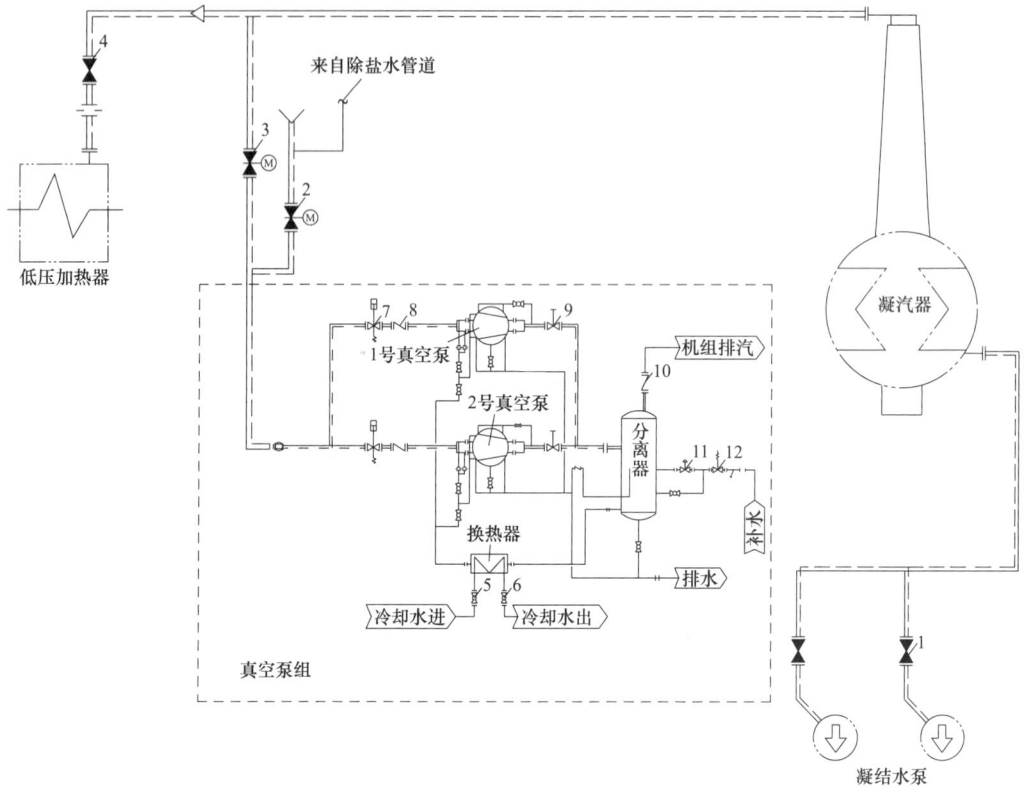

图 2-52 真空系统流程

1—凝泵抽空气手动阀;2—真空泵补水电动阀;3—真空泵空气母管手动阀;4—低加抽空气手动阀;5—真空泵冷却水进水手动阀;6—真空泵冷却水回水手动阀;7—真空泵进汽阀;8—真空泵进汽止回阀;9—真空泵进汽止回阀;10—机组排汽止回阀;11—除盐水补水减压阀;12—除盐水补水电磁阀

在凝汽器的壳体上开有两个抽空气的接口连接到抽空气管道上,并在管道上装有两个手动截止阀,在真空泵的入口处抽空气管道上装有手动截止阀、气动蝶阀和止回阀,其中手动截止阀可用以保证阀门的严密性,止回阀能防止外界空气经备用泵组倒流入凝汽器。此外,在凝汽器壳体上还装有真空破坏装置,在汽轮机紧急事故跳闸需要破坏真空紧急停机时,真空破坏阀开启,使凝汽器与大气接通,快速降低汽轮机转速,缩短汽轮机转子的惰走时间。

三、真空系统设备组成

目前,在电力行业及其他工业系统,抽真空系统主要有水环式真空泵和射水式抽气器两种设备。

(一)水环式真空泵

1. 水环式真空泵的结构及工作原理

水环式真空泵广泛用于大型机组凝汽设备上,其性能稳定,效率

资源库 45_水环真空泵的结构

较高，但结构复杂，维护费用较高，技术参数见表 2 - 38。

表 2 - 38　　　　　　　　　　机组水环式真空泵技术参数

水环式真空泵		所配电机	
型　号	2BW4203 - 0EK4（Ⅱ）	型　号	YE3 - 250M - 6
流　量	7.5～18.8m³/min	电　压	380V
扬　程	1013hPa	电　流	71.7A
转　速	980r/min	功　率	37kW
数　量	2	转　速	980r/min
绝缘等级	F		

　　水环式真空泵的叶轮偏心安装在圆筒形泵壳内，叶轮上装有后弯式叶片，在水环式真空泵工作前，需要先向泵内注入一定量的工作水。当叶轮旋转时，工作水在离心力的作用下甩向四周，形成与泵壳近似同心的旋转的水环，水环、叶片与叶轮两端的盖板构成若干个空腔，这些空腔的容积随着叶轮的旋转呈周期性变化，类似于往复式活塞。水环式真空泵的结构如图 2 - 53 所示。

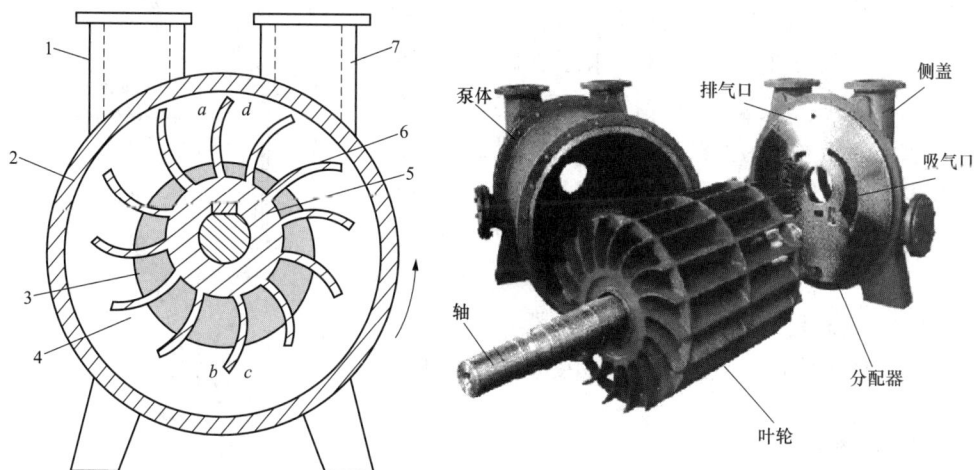

图 2 - 53　水环式真空泵的结构
1—出气管；2—泵壳；3—空腔；4—水环；5—叶轮；6—叶片；7—吸气管

　　当叶片由 a 处转到 b 处时，在水环活塞的作用下，两叶片间所夹的空腔容积逐渐增大空腔内的压力逐渐降低，形成负压（低于大气压力），在 b 处端盖上开有孔口，空气就由此处被吸入真空泵内。

　　当叶片由 c 处转到 d 处时，在水环活塞的作用下，两叶片间所夹的空腔容积逐渐减小，空腔内的压力逐渐升高，形成正压（高于大气压力），在 d 处的端盖上也开有孔口，将空腔内的气体向外排出。随气体一起排出真空泵的还有一小部分工作水，经气水分离罐分离后，气体被排向大气，水经冷却器冷却后被送回真空泵内继续工作。

2. 影响水环式真空泵工作性能的因素

（1）真空泵转速。转速升高时，真空泵耗功的增加速度是真空泵抽吸能力增加速度的平方，转速过高，水环式真空泵的耗功量增加过大。因此，想通过提高转速来增加真空泵的抽吸能力得不偿失，但转速过低，水环活塞的作用就不理想，甚至不能形成。

资源库 46_水环真空泵的工作原理

（2）工作水温度。工作水温度升高，将造成真空泵实际抽吸能力下降，在机组运行时，应注意冷却器的工作状况。此外，在机组启动时，真空泵的抽吸能力将直接影响到凝汽器启动真空建立所需时间的长短。水环式真空泵建立真空所需时间远小于射水式抽气器或射汽式抽气器建立同样真空所需的时间。

（二）射水式抽气器

在垃圾焚烧机组射水式抽气器也是常用的一种抽气设备。射水抽气器的结构如图 2-54 所示，由射水泵来的工作水，经喷嘴以一定速度喷出，将压力能转变为速度能，使混合成高度真空，将凝汽器中的蒸汽、空气混合物吸入，混合后进入扩压管，经扩压后在略高于大气压力的情况排出。当水泵发生故障时，工作水室水压立即消失，混合室内就不能建立真空。此时凝汽器压力仍很低，而排水井水面的压力则为大气压，因此射水式抽气器的工作水将从扩压管倒流回凝汽器，污染凝结水。为此在混合室入口处设置止回阀，当水泵发生故障时，止回阀自动关闭，以阻止工作水的倒流。

资源库 47_射水抽气器的结构

射水抽气器具有系统简单、结构紧凑、运行可靠、维护方便等优点，但工作特性易受水温的影响。

💡 任务评价

登录 600t/d 垃圾焚烧炉发电机组系统仿真平台，严格按照真空系统巡检规范的技能要求进行练习。

根据工作任务的完成情况和技术标准规范，仿真系统会自动逐项评价并给出完成任务情况的评价结果，依据评价结果，可以确定练习者的技能水平和改进的要求。仿真系统无法实现的技能要能按操作规范准确描述。

要求练习者最终练习要达到 90 分（满分按 100 分）以上水平。

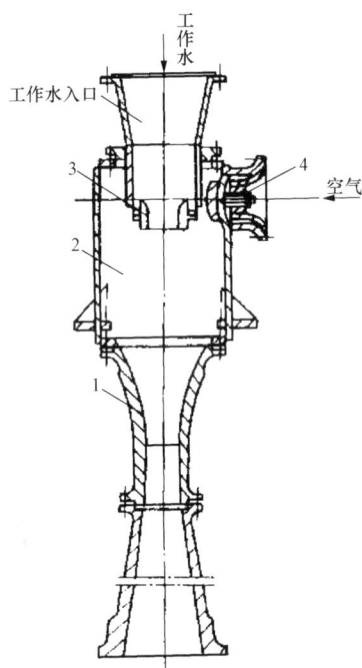

图 2-54　射水式抽气器结构
1—扩压管；2—混合室；
3—喷嘴；4—止回阀

工作领域三

电气设备及厂用电系统巡检

工作任务一　发电机本体巡检

在发电厂中，同步发电机是将机械能转变为电能的唯一电气设备，巡检、监控、维护发电机的正常运行是运行人员重要的日常工作之一。

任务目标

（1）熟悉发电机本体设备的组成，掌握发电机的工作原理及结构，发电机及附属设备的检查项目及检查方法。

（2）能利用仿真系统进行发电机及附属设备启动前的检查。

（3）能利用仿真系统进行发电机及附属设备运行中的定期巡检。

任务描述

发电机本体巡检工作分为系统启动前的检查及正常运行巡检。系统启动前应将阀门恢复至系统启动前的状态，具备启动条件；发电机及附属设备运行中应按巡检标准，定时进行检查，并把设备运行情况做好记录。

任务实施

登录填图软件及 600t/d 垃圾焚烧炉发电机组 3D 仿真平台，严格按规范巡检程序完成发电机及附属设备启动前的阀门恢复及发电机本体日常巡检工作。

一、发电机启动前的检查

（1）发电机本体所有检修工作结束，工作票全部终结，拆除全部短路线、接地线，现场清理整齐，风道清扫干净。

（2）发电机一次、二次回路及励磁回路接线完整、正确、牢固，与图纸相符，标志齐全。

（3）润滑油系统及其传动情况符合规定。

（4）采用 2500V 绝缘电阻表测量发电机定子绝缘，用 500V 绝缘电阻表测量发电机转子绝缘，绝缘电阻均合格。

（5）发电机所有附属设备，均具备运行条件。

（6）各种测量表计完整无缺，中央信号装置动作良好，同期装置接线正确。

（7）机组的安全、消防、通信设备及事故照明设备齐全，CO_2 灭火器充足。

（8）发电机冷却系统的试运行情况良好，冷却器的冷却水管路畅通。发电机进出口风温（两边为进口风温：不超过 40℃，中间为出口风温：最高不超过 75℃，正常出入口温升一般为 25～30℃）。

（9）发电机出口开关、灭磁开关操作机构完好，电机定子线圈引出线与电网的相序相同。

（10）启动前用盘车装置来转动转子，确保转动部分没有任何卡涩。

（11）发电机、励磁变压器（简称励磁变）、厂用变压器（简称厂变）测温元件良好，数字指示正常。

（12）继电保护定值正确，连接片投退正确。

（13）启动前的有关试验项目符合要求。启动前的试验项目有发电机开关分、合闸试验；励磁系统连锁试验；机/电连锁试验。以上试验按现场有关规定进行。

二、发电机及辅助设备正常运行中的监视

（1）检查并确认发电机各参数正常，所有发电机的有关表计，必须 1h 记录一次。若有特殊要求时，可以缩短抄表时间。

（2）每班应定期检查发电机定子线圈、定子铁芯的温度、空冷器进出口水温和发电机进出口风温。

（3）运行中应经常监视发电机转子回路绝缘。轴承绝缘的检查，在机组大、小修后进行。

（4）对运行中设备每班不得小于两次全面检查，对异常运行的设备应增加检查的次数，检查中发现的异常运行状态或设备缺陷应记入设备缺陷汇总簿，并及时向值长汇报记入交接班记录表。

（5）发电机负荷增加（包括并网后的加负荷）时，应重点检查，冷却器出风温度。

（6）检查发电机、励磁机运转声音正常，局部无过热，各轴瓦振动值不超过规定值，发电机进、出口风温，空气冷却器进、出口水温正常。

（7）正常运行后励磁系统可投入恒电压控制。

（8）运行中的发电机及其一次回路、励磁回路每班除交接班检查外，班中还应检查至少一次，其检查项目如下：

1）发电机声音应正常，各部完好、清洁、周围无杂物。

2）发电机外壳温度均匀，无局部过热现象，线圈和铁芯及进风温度不应超过额定值。

3）各部轴承无漏油，轴承绝缘垫清洁无金属短路。

4）定子出线套管无破裂，无放电现象，定子引出线无振动，连接设备良好、无放电和无过热现象。

5）转子及接地电刷无油污，接触良好。

6）无刷励磁机声音正常。

7）窥视孔玻璃清洁完整，内部无烟火异状。

8）发电机轴承振动不超过 0.05mm。各信号指示灯与运行状况相符。

9）发电机风冷系统如有漏风，做好标记待停机后处理。

相关知识

一、同步发电机的工作原理

同步发电机利用电磁感应原理，将机械能转变成电能，同步发电机工作原理如图 3-1 所示。在同步发电机的定子铁芯内，对称安放的 A-X，B-Y，C-Z 三相绕组，每相绕组匝数相同，三相绕组的轴线在空间上互差 120°角。在同步发电机的转子上装有励磁绕组，励磁绕组中通直流励磁电流，励磁电流通过转子励磁绕组时会产生主磁场，磁通如图 3-1 中虚线所示。磁极的形状决定了气隙磁密在空间上按正弦规律分布。当原动机带动转子旋转时，就得到一个在空间按正弦规律分布的旋转磁场。定子三相绕组在空间上互差 120°，三相绕组的感应电动势在时间上也互差 120°，发电机发出的是对称三相交流电，其相序由转子的转向决定。

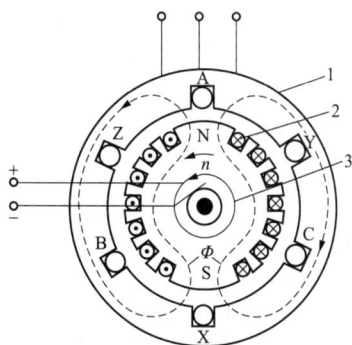

图 3-1 同步发电机工作原理

1—定子铁芯；2—转子；3—集电环

感应电动势的频率取决于发电机的磁极对数 p 和转子转速 n。当转子为一对磁极时，转子旋转一周，定子绕组中的感应电动势正好交变一次及一个周期；当转子有 p 对磁极时，转子旋转一周，感应电动势就交变了 p 各周期。设转子转速为 n（r/min），则感应电动势每秒交变 $pn/60$ 次，感应电动势的频率为

$$f = \frac{pn}{60} \text{ (Hz)}$$

当同步发电机 pn 一定时，定子绕组感应电动势的频率一定，转子与频率保持严格关系，这是同步发电机的基本特点之一。

当同步发电机的三相绕组与负载接通时，对称三相绕组中流过对称三相电流，并产生一个旋转磁场，这个旋转磁场的转速为 $n_1 = 60f/p$，即定子旋转磁场的转速与发电机转子的转速相同，故称同步发电机。

二、发电机设备技术规范

垃圾焚烧电厂发电机发电为由广州广重企业集团有限公司生产的 QFW-30-4 型发电机，出口电压 10.5kV，发电机技术参数见表 3-1。发电机采用封闭循环通风系统，并装有空气冷却器来冷却空气。发电机的旋转方向从汽轮机端看为顺时针方向。发电机的励磁由无刷励磁装置供给。无刷励磁装置由同轴的交流无刷励磁机、励磁变压器及励磁功率单元和自动电压调节器组成。

表 3-1   发 电 机 技 术 参 数

序号	名　　称	单位	技术参数
1	型号	—	QFW30-4/10.5kV
2	额定容量	MVA	37.5
3	额定功率	MW	30
4	额定电压	kV	10.5
5	额定电流	A	2062
6	额定频率	Hz	50
7	额定转速	r/min	1500
8	功率因数	—	0.8
9	相数	—	3
10	极数	—	4
11	接法	—	Y
12	满载励磁电流	A	312
13	满载励磁电压	V	242.6
14	绝缘等级/使用等级	—	F/F

资源库 48_发电
机的结构

三、同步发电机的基本结构

发电机采用一体式结构，定子箱体两端有座式滑动轴承，空-水冷却器置于发电机上部，防潮加热器置于发电机内下部空腔，中性线与相线从发电机箱体励端两侧引出。同步发电机由定子和转子两部分组成，如图 3-2 所示。

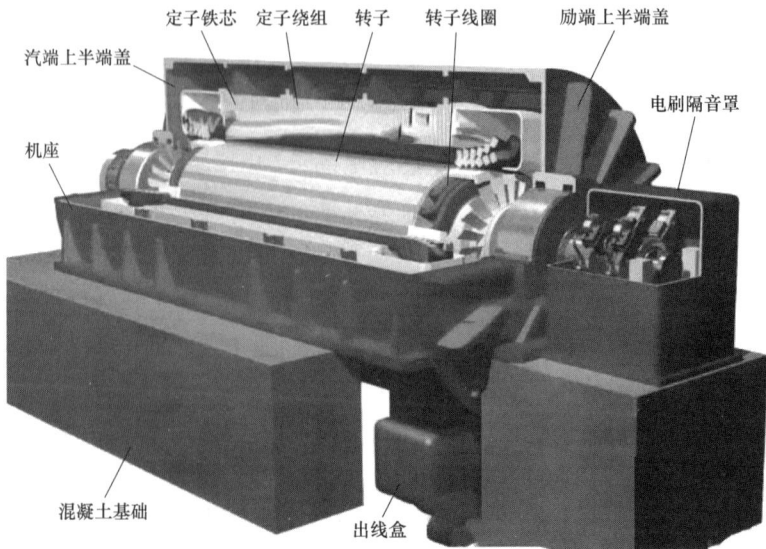

图 3-2　发电机本体结构

1. 定子

定子由定子铁芯、定子绕组、机座、端盖及挡风装置等部件组成。

定子铁芯是发电机磁路的一部分，嵌放定子绕组。定子铁芯采用外压装式铁芯，铁芯由涂漆处理的 0.5mm 厚冷轧钢片叠压而成，并设有径向通风道。铁芯靠两端端板压紧，端板之间用槽钢和角钢支撑并焊接固定。定子铁芯与机座之间留有间隙，装配时靠调整垫片来调整气隙，同时提高了传递扭矩的可靠性。

定子绕组是定子的电路部分，能产生感应电动势，能通过电流，是实现机电能量转换的重要部件。定子绕组采用双玻璃丝云母带烧结铜扁线、按双排 360°全方位排列，线圈对地绝缘为连续包扎并经防电晕处理模压成形，定子线圈绝缘等级为 F 级，线圈段部借用玻璃布板支架、端箍及涂玻绳扎紧固定于铁芯两端。

定子机座应有足够的强度和刚度，一般机座都采用钢板焊接而成，主要用于固定定子铁芯，并和其他部件一起形成密闭的冷却系统。

发电机空-水冷却器为 AWLJ 系列背包式，空-水冷却器安装在电机顶部或立式安装于电机两侧，其结构是在一个钢板焊接成的通风柜中装上冷却器，导流装置，有的带通风机等主要部件组成。背包和电机的进出风口相互对准，形成一个封闭的循环系统。它的功能是把电机产生的热空气送至热交换装置进行冷却，热空气和冷却水经过该冷却装置之后，依靠冷却器特殊的结构，实现水、气之间的热量交换，从而将加热了的空气冷却，冷却水将热量吸收后，通过循环流动带出机外，通过气、水不断的循环，保持电机各部分温度处于规定的范围内。

2. 转子

转子由转子铁芯、转子绕组（又称励磁绕组）、集电环、转轴等部件组成。对于一对磁极的汽轮发电机，其转速达 3000r/min，因此转子要做得细一些，以减低转子圆周的线速度，避免转子部件由于高速旋转的离心力作用而损坏。水轮发电机的转子结构为凸极式，气隙不均匀。汽轮发电机的转子结构为隐极式，气隙均匀，且其直径小，为细长圆柱体转子铁芯，既是发电机磁路的一部分，又是固定励磁绕组的部件，大型汽轮发电机的转子一般采用导磁性能好、机械强度高的合金钢锻成，并和轴锻成一整体。沿转子铁芯轴向，占转子铁芯表面 2/3 的部分对称地铣有凹槽，槽的形状有两种，一种是辐射排列，另一种是平行排列。占转子铁芯表面 1/3 的不开槽部分形成一个大齿，大齿的中心实际为磁极中心。

励磁绕组由矩形的扁铜绕成同心式绕组，嵌放在铁芯槽中，所有绕组串联组成励磁绕组。直流励磁电流一般通过碳刷和集电环引入转子励磁绕组，形成转子的直流电路。励磁绕组各匝间相互绝缘，各匝和铁芯之间也有可靠的绝缘。

四、发电机励磁系统

1. 励磁系统作用

供给同步发电机励磁电流的电源及其附属设备统称为励磁系统。一般由励磁功率单元和励磁调节器两个主要部分组成。励磁功率单元向同步发电机转子提供励磁电流；而励磁调节器在根据输入信号和给定的调节准则控制励磁功率单元的输出。励磁系统的作用如下：

（1）提供发电机在各种工况下的励磁，电压调节时（自动模式）能维持机端电压在恒定值；电流调节时（手动模式）能维持励磁电流在恒定值。

（2）在机组外部发生短路或其他故障使机端电压严重下降时，能自动进行强励。

（3）在机组甩负荷时自动减励磁维持机端电压在空载维持。

（4）实现发电机在正常停机或事故停机时的迅速灭磁。

（5）具有故障、失脉冲、失磁和 TV 断相检测保护、断线保护、过励限制、顶值限制、低励限制、欠励保护、V/F 限制、误强励保护、空载过电压保护。

2. 励磁系统励磁方式

目前，国内外同步发电机的励磁方式，基本上有直流励磁、静止半导体励磁和旋转半导体励磁三种方式。由于制造大容量的直流发电机有一定困难，尤其换向难以解决，所以大容量同步发电机已无法采用直流励磁机的励磁方式，只能采用把交流电经半导体整流后供给转子绕组。

根据交流电源的种类不同，汽轮发电机的励磁电源可分为两大类：第一类是采用与主机同轴的交流发电机作为励磁电源，交流电经过整流后供给发电机转子绕组。由于这类励磁电源与发电机本身的输出无直接关系，故称这类励磁系统为他励式励磁系统。与发电机同轴的用作励磁电源的交流发电机称为交流励磁机。这类励磁系统，按整流器是静止还是随发电机轴旋转，又可分为他励静止硅整流和他励旋转硅整流两种励磁方式。而旋转硅整流励磁方式，由于其硅整流元件和交流励磁机电枢与发电机主轴一同旋转，直接给发电机励磁绕组提供励磁电流，不需要经过转子滑环及炭刷引入，故又称旋转硅整流励磁方式为无刷励磁方式。第二类是采用接于发电机出口的变压器（称为励磁变压器）作为励磁电源，经可控硅整流后供给发电机励磁。因励磁电源取自发电机本身或发电机所在的电力系统，故这种励磁方式称为自励硅整流励磁系统，简称为自励系统。在这种励磁系统中，励磁变压器、整流器都是静止元件，故又称其为全静态励磁系统。自励系统也有几种不同的励磁方式。如果只有励磁变压器并列在发电机出口，则称为自并励方式。如果除了并联的励磁变压器外，还有与发电机定子电流回路串联的励磁变流器（或串联变压器），两者结合起来共同供给励磁电流，则构成所谓自复励方式。此外，还有一种较新型的励磁系统，其励磁电源不同于上述两类，而是利用在主发电机定子铁芯的少数几个槽中嵌入附加线棒构成的独立绕组作为励磁电源，经整流后供给发电机的励磁绕组。这种新型励磁系统仍属于一种自励方式。

3. 励磁系统组成

发电机励磁系统采用无刷励磁系统，由交流励磁机、机端励磁变压器、旋转二极管整流装置、转子接地检测装置、励磁调节装置（AVR）、起励、灭磁装置及转子过电压保护装置等部分组成，励磁系统技术参数见表 3-2。

表 3 - 2 励磁系统技术参数

序号	名称	单位	技术参数
1	型号	—	YFL4.5 - 16/200
2	额定容量	kVA	4.5kVA
3	额定转速	r/min	1500
4	频率	Hz	200
5	励磁电压	V	183
6	励磁电流	A	14.2
7	防护等级	—	IP54
8	绝缘等级/使用等级	—	F/F
9	接法	—	△
10	生产厂家	—	广州广重企业集团有限公司

自动励磁调节器（AVR）采用全数字微机励磁调节器，并配有液晶显示屏。自动励磁调节器有自动和手动调节功能，一个通道为运行通道，正常工作，一个通道为备用通道，能自动跟踪、自动切换。当一套出现故障时能自动切换至另一套工作且不影响正常运行，有灵敏可靠的旋转二极管故障检测和报警功能。

4. 励磁系统运行方式

正常运行时 A/B 两套 AVR 以先抢到 CANBUS 总线控制权的 AVR 为主，另一套自动为从，主套作控制单元，从套通过 CAN 总线跟踪主套运行。主控 AVR 向全系统广播控制信息，主套 AVR 同时监听总线活动状况是否有总线控制请求，如果监听到此请求，则主动交出总线控制权，并准备冉次获取总线控制权。每套 AVR 控制方式有自动模式和手动模式两种，在正常时两模式之间可以无扰动切换，在异常情况下可自动切换。励磁控制系统主从切换原则：保持系统主套的唯一性，在多主情况下尽快进入无主状态，由双套进行总线竞争。

A 为从时连续监听到 $2T$（40ms）系统无主机，A 套切为主；B 为从时连续监听到 $3T$（60ms）系统无主机，B 套切为主；主套侦听到总线有其他活动广播帧时，弃主并且需要连续监听到 $3T$（60ms）$+2T$（A，40ms）/$3T$（B，60ms）系统无主机，本套切为主。任何切换信号只影响主套弃主进行监听，对从套没影响。因此，在系统无主状态下的任何切换均无效。

五、发电机的运行规定

发电机正常运行时，应检查发电机控制系统和励磁系统、继电保护工作正常。发电机按照制造厂铭牌规定数据运行的方式称为额定运行方式。发电机可以在这种方式下长期连续运行。发电机组运行参数变动时的运行应遵守下列规定：

（1）正常运行时，发电机的频率应经常保持 50Hz 运行。频率正常变化范围应在额定值的 ±0.2Hz，最大偏差不应超过 ±0.5Hz，频率超过额定值的 ±2.5Hz 时，应立即停机。

（2）发电机应在额定电压下运行，电压偏差范围不超过额定值的 ±5%，相应电流变化 ±5%。最高电压不得超过额定值的 110%，最低电压不应低于额定值的 90%。此时定子电流的大小以转子电流不超限为限。电压低于额定值的 95％时，定子长期允许的电流数值不得超过额定值的 105％。

（3）发电机的功率因数一般不应超过迟相的 0.95（有功与无功负荷之比值为 3：1）。在低功率因数运行时，励磁机的定子励磁电流不得大于铭牌的额定励磁电流值，严防发电机转子绕组过热。

（4）正常运行时发电机有功功率不应大于额定功率。发电机未经特殊试验，不得随意超负荷运行。需要超负荷运行时，必须经技术部经理批准。

（5）发电机无功负荷应保证机端和厂用系统电压在额定范围，按省调或地调命令和无功负荷预报曲线、功率因数运行。

（6）发电机三相电流应平衡，且不得超过额定值。三相定子不平衡电流之差与额定电流之比，不得超过 10％。三相不平衡电流超过允许值时，应首先检查是否由于表计及其回路故障引起。若不是表计及其回路有故障，应适当减少励磁，降低定子电流，使其任一相最大电流不得超过额定值。必要时降低有功。

（7）发电机转子、定子线圈、定子铁芯的最大允许温升：发电机在额定冷却空气温度及额定功率因素下，带额定负荷连续运行时所产生的温度，转子不允许超过 130℃，定子线圈、定子铁芯不允许超过 120℃。其温升限值见表 3-3。

表 3-3 发电机各部允许温升限值 （℃）

部件名称	允许温升限值	测量方法
定子线圈	65	电阻温度计法
转子线圈	90	电阻法
定子铁芯	65	电阻温度计法
轴　　承	65	电阻温度计法

（8）发电机的进风额定最高温度一般不允许超过 40℃（超过 42℃应视为不正常，应立即处理），冷却空气的相对湿度不得超过 90％；进风温度最低以空冷器不凝结水珠为限。出口风温不做具体规定，但出入口风温差不得超过 30℃。进风温度超过 40℃时，需控制发电机的电流运行：41～45℃时，每增加 1℃相应减少的电流为发电机额定电流的 1.5％；46～50℃时，每增加 1℃相应减少的电流为发电机额定电流的 2.0％；51～55℃时，每增加 1℃相应减少的电流为发电机额定电流的 3.0％；但最高入口温度不允许超过 55℃。当进风温度低于额定值时，每降低 1℃，允许定子电流升高额定值的 0.5％，但最高不得超过 105％，此时转子电流允许有相应的增加。

（9）发电机在额定工况下轴承排油温度不超过 65℃，轴瓦金属最高温度不超过 80℃。应随时观察进油温度不大于 45℃，出油温度不得超过 70℃，轴承内的油压不低于 0.05MPa。空冷器进水温度不超过 33℃。

（10）监视发电机轴承振动情况，轴承和机座不得发生异常的振动，否则降负荷运行，并查明原因。在启动升速过程中，轴承振动正常不超过 0.05mm。当达到临界转速时可能出现较大的振动，应尽快通过此转速。

（11）发电机定子电流超过允许值时，值班员应首先检查发电机的功率因数和电压，并注意核算电流超过规定值的倍数和持续时间，减小转子励磁电流，降低定子电流到最大允许值，但不得使功率因数过高和电压过低；如果减小励磁电流不能使定子电流降低到正常值时，则必须降低发电机的有功负荷。

六、发电机绝缘电阻的测量

发电机启动前及停机后，应测量定子、转子及励磁机回路绝缘电阻，并将每次测量日期、温度、使用操作表型号、测量结果，记入绝缘电阻记录簿内。绝缘电阻不合格时，应及时报告值长，并挂上"禁止启动"标牌。

发电机定子绝缘用 2500V 绝缘电阻表测量。定子绕组对地及相间绝缘电阻值不低于 $10M\Omega$，发电机定子线圈的吸收比 $R60''/R15''\geqslant1.3$。转子回路、励磁机回路用 500V 绝缘电阻表测量，绝缘电阻值不低于 $0.5\ M\Omega$。操作测转子回路绝缘电阻时要将整流盘二极管脱离，以防击穿。轴承及油管法兰的绝缘应由检修人员用 1000V 操作表测定，其阻值不低于 $1M\Omega$。

💡 任务评价

登录 600t/d 垃圾焚烧炉发电机组系统仿真平台，严格按照发电机本体巡检规范的技能要求进行练习。

根据工作任务的完成情况和技术标准规范，仿真系统会自动逐项评价并给出完成任务情况的评价结果，依据评价结果，可以确定练习者的技能水平和改进的要求。仿真系统无法实现的技能要能按操作规范准确描述。

要求练习者最终练习要达到 90 分（满分按 100 分）以上水平。

工作任务二　直流系统巡检

发电厂和变电所的电气设备分为一次侧设备和二次侧设备两类。发电机、变压器、电动机、断路器、隔离开关等属于一次设备。为对一次侧设备及其电路进行测量、操作和保护而装设的辅助设备，如各种测量仪表、控制开关、信号器具、继电器等，这些辅助设备称为二次侧设备。二次侧设备互相连接而成的电路称为二次侧回路。向二次侧回路中的控制、信号、继电保护和自动装置供电的电源称作操作电源，操作电源一般采用直流电。

📋 任务目标

（1）了解直流系统作用及设备组成，掌握各设备巡回检查参数及检查方法。
（2）掌握直流系统流程。
（3）能利用仿真系统对直流系统进行运行中的巡检，使系统各设备运行参数在规定值。

🎓 任务描述

直流系统巡检工作包括正常运行巡检、特殊情况下巡检。正常运行时每班应对直流系统电压及蓄电池的单体电压、温度等进行按时巡检，发现异常做好记录并及时联系检修处理。

🔵 任务实施

登录填图软件及 600t/d 垃圾焚烧炉发电机组 3D 仿真平台，严格按规范巡检程序完成直流系统日常巡检工作。

一、直流系统正常运行巡检项目

（1）直流充电屏上直流母线电压、交流输入、模块运行、蓄电池组运行状态，是否正常；并在《直流设备运行记录簿》上做好记录。

（2）直流馈线屏上母线电压、输出回路的灯光信号是否正常。

（3）运维人员应在每次巡检时检查直流系统对地绝缘是否良好，包括检查手动、自动监测装置的工作情况。系统的正负对地电压应为 110～160V。

（4）每次应对标示电池的单体电压、温度、排气阀孔进行检查，接线端子各电瓶之间接触牢固，无发热现象。

（5）蓄电池极柱、安全阀无渗酸；每只电池电压应保持在 2.23～2.35V，蓄电池外壳应完整，密封良好，无渗滤液现象。

（6）蓄电池室温度大于 25℃时应开启空调降温，湿度高于 75％应采取除湿。

二、直流系统特殊情况下巡检

（1）新投运的设备应增加巡视检查次数。投运 72h 后转入正常运行的巡视检查；在高温季节、高峰负荷期间应加强巡视检查。

（2）在雷雨季节有雷电发生后，应进行巡视检查。

（3）特殊用电期间，应进行巡视检查。

（4）直流系统电压异常时，应进行巡视检查。

（5）每半年应对直流回路的各连接端子和熔断器座进行一次特殊巡视。

（6）变电运维人员在巡视时，应对直流设备进行对地绝缘、电压、直流负荷、充电电流、清洁等认真进行检查，并按照规定做记录。

（7）直流电源在各种工况下，均应连续、可靠供电，不得随意中断相关交、直流电源。如遇交流失压或故障停用时，变电运维人员可采用自动或手动调压装置调整控制母线电压到规定值（215～225V）。

（8）每月对全组蓄电池的单体电压、温度、排气阀孔进行一次逐一检查，抄表记录在《蓄电池充放电记录簿》上。

🔺 相关知识

一、直流系统作用

由蓄电池组及充电设备（或其他类型直流电源）、直流屏、直流网络等直流设备组成的电力系统中发电厂、变电站的直流电源系统，称为直流系统。

发电厂、变电站的蓄电池组，在正常情况下为断路器提供合闸电源直流电源；当发生故障时，在发电厂、变电站用电中断情况下，发挥独立电源的作用，为继电保护及自动装置、断路器跳闸与合闸、载波通信、发电厂直流电动机拖动的厂用机械（如主机的事故油泵等）提供工作直流电源。

二、直流系统组成

直流电源分控制直流和动力直流两种供电方式，控制直流系统的电压为110V，其作用是向发电厂的信号装置、继电保护装置、自动装置、断路器的控制回路等负荷供电，故控制直流电源也称操作电源；动力直流系统的电压为220V或110V，其作用是向直流动力负荷（如润滑油泵等）、直流事故照明负荷及不停电电源系统等负荷供电。采用铅酸蓄电池组作为直流电源，具有独立性强、安全、可靠和运行维护方便等优点，在发电厂得到广泛应用。

机组直流系统采用正泰电气股份有限公司生产的NGZ1-600×20直流电源柜，与UPS共用2组免维护铅酸（M）蓄电池组，充电模块采用艾默生的ER22020/T高频开关电源充电模块，微机监控装置可同时对整流模块、蓄电池组、母线电压及母线对地绝缘情况，实施全方位监视、测量、测控。直流系统接线方式为单母线分两段，每组母线接一组蓄电池和一套充电装置，两段母线之间设联络开关，系统流程如图3-3所示。浮充电装置由两组6+1高频开关模块组成，充电模块输出最大电流22A。蓄电池免维护铅酸（M）蓄电池，单体蓄电池2V，蓄电池为103节，蓄电池容量为600Ah。

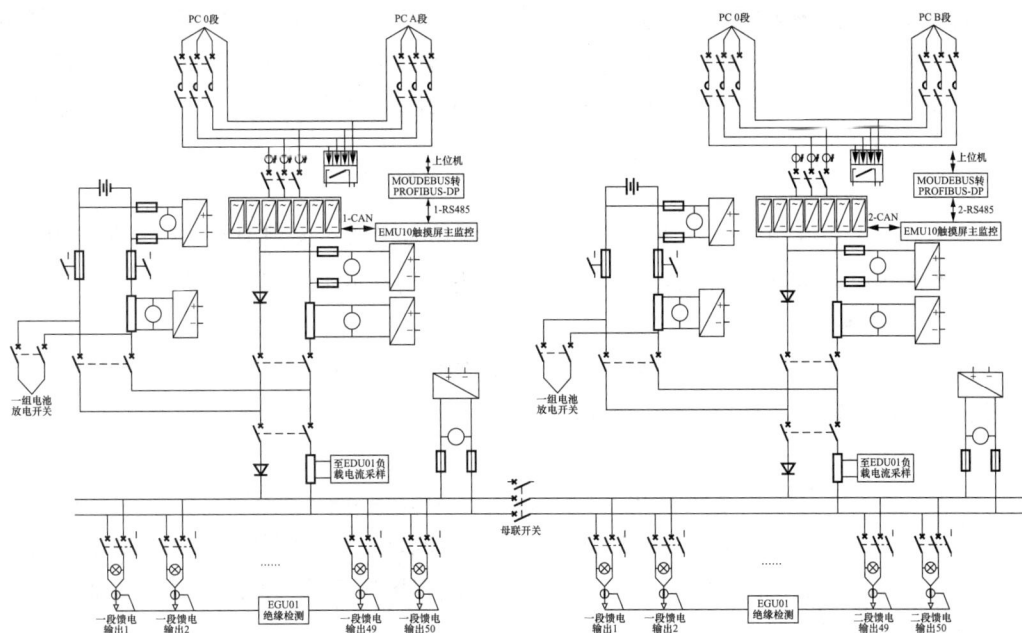

图3-3 直流系统流程

三、高频开关直流电源系统设备组成

高频开关直流电源系统由交流输入部分、整流充电模块、降压模块、馈线装置、监控模块、绝缘监测装置、蓄电池巡检装置事故照明装置和逆变器等组成，其技术参数见表3-4。

表 3 - 4 高频开关直流电源系统技术参数

项　目	ER22020T
输入电压（V）	AC380
电网频率（Hz）	45～65
输入过电压保护	保护后无输出，可恢复
输入欠压保护	保护后无输出，可恢复
输出过电压保护	保护后无输出，不可恢复
输出欠压保护	保护后有输出，可恢复
功率因数	≥0.99
稳流精度	≤±0.5％
稳压精度	≤±0.5％
最大输入电流（A）	15
输出电压（V）	220（DC）
最大输出电流（A）	22
输出过电压保护值（V）	325±5（DC）
限流值设定范围（A）	输入≤15，输出≤22

1. 交流输入部分

交流输入切换装置主要由 2 路交流进线自动空气开关 11QF、12QF，电气/机械连锁的交流接触器 1KM1、1KM2 构成。交流输入回路一般位于充电馈电一体柜或充电柜屏后下部。防雷装置主要防止交流冲击直流系统模块，比如：雷击、高次谐波的交流进入直流充电模块。

2. 整流充电模块

高频开关电源模块采用全桥变换零压零流软开关技术，采用 PWM 脉宽调制技术，开关的频率提高到 25kHz 左右，完成 AC→DC 电源变换或 DC→DC 电源变换。

3. 降压模块

由分 5 级的降压硅链、手动调压开关、投切用大功率继电器等构成。降压装置一般位于充电馈电一体柜或充电柜屏后上部。

4. 馈线装置

馈电装置一般指直流系统输出部分，包括合闸母线开关、控制母线开关、母线开关、联络开关、逆变输出开关、48V 输出开关等组成，根据不同要求安装在馈电柜内或充电柜的下面。一般情况下，合闸回路开关的出线直接连接开关的出线端，其他输出开关出线全部引到馈线端子上。

5. 监控模块

监控装置主要完成以下功能：

（1）直流电源系统各参数点（交流输入电压、充电器输出电压、充电器输出电流、蓄电池充/放电流、动力母线电压、控制母线电压、正负母线对地电压）的测量、显示、越限告警功能。

（2）控制充电器对蓄电池按 DL/T 459—2000 规定直流电源系统运行曲线运行（蓄电池管理功能）。

（3）根据需求完成 DC/DC 48V（24V）电源监控，DC/AC 逆变电源监控，外接负载蓄电池活化充放电控制功能。

（4）实现对直流母线绝缘监测、各回支路接地选线，蓄电池巡检功能。

（5）实现对直流电源系统内其他智能装置通信管理，完成对综合自动化系统后台监控通信等功能。

6. 绝缘监测装置

同时在线检测多个馈线支路接地状况，可显示接地支路号、接地极性、支路接地电阻和接地日期时间。循环显示母线电压、正母线对地电阻和负母线对地电阻。

7. 蓄电池巡检装置

蓄电池巡检装置在线监测蓄电池组所有单体蓄电池运行工况、蓄电池组总电压、蓄电池组充/放电电流等。采用线性光隔技术，利用电阻分压、高压低阻模拟开关切换监测点，无继电器机械接点部件，具有安全可靠，寿命长的特点。蓄电池的技术参数见表3-5。

表 3-5　　　　　　　　　　　蓄 电 池 的 技 术 参 数

名称	技术参数	名称	技术参数
型号	A602/580	电池总数（瓶）	103
容量（Ah）	600	接方式	串联
单体电池电压（V）	2	室温范围（℃）	20

8. 事故照明装置

事故照明装置是正常时由交流供电，当交流发生故障时，自动切换到直流电源供电的一种装置，该装置主要由交、直流接触器，中间继电器以及空气开关组成。

9. 逆变器

逆变装置由空气开关、交流开关、逆止二极管、逆变器组成。逆变器的设计目的是向负载提供全面性的电源保护。包括稳压、抑制浪涌、避免高频干扰、防止任何形式的电源中断或不稳定等，同时也可以提供没有限制的长延时供电。

四、蓄电池组运行方式

蓄电池组的运行方式有充放电方式与浮充电方式两种。电厂中的蓄电池组普遍采用浮充电方式运行。

1. 充放电方式运行的特点

在蓄电池组的充放电方式运行中，对每个蓄电池都要进行周期性的充电和放电。蓄电池组充足电以后，就与充电装置断开，由蓄电池组单独向经常性的直流负荷供电，并在厂用电中断时向事故照明和直流电动机等供电。为了保证厂用电在任何时刻都不致失去直流电源，就要求蓄电池组在任何时候都必须留有一定的储备容量，决不能让其完全放完电。通常，蓄电池放电到60%～70%额定容量时，即需进行充电。

按充放电方式运行的蓄电池组，必须周期地、频繁地进行充电。通常，在经常性负荷下，每隔 24h 就需充电一次，一般充至额定容量。充电末期，每个蓄电池的电压达 2.7～2.75V，蓄电池组的总电压（直流系统母线电压）将超过用电设备的允许值。因此，对无端电池的蓄电池组，在充电期间必须退出工作，但这对只接一组蓄电池组的单母线接线的直流系统是不允许的。同时，频繁充电会使蓄电池组的运行更复杂。

2. 浮充电方式运行的特点

在蓄电池组浮充电方式运行中，充电器经常与蓄电池组并列运行，充电器除供给经常性直流负荷外，还以较小的电流（浮充电电流）向蓄电池组进行浮充电，以补偿蓄电池的自放电损耗，使蓄电池经常处于完全充足电的状态。当出现短时大负荷时，例如当断路器合闸、许多断路器同时跳闸、直流电动机、直流事故照明等，主要由蓄电池组以大电流放电来供电，而硅整流充电器一般只能提供略大于其额定输出的电流值（由其自身的限流特性决定），在充电器的交流电源消失时，充电器便停止工作，所有直流负荷完全由蓄电池组供电。

浮充电电流的大小取决于蓄电池的自放电率，浮充电的结果应刚好补偿蓄电池的自放电。如果浮充电的电流过小，则蓄电池的自放电就长期得不到足够的补偿，将导致极板硫化（极板有效物质失效）。相反，如果浮充电的电流过大，蓄电池就会长期过充电，引起极板有效物质脱落，缩短电池的使用寿命，同时还多余地消耗了电能。浮充电电流值依蓄电池类型和型号而不同，一般为（0.1～0.2）CN/100A，其中 CN 为该型号蓄电池的额定容量（单位为 Ah）。旧蓄电池的浮充电电流要比新蓄电池大 2～3 倍。

为了便于掌握蓄电池的浮充电状态，通常以测量单个蓄电池的端电压来判断。如对于铅酸蓄电池，若其单个的电压在 2.15～2.2V，则为正常浮充电状态。若其单个的电压在 2.25V 及以上，则为过充电。若其单个的电压在 2.1V 为放电状态。因此，实际中的浮充电就采用恒压充电。

按浮充电方式运行的蓄电池组，每运行一段时间（2～3 个月）应进行一次均衡充电，即用比浮充电压更高一些的电压充电一段时间。其目的是消除由于浮充电电流可能偏小而造成极板出现硫化的危险。也可以说，定期进行均衡充电，是为了保持极板有效物质的活性。

3. 蓄电池的均衡充电

均衡充电是对蓄电池的特殊充电。在蓄电池长期使用期间，可能由于充电装置调整不合理产生低浮充电电压或使用表盘电压表读数不正确（偏高）等原因造成蓄电池自放电未得到充分补偿，也可能由于各个蓄电池的自放电率不同或电解液密度有差别使它们的内阻和端电压不一致，这些都将影响蓄电池的效率和寿命。为此，必须进行均衡充电（也称过充电），使全部蓄电池恢复到完全充电状态。均衡充电，通常采用恒压充电，就是用较正常浮充电电压更高的电压进行充电，充电的持续时间与采用的均衡充电有关。

均衡充电一次的持续时间，既与均充电压大小有关，也与蓄电池的类型有关。例如铅酸蓄电池，浮充电方式运行下，一般每季度进行一次均衡充电。当每只蓄电池均衡充电电压为 2.26V 时，充电时间为 48h。当均衡充电电压为 2.3V 时，充电时间为 24h。当均衡充电电压为 2.4V 时，充电时间为 8～10h。总之，充电方法要按生产厂家说明而定。

4. 蓄电池的自放电

蓄电池的自放电就是充足电的蓄电池经过一定时间后，失去电量的现象。蓄电池自放电现象，是运行维护中应特别注意的问题，也是运行维护复杂化的原因之一。蓄电池自放电的主要原因是电解液和极板含有杂质。电解液的杂质，可能形成内部漏电导，或者形成局部的小电池，小电池的两极又形成短路回路，引起蓄电池的自放电。另外，由于蓄电池电解液上下密度不同，极板上下电动势不等，因而在极板上下之间的均压电流也引起蓄电池自放电。蓄电池的自放电会使极板硫化。通常铅酸蓄电池在一昼夜内，自放电使其容量减小 0.5%～1%。因此，为防止运行中蓄电池的硫化，对充足电而搁置不用的蓄电池一般要在每月进行一次补充充电。

五、直流系统运行方式及运行规定

1. 直流系统运行方式

（1）两路交流输入开关在合闸位置，整流器输出开关在合闸位置。

（2）蓄电池输出开关在合闸位置，蓄电池放电试验开关在分闸位置。

（3）正常运行时，直流系统单充单蓄单段独立运行。

（4）正常情况下，蓄电池以浮充电方式运行，即蓄电池和高频模块并联，高频模块装置供给负荷电流，同时给蓄电池充电。

（5）当高频模块装置停运或系统直流负荷突然增大，蓄电池转入放电状态，其全部或部分负荷由蓄电池供给。在系统恢复正常后，由高频模块装置向蓄电池浮充电，这样可以保证蓄电池经常处于充满状态。

2. 直流系统运行规定

（1）正常时直流母线电压应维持在（220±10）V 范围内。若发现母线电压降低或升高，应查明原因。如为充电装置故障，应切为备用充电装置运行，以保证母线电压在规定值范围内。

（2）充电装置不允许过负荷运行，不允许蓄电池组向母线负载超时间供电。

（3）遇有直流系统操作时，必须做好有关专业的联系工作，确定操作涉及的直流回路上无大电流负载运行，并解除直流油泵联动。

（4）当交流电源消失，蓄电池组进行事故放电后，应及时切除部分不重要的事故负荷。如非工作场所的事故照明。尽可能保证在交流电压恢复时蓄电池留有 50% 的容量用于操作，且保证单个蓄电池电压放电终止电压不低于 1.7V。

（5）直流系统绝缘电阻不应低于 $1M\Omega$。

（6）蓄电池室内温度应为 10～30℃。正常应保持在 15℃ 以上，室内通风、照明应良好。

💡 **任务评价**

登录 600t/d 垃圾焚烧炉发电机组系统仿真平台，严格按照直流系统巡检规范的技能要求进行练习。

根据工作任务的完成情况和技术标准规范，仿真系统会自动逐项评价并给出完成任务情况的评价结果，依据评价结果，可以确定练习者的技能水平和改进的要求。仿真系统无法实现的技能要能按操作规范准确描述。

要求练习者最终练习要达到 90 分（满分按 100 分）以上水平。

工作任务三　交流不间断供电系统巡检

电厂部分设备对交流工作电源的质量和供电连续性要求都很高，一方面要求电源在任何情况下不得中断，另一方面要求电源的频率、电压能保持稳定，无大波动。例如标准的计算机系统要求电源电压变化在 $\pm2\%$、频率变化在 $\pm1\%$、波形失真不大于 5%、断电时间小于 5ms；各种热工自动化装置中相当一部分的交流电源中断几十毫秒后就不能正常工作，有的自动化装置在电源恢复后不能立即恢复工作，不但对机组起不到正常保护作用，往往还会引起其他事故而造成更大的损失。交流不间断供电（uninterruptable power supply，UPS）系统就是为了满足上述要求而设置的。

任务目标

（1）了解 UPS 系统作用及设备组成，掌握各设备巡回检查参数及检查方法。
（2）掌握 UPS 系统流程。
（3）能利用仿真系统进行 UPS 系统启动前的检查。
（4）能利用仿真系统对 UPS 系统进行运行中的巡检，使系统各设备运行参数在规定值。

任务描述

UPS 系统巡检工作包括系统启动前的系统检查和系统运行中的巡检两方面。系统启动前应对系统设备进行检查，使其恢复至启动前状态；系统运行中应定时对各运行设备进行巡检，使系统各设备运行参数在规定值。

任务实施

登录填图软件及 600t/d 垃圾焚烧炉发电机组 3D 仿真平台，严格按规范巡检程序完成 UPS 系统启动前的检查及系统日常巡检工作。

一、UPS 系统启动前检查
（1）检查系统检修工作已结束，工作票已终结，拆除与检修有关的临时安全措施，检查盘内应清洁、无杂物，检测绝缘应符合要求。对新投入和大修后的 UPS 整流器，在投运前还应核对相序和极性。
（2）检查并确认 UPS 主回路电源开关、旁路电源开关及直流进线电源开关均已断开。
（3）检查并确认 UPS 工作进线开关，静态旁路输入开关，输出开关及直流进线开关均已断开。
（4）检查并确认 UPS 装置及回路符合运行条件，UPS 室内清洁无杂物。
（5）检查并确认 UPS 机柜内接线牢固无松动脱落现象。
（6）检查并确认各断路器、隔离开关位置正确，熔丝（保险）应完好。

（7）检查并确认 UPS 机柜内应干燥无结露现象。

（8）检查并确认旁路调压器升、降调节应灵活，完好，旁路调压器在降压最终位置。

二、UPS 系统运行中巡检

（1）监视 UPS 装置运行参数正常，运行温度 0～40℃。

（2）检查并确认 UPS 系统开关位置正确，运行良好。

（3）保持 UPS 装置及母线室温正常、清洁、通风良好。

（4）检查并确认 UPS 装置内各部无过热、松动现象，各灯指示正确。

相关知识

一、UPS 系统作用及要求

1. UPS 系统作用

UPS 系统是一种含有储能装置，以逆变器为主要组成部分的恒压恒频电源系统。UPS 系统主要供给发电机组的计算机电源、部分热工自动控制系统电源、电气和热工各种变送器工作电源、部分电气控制设备（如调节器）交流电源。

2. 对 UPS 系统的基本要求

（1）保证在发电厂正常运行和事故状态下，为不允许间断供电的交流负荷提供不间断电源。在全厂停电情况下，UPS 系统满负荷连续供电的时间不得小于 0.5h。

（2）输出的交流电源质量要求电压稳定度在 5%～10% 范围内，频率稳定度稳态时不大于 ±1%，暂态时不大于 ±2%，总的波形失真度相当于标准正弦波不大于 5%。

（3）交流不停电电源系统切换过程中供电中断时间小于 5ms。

3. UPS 系统技术参数

UPS 系统技术参数见表 3-6。

表 3-6　　　　　　　　　　UPS 系统技术参数

型　号	PGP31 080-220/220-NR
输入额定电压（V）	三相 AC380
输出额定电压（V）	单相 AC220
输入最大电流（A）	209A（三相）
输出最大电流（A）	454（单相）
输入频率（Hz）	50
容量（kVA）	80
输出频率（Hz）	50
负载跳变率（%）	100

二、UPS 系统的组成及工作原理

1. UPS 系统流程

UPS 共有三路电源（主电源、电池组电源、旁路电源）。正常运行时，负荷由主电源经整流器、逆变器供电（电池组电源和旁路电源处于备用状态）。逆变器控制单元保证电压输出波形和频率精确、稳定。当整流器主电源因故障失去时，逆变器将自动无延时切至由电池组供电。UPS 还有另一路安保电源经隔离变、调压变输入。当 UPS 过负荷或逆变器故障时，UPS 的静态开关将自动切至旁路电源供电，系统流程如图 3-4 所示。

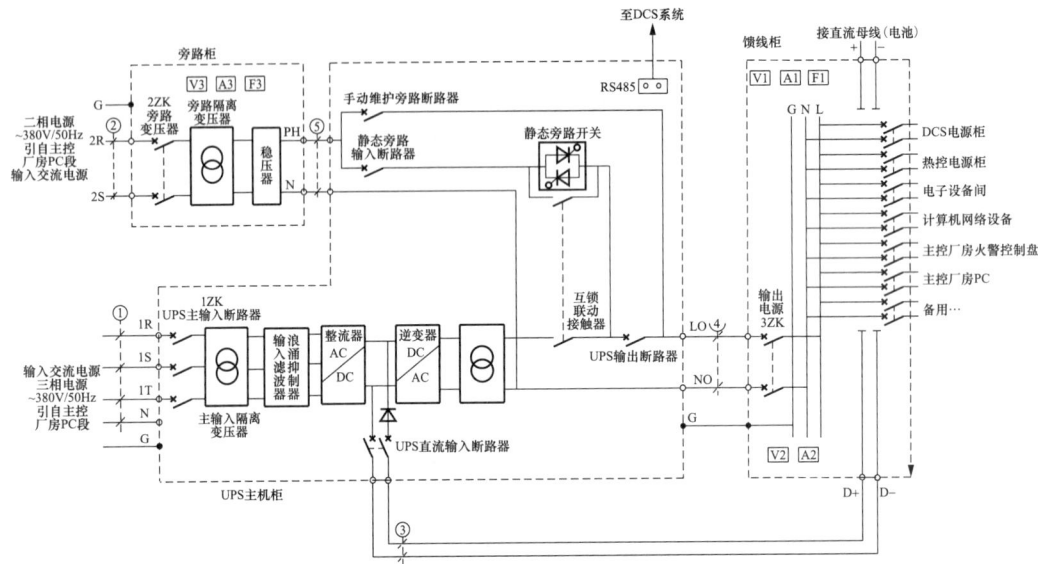

图 3-4 UPS 系统流程

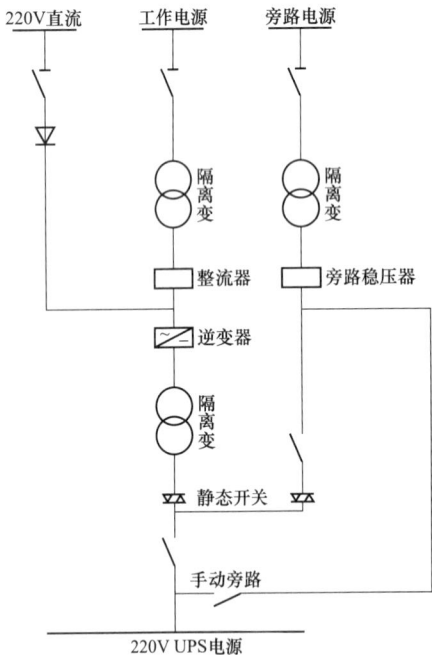

图 3-5 UPS 系统原理接线

2. UPS 工作原理

UPS 系统在正常情况下，工作电源通过交流整流后，再逆变为 220V 交流电供给负载；当整流器故障时，由直流系统向逆变器提供 220V（DC）电源，再经过逆变提供交流负载；当逆变器故障时，通过静态开关自动切换至旁路电源；当对直流系统、逆变器设备进行检修时，通过手动旁路开关手动切换至旁路电源，系统原理接线如图 3-5 所示。

3. UPS 系统组成

UPS 系统主要由可调整流器、单相逆变器、旁路隔离变压器等部分构成，各主要部件的工作原理如下：

（1）整流器。其作用是将 380VPCA 段交流电整流后与蓄电池直流系统并列，为逆变器提供电源，并承担该机组正常情况下不允许间断供电的全部负荷。此外，整流器还有稳压和隔离作用，能防止厂用电系统的电磁干扰侵入到负荷回路。整流器由整流变压器、整流电路、滤波电路、控制电路、保护电路、控制开关等部分组成。

（2）逆变器。其作用是将整流器输出的直流电或来自蓄电池的直流电变成220V、50Hz正弦交流电。它是不停电电源系统的核心部件。

（3）旁路隔离变压器。其作用是当逆变回路故障时能自动地将负荷切换到旁路回路。

（4）静态开关。其作用是将来自逆变器的交流电源和旁路系统电源选择其一送至负荷。其动作条件预先设置好，要求在切换过程中对负荷的间断供电时间小于5ms。

（5）手动检修旁路开关。其作用是在维修或需要时将负荷在逆变回路和旁路回路之间进行手动切换，要求切换过程中对负荷的供电不中断。

三、UPS系统运行模式

UPS装置有四种不同运行模式：正常模式、直流模式、自动旁路模式、手动检修旁路模式。在UPS装置正常时，应采用正常模式运行；当UPS装置故障需检修或定期维护、试验时，可采取手动旁路模式运行。

（1）正常模式。主电源经过匹配的变压器供给整流器，整流器补偿主电源电压的波动，负载的偏差，以维持直流电压的恒定。在其下端的逆变器依靠最优正弦脉冲控制转换直流电压为交流电压，直接为负载供电。

（2）直流模式。如果整流器输出电压下降或中断，接入的直流电源会自动、无扰地为逆变器供电，同时发出告警。直流电源电压的下降由逆变器补偿，使负载电压恒定，如果直流电源电压达下限，会发出告警，并自动切至自动旁路运行。

（3）自动旁路模式。正常模式下逆变器故障时，或直流模式下直流电源电压达下限时，或UPS装置过载时，且旁路电源正常，自动切至静态旁路运行，并告警。在主电源及主回路正常情况下，也可手动切至静态旁路运行。无论自动还是手动切换，能否切换成功，取决于逆变器输出与旁路电源是否同步，逆变器的输出能自动跟旁路电源，并始终保持同步，如不同步，装置会禁止切换。手动切至静态旁路运行时，如旁路电源故障或超出范围，且主电源及主回路正常或直流电源正常，会自动切回到正常模式或直流模式下运行。

（4）手动检修旁路模式。当需要将UPS装置主回路停机维修时，采取手动检修旁路模式运行。操作步骤必须先将UPS装置停机，系统自动由主回路切至自动旁路运行，然后将手动检修旁路开关QF6合闸，然后断开自动旁路开关QF2，由自动旁路模式切换至手动旁路模式。

任务评价

登录600t/d垃圾焚烧炉发电机组系统仿真平台，严格按照UPS系统巡检规范的技能要求进行练习。

根据工作任务的完成情况和技术标准规范，仿真系统会自动逐项评价并给出完成任务情况的评价结果，依据评价结果，可以确定练习者的技能水平和改进的要求。仿真系统无法实现的技能要能按操作规范准确描述。

要求练习者最终练习要达到90分（满分按100分）以上水平。

工作任务四　变 压 器 巡 检

变压器是根据电磁感应原理而制作的一种静止工作设备，它把一种电压等级的交流电能转变成同频率的另一种电压等级的交流电能。变压器在电力系统中主要作用是变换电压，以利于功率的传输。升高电压，可以减少线路损耗，提高送电的经济性，达到远距离送电的目的；降低电压，把高电压变为用户所需要的各级使用电压，满足用户需要。

任务目标

（1）了解变压器作用及设备组成，掌握各种变压器巡回检查参数及检查方法。
（2）能利用仿真系统进行变压器启动前的检查。
（3）能利用仿真系统对变压器进行运行中的巡检，使变压器运行各参数在规定值。

任务描述

变压器巡检工作包括启动前的检查、运行中的检查、特殊情况巡检等项。每班应按时对变压器储油柜和充油套管内油色、油位、变压器各接头有无过热，变压器有无渗漏油等进行巡检。

任务实施

登录填图软件及 600t/d 垃圾焚烧炉发电机组 3D 仿真平台，严格按规范巡检程序完成各变压器启动前的检查及变压器日常巡检工作。

一、变压器启动前的检查

（1）检查变压器检修试验工作全部结束，工作票收回，标示牌、遮栏、接地短路线已全部拆除，恢复常设措施。
（2）检查并确认变压器本体清洁，各部清洁无杂物。
（3）检查并确认变压器外壳接地及铁芯套管接地良好。
（4）检查并确认硅胶颜色正常，压力释放器完好。
（5）检查并确认各导线接头紧固良好，套管清洁完好无破损。
（6）检查并确认温度计指示正确，冷却系统启停正常。
（7）检查并确认各相分接开关指示位置一致。
（8）检查并确认各表计、保护正常，小车式开关各部良好。
（9）新装或大修后的变压器以及长期停运的变压器在投运前应测量其绝缘电阻，摇测时须记录变压器的油温及环境温度。测量的阻值不能低于过去同温度下测量值的1/3，吸收比应大于 1.3，绝缘阻值不能低于每千伏 1MΩ，如低于规定值应报告值长。
（10）变压器启动前还需测量一次绕组对地、二次绕组对地，一、二次绕组之间的绝缘电阻。

二、变压器正常运行巡检

1. 日常巡检

每天变电运维人员应对变压器进行定期巡视检查，巡视检查的项目如下：

（1）音响应正常，本体及冷却器无渗漏油。

（2）变压器的油温和温度计正常，储油柜的油位应与温度相对应。

（3）油枕和充油套管的油气、油色应正常，无渗漏油。

（4）油温应正常，并列运行的主变压器（简称主变）油温不应有大的差异。

（5）套管应清洁，无破损裂纹，无放电打火现象。

（6）呼吸器完好，硅胶不应吸潮饱和，吸潮硅胶 1/3 以上未从原来的蓝色变为白色或粉红色。

（7）接头接触良好，无发热现象。

（8）气体继电器内应无气体，继电器的油枕连接阀门应打开，气体继电器观察窗的挡板在打开位置。

（9）气体继电器应具备防潮和防水的功能，并且在气体继电器上的防雨罩放置正确。气体继电器电缆孔洞封堵完好。

（10）压力释放阀阀盖和升高座内应清洁，密封良好。

（11）压力释放阀电缆孔封堵良好。

（12）压力释放器无喷油现象。压力释放器附近地面应无油迹。

（13）到现场检查主变压器无载调压分接开关外观无损坏现象，三相挡位应一致。并列运行主变分接开关的运行挡位应一致，无载调压机构挡位正常。主变无载调压分接开关的监控机挡位应与现场机构箱内挡位一致。

（14）基础无下沉，接地焊接头、引线无脱焊、锈蚀。

（15）三相引出线接头应无发红、发白、冒气浪等发热迹象。

（16）各部分引线完好，无搭挂杂物及断股变形和放电烧伤痕迹。

（17）中性点接地端的接地线应完好，无生锈及其他损坏现象。

（18）各部件接地连接线完好。

（19）各控制箱和二次端子箱关严，无受潮。

（20）干式变压器的外部表面无积污。

（21）积油坑内无积水、油，变压器外壳接地完好。

（22）各冷却器手感温度相近，风扇运行正常。

（23）变压器柜的门、窗、门锁完整，房屋无漏水、渗水；照明和空气温度适宜；冷却风机运行正常或处于备用状态。

（24）防鼠板、防小动物装置完好。

2. 特殊情况下的巡检

当主变重载、过载及主变有严重缺陷时，应对变压器进行特殊巡视检查，特巡的检查项目如下：

（1）夜间巡视，应注意引线接头处、线卡应无过热、发红及严重放电等。

（2）超额定电流运行期间，应加强检查负载电流、运行时间、主变油温。

（3）缺陷有无发展。

（4）变压器过负荷运行时应增加对变压器的巡视。

相关知识

一、变压器的工作原理

变压器的基本原理：两个互相绝缘且匝数不等的绕组，套装在由良好导磁材料制成的闭合铁芯上，其中一个绕组接到交流电源，另一个绕组接负载。接交流电源的绕组称为一次侧绕组；接负载的绕组称为二次侧绕组。当一次侧绕组接到交流电源时，一次侧绕组中流过交流电流，并在铁芯中产生交变磁通，其频率与电源电压频率相同。铁芯中的磁通同时交链一次侧、二次侧绕组，根据电磁感应定律，一次侧、二次侧绕组中分别感应出相同频率的电动势，二次侧绕组接上用电设备，便有电能输出，实现了电能的传递。

一次侧、二次侧绕组中感应电动势的大小正比于各自的匝数，同时也近似地等于各自侧的电压。只要一次侧、二次侧绕组匝数不等，便可使一、二次侧具有不同的电动势和电压，变压器就是利用一、二次侧绕组匝数不等实现变压的。

变压器在传递电能的过程中，一、二次侧的电功率基本相等。当两侧电压不等时，两侧电流势必不等，高压侧的电流小，低压侧的电流大，故变压器在改变电压的同时，也改变了电流。变压器原理示意如图 3-6 所示。

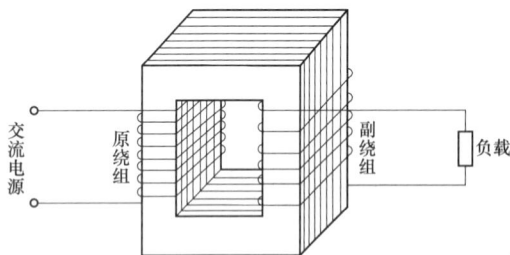

图 3-6 变压器原理示意

二、变压器的铭牌

变压器的铭牌一般含有以下内容：变压器名称、型号、产品代号、标准代号、KSS 编码（设计院提供）、制造厂名（包括国名）、出厂序号、制造年月、相数、额定频率、额定容量、各绕组额定电压、各绕组额定电流、联结组别、额定容量下的阻抗电压、冷却方式（应以额定百分数表示出相应的冷却容量）。

1. 额定容量（S_N）

在额定使用条件下，变压器施加的是额定电压、额定频率，输出的是额定电流，温升也不超过极限值时变压器的容量称为额定容量，用 S_N 表示，通过一、二次侧的额定容量设计成相等，单位为 kVA。对于三相变压器而言是指三相的总视在功率。

2. 额定电压（U_{1N}、U_{2N}）

在三相变压器中，如没有特殊说明，额定电压都是指线电压，单位为 kV。U_{1N} 指正常运行情况下接至一次绕组的电压。U_{2N} 指当一次侧接入 U_{1N} 时而二次绕组开路时的电压。为了适应电网电压变化的需要，高压侧一般都安装有调压用的分接头。

3. 额定电流（I_{1N}、I_{2N}）

变压器一、二次的额定电流，是根据额定容量和额定电压计算出来的电流。对三相变压器而言，额定电流是指线电流。

对三相变压器 $\qquad S_{\mathrm{N}} = \sqrt{3}U_{1\mathrm{N}}I_{1\mathrm{N}} = \sqrt{3}U_{2\mathrm{N}}I_{2\mathrm{N}}$

4. 阻抗电压百分值（U_k）

阻抗电压又称短路电压。短路阻抗与一次侧额定电流的乘积，又称阻抗电压，用 U_k 表示。可通过变压器短路试验测取，一般以百分值的形式给出，指阻抗压降占额定电压的百分比，即 $U_k\% = \dfrac{U_k}{U_\mathrm{N}} \times 100\%$，$U_k = I_{1\mathrm{N}}|Z_{K(75℃)}|$，$Z_{K(75℃)}$ 为换算到 75℃ 时的短路阻抗。

阻抗电压是变压器的重要参数之一。从变压器正常运行看，希望它小一些，负载波动时，变压器的二次侧电压波动小，这就使变压器运行电压更加稳定；从限制短路电流的角度来看，又希望它大一些。因此，要综合考虑。

5. 空载损耗（P_0）

空载损耗通过变压器的空载实验测取，为了便于测量和安全起见，通常试验在低压侧加压进行，高压侧开路。当电压加到额定电压时功率表读出的损耗叫空载损耗，用 P_0 表示，单位为 W 或 kW。空载损耗近似等于铁耗，也可用励磁电流的平方乘以励磁电阻表示。

6. 短路损耗（P_k）

短路损耗通过变压器的短路试验测取，为了安全简便起见一般是在高压侧加压进行，而低压侧短接。当电压加到高压侧为额定电流时功率读出的损耗，用 P_k 表示，短路损耗近似等于铜耗，单位为 W 或 kW。

7. 空载电流（I_0）

变压器一次绕组接到额定电压、额定频率的电源上，二次绕组开路时一次绕组中流过的电流叫空载电流。空载电流有两个作用：一是建立空载时磁场的励磁电流，二是从电网吸收有功功率提供空载时变压器内部的有功功率损耗（主要是铁芯的磁滞和涡流损耗，合称铁耗）的铁耗电流。由于变压器铁芯采用导磁性能较好的铁磁物质，铁耗电流远小于励磁电流，因此空载电流基本上为励磁电流。

空载电流的大小是变压器的性能指标之一，空载电流小表明变压器建立磁场所需电流小，变压器铁芯磁阻小。

空载电流常用百分值 $I_0\%$ 表示，表示空载电流占额定电流的百分比，即

$$I_0\% = \frac{I_0}{I_\mathrm{N}} \times 100\%$$

空载电流一般占额定电流的 0.3%～10%。变压器容量越大，空载电流的百分值越小。

8. 联结组别

表示变压器高、低压绕组的连接方法及相应线电压（线电动势）的符号。如 Yyn0、Yd11。标号中 Y（y）表示星形联结，D（d）表示三角形联结，N、n 分别代表高、低压侧有中线引出。符号的字母表示一、二次侧绕组连接方式，数字代表一、二相应线电压

（线电动势）的相位关系，其中大写的字母表示高压侧绕组的连接方式，小写的字母表示低压侧绕组的连接方式。

电力变压器常用的联结组别包括：Yyn0、Dyn11 和 YNd11 等。Yyn0、Dyn11 主要用于配电变压器。垃圾焚烧电厂厂用电变压器均采用 Dyn11。

9. 型号

变压器的型号表示一台变压器的结构、额定容量、电压等级、相数、冷却方式、调压方式、绕组数和材料的符号。表示方法：基本型号＋设计序号－额定容最（kVA）/高压侧电压。基本型号由字母组成，字母分别表示变压器绕组数十相数＋冷却方式＋是否强迫油循环＋有载或无载调压。设计序号为数字。如垃圾焚烧电厂主变型号为 S11-40000/121，其表示额定容量为 40000kVA、设计序号为 11、高压侧额定电压为 121kV 的低损耗三相油浸自冷电力变压器。变压器的型号和符号含义见表 3-7。

表 3-7　　　　　　　　变压器的型号和符号含义

型号中符号排列顺序	含义		代表符号
	内容	类别	
1	线圈耦合方式	自耦降压（或自耦升压）	O
2	相数	单相	D
		三相	S
3	冷却方式	油浸自冷	J
		干式空气自冷	G
		干式浇注绝缘	C
		油浸风冷	F
		油浸水冷	S
		强迫油循环风冷	FP
		强迫油循环水冷	SP
4	线圈数	双线圈	—
		三线圈	S
5	线圈导线材质	铜	—
		相	L
6	调压方式	无励磁调压	—
		有载调压	Z
7		加强干式	Q
		干式防火	H
		移动式	D
		成套	T

三、机组变压器技术规范

1. 主变技术规范

主变技术参数见表 3-8。

表 3 - 8 **主 变 技 术 参 数**

项 目	单位	技 术 参 数
型号		S11 - 40000/121
容量	kVA	40 000
额定电压	kV	高压：121，低压：10.5
额定电流	A	高压：190.9，低压：2199.4
分接范围		−5%，−2.5%，额定，+2.5%，+5%
频率	Hz	50
相数		3
联结组别		YNd11
短路阻抗百分数（正极限分接）	%	10.71
短路阻抗百分数（额定分接）	%	10.49
短路阻抗百分数（负极限分接）	%	10.38
绝缘水平		HV 线路端子：L1/AC480/200kV
		HV 中性点端子：L1/AC325/140kV
		LV 线路端子：L1/AC75/35kV
冷却方式		ONAN
顶层油温升	℃	55
绕组温升	℃	65
最高环境温度	℃	37

2. 1、2 号公用变压器技术规范

1、2 号公用变压器技术参数见表 3 - 9。

表 3 - 9 **1、2 号公用变压器技术参数**

项 目			技 术 参 数
型号			SCB11 - 2000/10.5
容量（kVA）			2000
额定电压（V）	一次侧	1	11 000
		2	10 750
		3	10 500
		4	10 250
		5	10 000
	二次侧		400
额定电流（A）	一次电流		110
	二次电流		2886.7
短路阻抗（%）			6.16
额定频率（Hz）			50

项　　目	技 术 参 数
相　　数	3
联结组别	Dyn11
绝缘等级	F
温升极限	75
冷却方式	AN/AF

3. 3、4 号公用变压器技术规范

3、4 号公用变压器技术参数见表 3 - 10。

表 3 - 10　　　　　　　　3、4 号公用变压器技术参数

项　　目			技 术 参 数
型号			SCB11 - 1600/10.5
容量（kVA）			1250
额定电压 （V）	一次侧	1	11 000
		2	10 750
		3	10 500
		4	10 250
		5	10 000
	二次侧		400
额定电流 （A）	一次电流		68.7
	二次电流		1804
短路阻抗（%）			6.12
额定频率（Hz）			50
相数			3
联结组别			Dyn11
绝缘等级			F
温升极限			75
冷却方式			AN/AF

4. 0 号保安、锅炉 1～4 号变压器技术规范

0 号保安、锅炉 1～4 号变压器技术参数见表 3 - 11。

表 3 - 11　　　　　0 号保安、锅炉 1～4 号变压器技术参数

项　　目	技 术 参 数
型号	SCB11 - 1600/10.5
容量（kVA）	1600

续表

项 目			技 术 参 数
额定电压 （V）	一次侧	1	11 000
		2	10 750
		3	10 500
		4	10 250
		5	10 000
	二次侧		400
额定电流 （A）	一次电流		87.98
	二次电流		2309.4
短路阻抗（%）			6.18
额定频率（Hz）			50
相数			3
联结组别			Dyn11
绝缘等级			F
温升极限			75
冷却方式			AN/AF

四、变压器的结构及主要附件

电力变压器最主要的部件是铁芯和绕组，是变压器进行电磁能量转换的有效部分，称为变压器的器身。对于油浸式变压器，器身浸放在油箱里，油箱是变压器的外壳，箱内灌满了变压器油，变压器油起绝缘和散热作用。油箱外装有散热器，油箱上部还装有储油柜（油枕）、安全气道（防爆管或压力释放阀）、绝缘瓷套管等。绝缘瓷套管将变压器内部的高、低压引线引到油箱的外部，不但作为引线对地的绝缘，而且担负着固定引线的作用。另外，有些变压器根据需要还装有冷却系统，用来保证变压器在额定条件下运行时温升不超过允许值，以保证其设计使用寿命。

资源库 49_变压器的结构

1. 铁芯

铁芯构成变压器的导磁回路，即磁通的通路，同时又是绕组、引线的机械骨架。铁芯由铁芯柱和铁轭两部分构成，套装绕组的部分称为铁芯柱，铁轭将铁芯柱连接起来形成闭合磁路。

铁芯的材质主要为高导磁性、低导电性的硅钢片。为了减小铁芯损耗，电力变压器的铁芯通常采用含硅量约 4%、厚度 0.23～0.35mm、两面涂有极薄绝缘膜的冷轧硅钢片叠装而成。除此之外，近年来采用铁基、铁镍基、钴基等非晶合金材料制作的铁芯也日渐广泛，其叠片厚度仅为硅钢片的 1/10，涡流损耗较硅钢片可降低 80% 左右，且可以减排 CO、CO_2、SO_2 等有害气体，被称为"绿色材料"。

铁芯的结构分为芯式和壳式。由于芯式变压器结构比壳式简单，且绕组与铁芯间的

图 3-7 变压器铁芯

绝缘易处理，故电力变压器铁芯一般都采用芯式结构，如图 3-7 所示，三相芯式变压器有三相三柱式和三相五柱式两种。三相三柱式是将 A、B、C 三相的三个绕组分别放在三个铁芯柱上，三个铁芯柱与上、下两磁轭共同构成磁回路。三相五柱式与三相三柱式比较，它在铁芯柱两头多了两个分支铁芯，称为旁轭，旁轭上没有绕组。随着电力变压器单台容量的不断增大，其体积也相应增大，与运输的高度限制发生矛盾，解决的办法之一是采用三相五柱式铁芯。它能将变压器的上、下铁轭高度几乎各减去一半，即整个变压器降低了一个铁轭高度，而降低后铁轭中的磁通密度仍保持原值。

在大容量变压器中，为节省材料和充分利用空间，铁芯柱的截面一般做成一个外接圆的多级阶梯形。随着变压器容量的不断增大，铁芯柱的直径也随着增大，阶梯的级数也随着增加。为了使铁芯中发出的热量被绝缘油在循环时带走，以达到良好的冷却效果，除铁芯的截面做成阶梯形外，铁芯上还设有散热沟（油道），散热沟的方向与硅钢片平行，也可垂直。

变压器铁芯与油箱绝缘，铁芯地线经附加绝缘套管引至油箱外接地。这是由于铁芯处于强磁场环境中工作，在电磁感应及电容效果下，铁芯上势必会产生电位，若此电位随时间而增高，则对铁芯绝缘构成威胁，会击穿铁芯间的绝缘，故必须接地，但又不能将铁芯与油箱外壳直接相连接地，否则通过油箱外壳形成了电流通路，产生环流。也不能采取多点接地，只能是一点接地，以防环流产生。

2. 绕组

绕组是变压器的电路部分，常用包有绝缘材料的铜或铝导线绕制而成。为了使绕组便于制造且具有良好的机械性能，一般把绕组做成圆筒形。高压绕组的匝数多，导线细，低压绕组的匝数少、导线粗。高、低压绕组同心地套装在铁芯柱上，低压绕组靠近铁芯柱，高压绕组再套在低压绕组外面，如图 3-8 所示。高、低压绕组之间以及绕组与铁芯柱之间要可靠地绝缘。绕组间留有一定的间隙作油道，一作绝缘间隙，二使变压器油从中流过以冷却绕组。

按在铁芯上的排列方式，变压器绕组可分为

图 3-8 变压器绕组

同心式和交叠式两种。电力变压器都采用同心式的，同心式绕组按制造方式的不同，可分为圆筒式、螺旋式、连续式和纠结式四种。本厂干式变压器为圆筒式，主变为连续式。

3. 油箱及变压器油

油浸式变压器的器身，放在充满变压器油的油箱中。油箱用钢板焊成，为了增强冷却效果，油箱壁上焊有散热管或装设散热器。变压器油为矿物油，由石油分馏而得，本厂主变用♯25变压器油。

4. 油枕（储油柜）

油枕是一个圆筒形容器，装在油箱的上部，用弯曲连管与油箱接通，如图3-9所示。油枕中储油量一般为油箱中总油量的8%~10%。

油枕的作用：①能容纳油箱中因温度升高而膨胀的变压器油；②限制变压器油与空气的接触面积；③减少油受潮和氧化的程度；④通过储油柜注入变压器油，可防止气泡进入变压器内。

主变采用胶囊式油枕，内装一个耐油尼龙复合橡胶的气囊，囊外通过呼吸管及吸湿器与大气接触，囊外和变压器油接触，当变压器邮箱中油膨胀或收缩导致储油柜油面上升或下降时，使软气囊向外排气或自行吸气以平衡软气囊内外侧压

图3-9 变压器油枕

力，起到呼吸作用，从而将变压器与空气彻底隔开，并且随变压器温度变化及时补偿油箱内的压力差。

5. 气体继电器

气体继电器是带储油柜（油枕）的油浸式变压器的一种保护装置。该继电器安装在变压器油箱与储油柜之间的连接管路中，是变压器的主要保护装置，它可以反映变压器内部各种故障及异常运行情况，如油位下降、绝缘击穿、铁芯和绕组等受潮、发热或放电故障等，它将发出报警信号或切断变压器的运行，且动作灵敏迅速，结构简单，维护检修方便。变压器正常工作时，气体继电器内充满了变压器油，如果变压器内部出现了故障，则因高温将油分解产生的气体聚集在容器的上部，迫使油面下降，此时，气体继电器内的浮子会因浮力而转动，当该浮子转动到某一限定位置时，其内的磁铁使干簧管接点闭合，接通信号回路报警。若变压器因漏油而油面降低时，同样发出信号。如果变压器发生严重故障，将会出现油的涌浪，则在连接管内产生油流，冲动气体继电器内挡板，当挡板运动到某一限定位置时，其另一干簧管接点闭合，接通跳闸回路，切断与变压器连接的所有电源，从而起到保护变压器的作用。气体继电器外部由壳体、上盖、跳闸试验按钮、放气阀、接线盒等组成。在新投运的变压器上，其内可能有未排尽的气体，确认后可经放气阀将空气排掉。

6. 绝缘套管

变压器的引出线从油箱内穿过油箱盖时，必须经过绝缘套管，以使带电的引线和接地的油箱绝缘。套管由瓷质的绝缘套筒和导电杆组成，如图3-10所示。

图 3-10　变压器绝缘套管

7. 净油器

变压器的净油器是一个充有吸附剂（硅胶）的容器，用于油浸式自冷或油浸风冷式变压器。净油器的工作原理：在运行中，变压器油箱内上层与下层油的温度不同而引起的变压器油的重度（密度）差，使油对流循环，其中一部分变压器油流经净油器的吸附剂时，油中所带的水分、游离碳等杂质被吸收，借此使变压器油得到连续再生净化。

8. 调压装置

为调节变压器的输出电压，可改变变压器高压绕组匝数，进行一定范围内调压。一般在高压绕组某个部位（如中性点，中部或端部）引出若干个抽头，并把这些抽头连接在可切换的分接开关上。在停电状态下方可切换的分接开关称为无励磁调压开关或无载调压开关。在不断开负载的情况下即可切换的分接开关称有载调压开关。无载调压时，应根据电网电压把调压分接头调节到相应的挡位上，或是用无载调压分接开关扳动手柄，使手柄对准所需要的分接位置。需要注意的是，无载调压必须将变压器的各侧电源切断，并做好安全措施后，方可进行调压。有载调压分接开关也称带负荷调压分接开关，其基本原理是在变压器的高压绕组中引出若干分接头，通过有载调压分接开关，在保证不切断负荷电流的情况下，由一个分接头切换到另一个分接头，以达到变换高压绕组的有效匝数，即改变变压器变比的目的。在切换过程中，需要过渡电阻，用于连接两个分接头，以防切换过程中造成失电的危险。

9. 吸湿器（呼吸器）

吸湿器的作用是吸收进入储油柜的空气中的杂质和水分，以保持变压器油的绝缘强度。吸湿器主体为玻璃管，内盛用氯化钴浸渍过的硅胶（变色硅胶）作为干燥剂，罩中还装有变压器油，作为杂物过滤剂。当变压器由于负荷或环境温度的变化而使其变压器油的体积发生胀缩时，储油柜内的气体将通过吸湿器产生呼吸，用以清除空气中的杂物和潮气，保持变压器内变压器油的绝缘强度。在使用过程中，应经常监视吸湿器中的硅胶是否变色，用作过滤剂变压器油是否过脏或者因蒸发而使油面低于油面线，如当硅胶已变色、油面高度低于油面线或油质过脏时，将硅胶进行干燥或更换，添注或更换变压器油。

10. 防爆管（压力释放器）

防爆管（压力释放器）是供油浸式变压器内部故障时释放压力用以保护变压器的一种保护装置。防爆管（压力释放器）是一根钢质圆管，顶端出口装有一块玻璃或酚醛薄膜片，下部与油箱联通，当变压器内部发生故障时，油箱内压力升高，油和气体冲破玻璃或酚醛薄膜片向外喷出，保护了油箱以免破裂。压力释放器是由弹簧控制的，当油箱内压力达到压力释放器的开启压力时，阀盖上升力超过弹簧压力而动作，阀盖打开，把油箱内的压力释放，阀盖打开同时带动传动装置，拨动信号开关发出信号，指示杆同时被顶起，当油箱内压力降低或恢复到正常值后，阀盖依靠弹簧自动复位，这样既防止了变压器由于内部故障引起的油箱压力过大而造成事故扩大，又避免了变压器内部压力解除之后仍继续喷油或雨水、空气侵入变压器内部。

11. 干式变压器温度巡回显示控制仪

电力变压器的安全可靠运行及使用寿命在很大程度上取决于变压器绕组绝缘的安全可靠。而绕组温度超过绝缘耐受温度使绝缘破坏是导致变压器不能正常工作的主要原因之一。干式变压器温度巡回显示控制仪，采用单片机技术，通过预埋在干式变压器三相绕组中的三只铂热电阻来测量绕组温度，并通过温度控制仪来判断和显示变压器绕组的温升，同时具有超温报警功能，以保证变压器运行在安全的温度范围内。

五、变压器运行规定

1. 变压器正常时的运行规定

（1）变压器在额定使用条件下，可按额定容量连续运行。

（2）变压器正常运行的电压变动范围，在相应分接头额定电压的±5%以内时，其额定容量不变。

（3）变压器外加于各分接头的一次电压，不应大于相应额定电压的105%，则变压器二次可带额定电流。

（4）油浸自然循环风冷变压器，为防止绝缘油加速劣化，上层油温最高不得超过95℃（运行监视不得超过85℃），一般情况下不宜经常超过85℃，温升不准超过55℃，上层油温达55℃时风扇电机自动启动，降至45℃时风扇电机停止工作。油浸式变压器，采用自然循环自冷风冷冷却方式，当冷却介质最高温度40℃，其最高上层油温最高95℃；当冷却介质温度下降时，变压器最高上层油温也应相应下降。

（5）环氧树脂绝缘干式变压器外壳最高运行温度不得超过125℃，温升不得超过100℃。

（6）干式变压器温度按以下的规定运行：温度小于80℃自停风机，温度大于90℃自启风机；（冷却风机自动时）温度超过130℃时报警，超过150℃时跳闸。

（7）每台干式变压器配备指示范围为0~200℃的温度控制器，温控器可根据绕组温度控制冷却风机的运行。

（8）无载调压变压器在额定电压±5%范围内改换分接头位置运行时，其额定容量不变，如为−7.5%和−10%分头时，额定容量应相应降低2.5%和5%。

（9）新安装变压器或者在检修时若变动过一、二次回路，投运前应核对其相序正确。

2. 变压器过负荷运行时负荷及温度的监视

（1）在正常情况下，变压器不允许过负荷运行，在异常或事故条件下，允许短时过负荷运行。

（2）变压器可以在正常过负荷和事故过负荷的情况下运行，正常过负荷可以经常使用，其允许值根据变压器的负荷曲线、冷却介质温度以及过负荷前变压器所带的负荷等来确定。事故过负荷只允许在事故情况下使用，当变压器存在较大的缺陷时，严禁变压器过负荷运行。

（3）油浸自然循环自冷变压器允许的事故过负荷的时间见表 3 - 12。

表 3 - 12　　　　油浸自然循环自冷变压器允许事故过负荷的时间

过负荷倍数	环境温度（℃）				
	0	10	20	30	40
1.1	24：00	24：00	24：00	19：00	7：00
1.2	24：00	24：00	13：00	5：50	2：45
1.3	23：00	10：00	5：30	3：00	1：30
1.4	8：30	5：10	3：10	1：45	0：55
1.5	4：45	3：10	2：00	1：10	0：35
1.6	3：00	2：05	1：20	0：45	0：18
1.7	2：05	1：25	0：55	0：25	0：09
1.8	1：30	1：00	0：30	0：13	0：06
1.9	1：00	0：35	0：18	0：09	0：05
2.0	0：40	0：22	0：11	0：06	0：01

（4）干式变压器允许事故过负荷的时间见表 3 - 13。

表 3 - 13　　　　干式变压器允许事故过负荷的时间

过负荷倍数	1.2	1.3	1.4	1.5	1.6
允许持续时间（min）	60	45	32	18	5

（5）全天满负荷运行的变压器不宜过负荷，变压器过负荷运行前应投入全部风扇。

（6）在夏季根据变压器的典型负荷曲线，其最高负荷低于变压器的额定负荷时，则每降低 1% 可允许过负荷 1%，但以过负荷 15% 为限。

（7）变压器过负荷值对油浸自冷和油浸风冷变压器不应超过变压器额定容量的 30%。

（8）变压器经过事故过负荷以后，应将事故过负荷的大小和持续时间记入该变压器技术档案内。

3. 变压器冷却装置的运行方式及有关规定

（1）油浸式变压器在冷却风扇停止运行时允许的负荷，应遵守制造厂的规定。当上层油温不超过 55℃ 时，则可不开风扇在额定负荷下运行。

（2）油浸风冷式变压器当冷却系统发生故障，切除全部风扇时，变压器允许带额定负荷运行的时间应遵守制造厂的规定。若制造厂无特别规定时，可参照表 3 - 14 的规定执行。

表 3 - 14　　　油浸风冷式变压器冷却系统故障允许带额定负荷运行时间

环境温度（℃）	−10	0	+10	+20	+30	+40
允许运行时间（h）	35	15	8	4	2	1

（3）干式变压器配有智能型温度控制器，具有温度自动控制风机启、停，超温报警，超高温自动跳闸等功能。风机自控温度设置可通过面板的按键设置。

任务评价

登录 600t/d 垃圾焚烧炉发电机组系统仿真平台，严格按照变压器巡检规范的技能要求进行练习。

根据工作任务的完成情况和技术标准规范，仿真系统会自动逐项评价并给出完成任务情况的评价结果，依据评价结果，可以确定练习者的技能水平和改进的要求。仿真系统无法实现的技能要能按操作规范准确描述。

要求练习者最终练习要达到 90 分（满分按 100 分）以上水平。

工作任务五 升 压 站 巡 检

发电厂电气主接线是发电厂电气部分的主体，是由一次设备按一定要求和顺序连接起来的电路，它反映各设备的作用、连接方式和回路的相互关系。电气主接线的连接方式不同，将影响配电装置的布置、供电可靠性、运行灵活性、二次接线和继电保护等，直接影响运行的可靠性、灵活性。

任务目标

（1）了解电气主接线形式及设备组成，掌握各设备巡回检查参数及检查方法。
（2）掌握机组电气主接线系统流程及运行方式。
（3）能利用仿真系统进行升压站设备及系统启动前的检查。
（4）能利用仿真系统对升压站设备及系统进行运行中的巡检，使系统各设备运行参数在规定值。

任务描述

升压站包括 GIS 系统（断路器、母线隔离开关、接地开关、出线隔离开关和两侧接地开关以及出线端头等封闭在一个气室内）组合电器的检查，每班应定期按时对系统设备进行巡检，及时发现设备缺陷，保证机组运行的可靠性和灵活性。

任务实施

登录填图软件及 600t/d 垃圾焚烧炉发电机组 3D 仿真平台，严格按规范巡检程序完成升压站电器的巡检工作。升压站组合电器的检查项目如下。

一、例行巡检
（1）设备出厂铭牌齐全、清晰。
（2）运行编号标识、相序标识清晰。
（3）外壳无锈蚀、损坏，漆膜无局部颜色加深或烧焦、起皮现象。

（4）伸缩节外观完好，无破损、变形、锈蚀。

（5）外壳间导流排外观完好，金属表面无锈蚀，连接无松动。

（6）盆式绝缘子分类标示清楚，可有效分辨通盆和隔盆，外观无损伤、裂纹。

（7）套管表面清洁，无开裂、放电痕迹及其他异常现象；金属法兰与瓷件胶装部位粘合应牢固，防水胶应完好。

（8）增爬措施（伞裙、防污涂料）完好。伞裙应无塌陷变形，表面无击穿，粘接界面牢固；防污闪涂料涂层无剥离、破损。

（9）均压环外观完好，无锈蚀、变形、破损、倾斜脱落等现象。

（10）引线无散股、断股；引线连接部位接触良好，无裂纹、发热变色、变形。

（11）设备基础应无下沉、倾斜，无破损、开裂。

（12）接地连接无锈蚀、松动、开断，无油漆剥落，接地螺栓压接良好。

（13）支架无锈蚀、松动或变形。

（14）对室内组合电器，进门前检查氧量仪和气体泄漏报警仪无异常。

（15）运行中组合电器无异味，重点检查机构箱中有无线圈烧焦气味。

（16）运行中组合电器无异常放电、振动声，内部及管路无异常声响。

（17）SF_6气体压力表或密度继电器外观完好，编号标识清晰完整，二次电缆无脱落，无破损或渗漏油，防雨罩完好。

（18）对于不带温度补偿的 SF_6 气体压力表或密度继电器，应对照制造厂提供的温度－压力曲线，并与相同环境温度下的历史数据进行比较，分析是否存在异常。

（19）压力释放装置（防爆膜）外观完好，无锈蚀变形，防护罩无异常，其释放出口无积水（冰）、无障碍物。

（20）开关设备机构油位计和压力表指示正常，无明显漏气漏油。

（21）断路器、隔离开关、接地开关等位置指示正确，清晰可见，机械指示与电气指示一致，符合现场运行方式。

（22）断路器、油泵动作计数器指示值正常。

（23）机构箱、汇控柜等的防护门密封良好，平整，无变形、锈蚀。

（24）带电显示装置指示正常，清晰可见。

（25）各类配管及阀门应无损伤、变形、锈蚀，阀门开闭正确，管路法兰与支架完好。

（26）避雷器的动作计数器指示值正常，泄漏电流指示值正常。

（27）各部件的运行监控信号、灯光指示、运行信息显示等均应正常。

（28）智能柜散热冷却装置运行正常；智能终端/合并单元信号指示正确与设备运行方式一致，无异常告警信息；相应间隔内各气室的运行及告警信息显示正确。

（29）对集中供气系统，应检查以下项目：

1）气压表压力正常，各接头、管路、阀门无漏气；

2）各管道阀门开闭位置正确；

3）空压机运转正常，机油无渗漏，无乳化现象。

（30）在线监测装置外观良好，电源指示灯正常，应保持良好运行状态。

（31）组合电器室的门窗、照明设备应完好，房屋无渗漏水，室内通风良好。

（32）本体及支架无异物，运行环境良好。

（33）有缺陷的设备，检查缺陷、异常有无发展。

（34）变电站现场运行专用规程中根据组合电器的结构特点补充检查的其他项目。

二、全面巡检

（1）机构箱门平整，开启灵活，关闭紧密。

（2）汇控柜及二次回路的检查项目。

1）箱门应开启灵活，关闭严密，密封条良好，箱内无水迹。

2）箱体接地良好。

3）箱体透气口滤网完好、无破损。

4）箱内无遗留工具等异物。

5）接触器、继电器、辅助开关、限位开关、空气开关、切换开关等二次元件接触良好、位置正确，电阻、电容等元件无损坏，中文名称标识正确、齐全。

6）二次接线压接良好，无过热、变色、松动，接线端子无锈蚀，电缆备用芯绝缘护套完好。

7）二次电缆绝缘层无变色、老化或损坏，电缆标牌齐全。

8）电缆孔洞封堵严密牢固，无漏光、漏风，裂缝和脱漏现象，表面光洁平整。

9）汇控柜保温措施完好，温湿度控制器及加热器回路运行正常，无凝露，加热器位置应远离二次电缆。

10）照明装置正常。

11）指示灯、光字牌指示正常。

12）光纤完好，端子清洁，无灰尘。

13）连接片投退正确。

14）防误闭锁装置完好。

15）记录避雷器动作次数、泄漏电流指示值。

三、熄灯巡检

（1）设备无异常声响。

（2）引线连接部位、线夹无放电、发红迹象，无异常电晕。

（3）套管等部件无闪络、放电。

四、特殊巡检

（1）严寒季节时，检查设备 SF_6 气体压力有无过低，管道有无冻裂，加热保温装置是否正确投入。

（2）气温骤变时，检查加热器投运情况，压力表计变化、液压机构设备有无渗漏油等情况；检查本体有无异常位移、伸缩节有无异常。

（3）大风、雷雨、冰雹天气过后，检查导引线位移、金具固定情况及有无断股迹象，设备上有无杂物，套管有无放电痕迹及破裂现象。

（4）浓雾、重度雾霾、小雨天气时，检查套管有无表面闪络和放电，各接头部位在小雨中出现水蒸气上升现象时，应进行红外测温。

（5）冰雪天气时，检查设备积雪、覆冰厚度情况，及时清除外绝缘上形成的冰柱。

（6）高温天气时，增加巡视次数，监视设备温度，检查引线接头有无过热现象，设备有无异常声音。

五、故障跳闸后的巡检

（1）检查现场一次设备（特别是保护范围内设备）外观，导引线有无断股等情况。

（2）检查保护装置的动作情况。

（3）检查断路器运行状态（位置、压力、油位）。

（4）检查各气室压力。

相关知识

一、电气主接线接线形式

电气主接线可分为有母线和无母线两种形式。有母线的电气主接线有单母线接线、单母线分段接线、双母线接线。无母线的电气主接线有桥形接线、角形接线和单元接线。

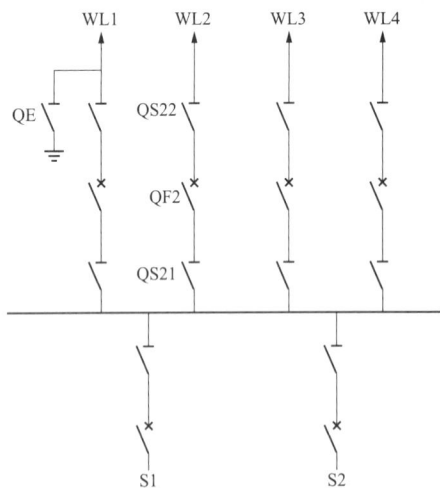

图 3-11　单母线接线

1. 单母线接线

图 3-11 所示为单母线接线，其供电电源在发电厂是发电机或变压器，在变电站是变压器或高压进线回路。母线既可保证电源并列工作，又能使任一条出线都可以从任一个电源获得电能。各出线回路输送功率不一定相等，应尽可能使负荷均衡地分配于各出线上，以减少功率在母线上的传输。

单母线接线的优点：接线简单，操作方便、设备少、经济性好，并且母线便于向两端延伸，扩建方便。

单接母线缺点如下：

（1）可靠性差。母线或母线隔离开关检修或故障时，所有回路都要停止工作。

（2）调度不方便，电源只能并列运行，不能分列运行，并且线路侧发生短路时，有较大的短路电流。

2. 单母线分段接线

单母线分段接线如图 3-12 所示。

单母线用分段断路器 QFD 进行分段，可以提高供电可靠性和灵活性；对重要用户可以从不同段引出两回馈电线路，由两个电源供电；当一段母线发生故障时，分段断路器自动将故障段隔离，保证正常段母线不间断供电，不使重要用户停电；两段母线同时故障的概率甚小，可以不予考虑。在可靠性要求不高时，也可用隔离开关分段。任一段母线故障时，将造成两段母线同时停电，在判别故障后，拉开分段隔离开关，完好段即可恢复供电。

单母线分段的数目取决于电源数量和容量。段数分得越多，故障时停电范围就越小，但使用断路器的数量也越多，且配电装置和运行也越复杂，故通常以两三段为宜。这种接线广泛用于中、小容量发电厂和变电站的 6～10kV 接线中。但是，由于这种接线对重要负荷必须采用两条出线供电，大大增加了

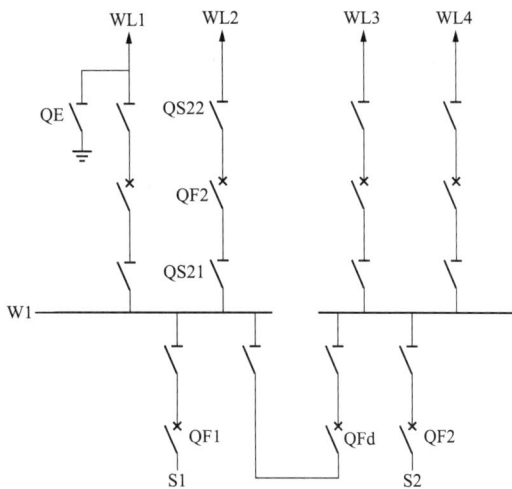

图 3-12　单母线分段接线

出线数目，使整个母线系统的可靠性受到限制，所以在重要负荷的出线回路较多、供电容量较大时，一般不予采用。

3. 双母线接线

双母线接线有两组母线，并且可以互为备用。每一电源和出线的回路，都装有一台断路器，有两组母线隔离开关，可分别与两组母线连接。两组母线之间的联络，通过母线联络断路器（简称母联断路器）QFC 来实现。图 3-13 所示为双母线接线，有两组母线后，使运行的可靠性和灵活性大为提高。

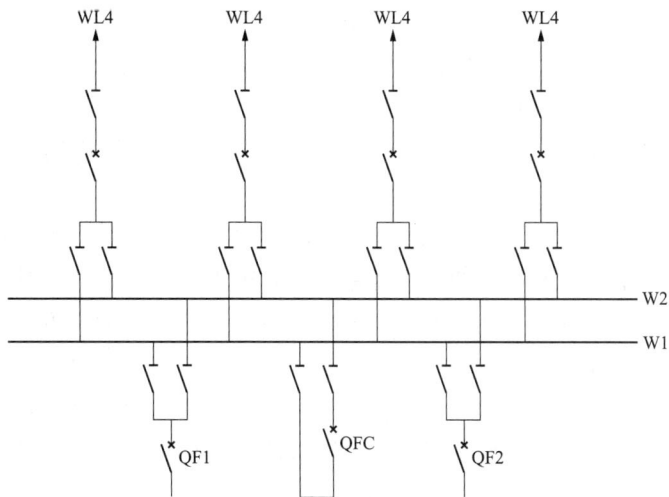

图 3-13　双母线接线

双母线接线特点：供电可靠，调度灵活，扩建方便。由于双母线接线有较高的可靠性，广泛用于：出线带电抗器的 6～10kV 配电装置；35～60kV 出线数超过 8 回，或连接电源较大、负荷较大时；110～220kV 出线数为 5 回及以上时。

4. 单元接线

单元接线是无母线接线中最简单的形式，也是所有主接线基本形式中最简单的一种。

如图 3-14（a）所示为发电机-双绕组变压器单元接线，是大型机组广为采用的接线形式。发电机出口不装断路器，为调试发电机方便可装隔离开关，对 200MW 以上机组，发电机出口采用分相封闭母线，为了减少开断点，也可不装断路器，但应留有可拆点，以利于机组调试。这种单元接线，避免了由于额定电流或短路电流过大，使得选择出口断路器时，收到制造条件或价格高等原因造成的困难。

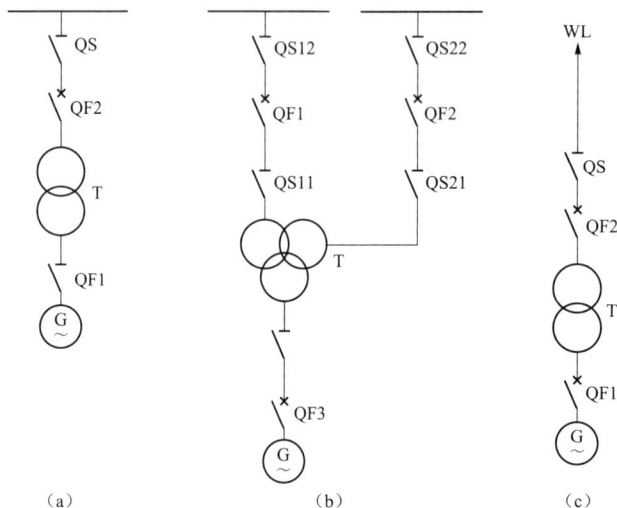

图 3-14　单元接线

单元接线简单，开关设备少，操作简单，以及因不设发电机电压级母线，而在发电机和变压器之间采用封闭母线，使得在发电机和变压器低压侧短路的概率和短路电流相对于具有发电机电压级母线时，有所减少。

发电机-双绕组变压器单元接线方式在大型机组中得到广泛应用，然而运行经验表明它存在如下技术问题：

（1）当主变或厂总变压器发生故障时，除了跳主变高压侧出口断路器外，还需跳发电机灭磁开关。由于大型发电机的时间常数较大，因而即使灭磁开关跳开后，一段时间内通过发变组的故障电流仍很大；若灭磁开关拒跳，则后果更为严重。

（2）发电机定子绕组本身故障时，若变压器高压侧断路器失灵拒跳，则只能通过失灵保护出口启动母差保护或发远方跳闸信号使线路对侧断路器跳闸；若因通道原因远方跳闸信号失效，则只能由对侧后备保护来切除故障，这样故障切除时间大大延长，会造成发电机、主变严重损坏。

（3）发电机故障跳闸时，将失去厂用工作电源，而这种情况下备用电源的快速切换极有可能不成功，因而机组面临厂用电中断的威胁。

图 3-14（b）所示为发电机-三绕组变压器（自耦变压器类同）单元接线。为了在发电机停止工作时，还能保持和中压电网之间的联系，在变压器的三侧均应装断路器。

图 3-14（c）所示为发电机-变压器-线路单元接线，适宜于一机、一变、一线的厂、

站。此接线最简单，设备最少，不需要高压配电装置。

图 3-15（a）所示为发电机-双绕组变压器扩大单元接线。当发电机单机容量不大，且在系统备用容量允许时，为了减少变压器台数和高压侧断路器数目，并节省配电装置占地面积，将 2 台发电机与 1 台变压器相连接，组成扩大单元接线。图 3-15（b）所示为发电机-分裂绕组变压器扩大单元接线。通常，单机容量仅为系统容量的 1%～2% 或更小，而电厂的升高电压等级又较高，如 50MW 机组接入 220kV 系统、100MW 机组接入 330kV 系雾 200MW 机组接入 500kV 系统，可采用扩大单元接线。

二、中性点接地方式

我国电力系统目前采用的中性点运行方式主要有三种：中性点不接地、经消弧线圈接地（小电流接地系统）和中性点直接接地（大电流接地系统）。前两种运行由于发生单相接地故障时流经接地点的接地电流小，称为小电流接地系统；后一种由于发生单相接地时流过接地点的单相短路电流很大，称为大电流接地系统。

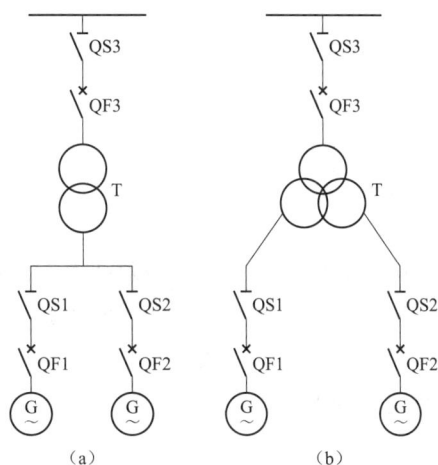

(a)　(b)

图 3-15　扩大单元接线

（一）中性点不接地系统

在中性点不接地系统中，当系统中发生一相接地时，系统的运行并未破坏，也不影响用户用电。这是因为既不构成短路，系统三相间的对称状态也未改变。另外，当系统一相接地时，其他两相的对地电压将升高 $\sqrt{3}$ 倍，即为线电压。

（1）中性点不接地系统的特点。①在中性点不接地系统中，发生单相接地故障时，由于线电压不变，线路可继续运行，提高了供电的可靠性。但为了防止由于接地点的电弧及其产生的过电压，使系统由单相接地故障发展成为多相接地故障，引起事故扩大，继续运行时间不得超过 2h，并且加强监视，在系统中必须装设交流绝缘监察装置。当系统发生单相接地故障时，监察装置立即发出信号，通知值班人员及时进行处理。②由于非故障相对地电压可升高到线电压，所以在中性点不接地系统中，电气设备和输电线路的对地绝缘必须按线电压考虑，从而增加了投资。③中性点不接地系统由于不具备零序电流的流经途径，不会产生零序电流，所以对邻近通信线路的干扰小。

（2）中性点不接地系统的适用范围。35kV 及以下系统中，导体对地绝缘按线电压设计，相对于按相电压设计绝缘的投资增加不多，而供电可靠性较高的优点又比较突出，所以采用中性点不接地的运行方式比较合适。又考虑到发生单相接地时接地电流的存在，接地电流太大会产生一定的危害，但是当接地电流限制在下述范围内时电弧会自行熄灭。因此，目前我国中性点不接地系统的适用范围：①额定电压在 500V 以下的三相三线制系统；②额定电压 3～10kV 系统，节点电流不大于 30A；③额定电压 20～60kV 系统，节点电流不大于 10A；④与发电机有直接电气联系的 3～20kV 系统，如果要求发电机需带内部单相接地故障运行，接地电流小于或等于其允许值，具体值见表3－15。

表 3－15　　　　　　　　　　　发电机接地电流允许值

发电机额定电压（kV）	发电机额定容量（MW）	接地电流允许值（A）
3	≤50	4
10.5	50～100	3
13.8～15.75	150～200	2
18～20	300	1

（二）中性点经消弧圈接地系统

在中性点不接地系统中，单相接地电容电流超过上节所述的规定数值时，电弧将不能自行熄灭。为了减小接地点的单相接地电流，一般使变压器中性点经消弧线圈后再与大地连接。

（1）中性点经消弧线圈接地系统特点。①中性点经消弧线圈接地的系统在正常工作时，中性点的电位为零，消弧线圈两端没有电压，所以没有电流通过消弧线圈。当某一相发生金属性接地时，消弧线圈中就会有电感电流流过，补偿了单相接地电流，如果适当选择消弧线圈的匝数，就使消弧线圈的电感电流和接地的对地电容电流大致相等，就可使流过接地故障电流变得很小，从而减轻电弧的危害。②中性点经消弧线圈接地的系统，如图3－16所示。当发生一相完全接地时，其电压的变化和中性点不接地系统完全一样，故障相对地的电压变为零，非故障相对地电压值升高到$\sqrt{3}$倍，各相对地的绝缘水平是按照线电压设计的，因为线电压没有变化，不影响用户的工作，可以继续运行2h，值班人员应尽快查找故障并且加以消除。③消弧线圈的补偿方式。在单相接地故障时，根据消弧线圈产生的电感电流对容性的接地故障电流补偿的程度，可分为完全补偿、欠补偿和过补偿三种补偿方式。

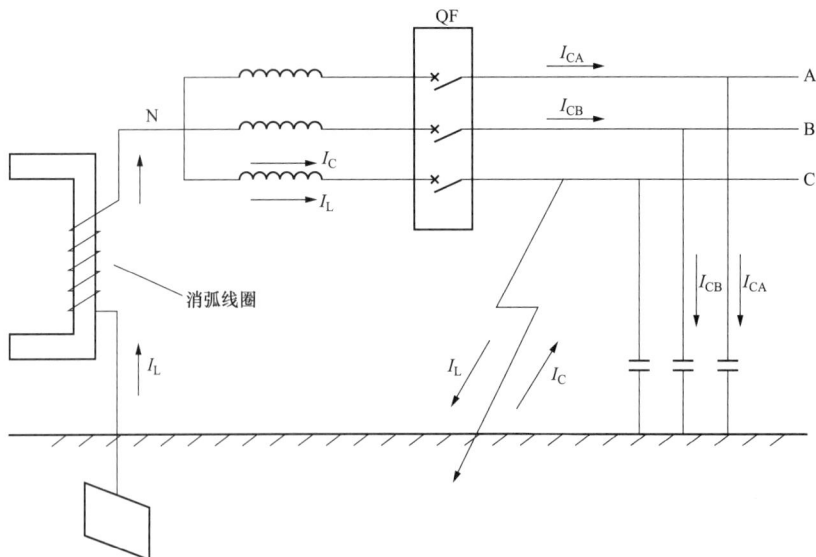

图 3－16　中性点经消弧圈接地系统

（2）中性点经消弧线圈接地系统适用范围。中性点经消弧线圈接地与中性点不接地系统一样，在发生单相接地故障时，线电压不变，可继续供电 2h，提高供电的可靠性。系统中的电气设备和输电线路的对地绝缘按能承受线电压的标准进行设计。由于消弧线圈能够有效地减少接地点的电流，使接地点电弧迅速熄灭，防止间歇电弧的产生，所以这种接地方式广泛地应用在额定电压为 3～60kV 的系统中。综合我国实际情况，采用中性点经消弧线圈接地方式运行的系统包括：①额定电压为 3～10kV、接地电流大于 30A 的系统。②额定电压为 3～10kV、直接接有发电机、高压电动机，接地电流大于上述允许值的系统。③额定电压为 35～60kV、接地电流大于 10A 的系统。④额定电压为 110～154kV 系统，如处在雷电活动较强的山岳丘陵地区，其接地电阻不易降低，为减少因雷击等单相接地事故造成频繁跳闸的次数，提高供电可靠性，也可采用中性点经消弧线圈接地方式运行。

（三）中性点直接接地系统

随着电力系统输电电压的增高，采用中性点不接地或经消弧线圈接地的运行方式时，由于各相对地绝缘按线电压考虑，绝缘上的投资大大增加。当发生单相接地出现间歇性电弧时，系统中会出现 2.5～3 倍相电压大小的过电压，危及整个系统的绝缘。因此，中性点不接地或经消弧线圈接地的运行方式已不能满足电力系统安全、经济运行的要求，此时可采用另一种中性点运行方式—中性点直接接地。中性点直接接地的三相系统如图 3-17 所示。

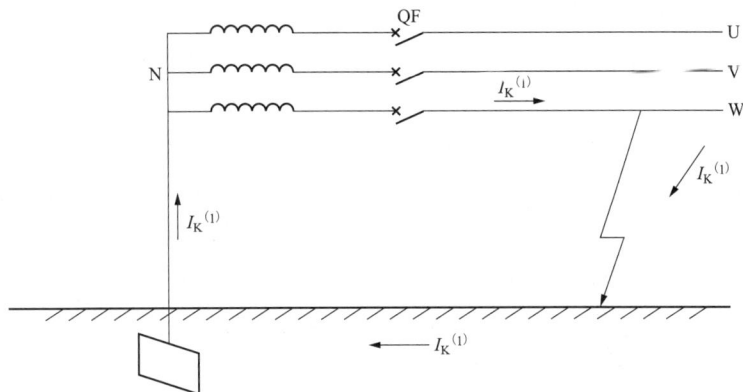

图 3-17 中性点直接接地的三相系统

正常运行时，三相系统对称，中性点没有电流流过。中性点直接接地时，接地电阻近似为零，中性点与地等电位，即 $U_N=0$。发生单相接地故障时，故障相对地电压为零，非故障相对地电压基本保持不变，仍为相电压。由于单相接地时，接地相直接经过地对电源构成单相短接回路，这种故障称为单相接地短路，流过接地点的电流为单相接地短路电流。由于短路电流很大，继电保护装置应立即动作于断路器跳闸，迅速切除故障部分，防止短路电流造成更大危害。

中性点直接接地系统具有以下特点：①发生单相接地短路时，中性点的电位近似等于零，非故障相的对地电压接近于相电压，系统中电气设备和输电线路的对地绝缘按承受相电压设计，降低了造价。实践证明，中性点直接接地系统的绝缘投资比采用不接地时低 20% 左右。电压等级越高，节约投资的效益就越显著。因此，目前我国中性点直接接地的运行方式广泛应用于 110kV 及以上系统。②发生单相短路时立即断开故障线路，中断对用户的供电，降低了供电的可靠性。为了克服这一缺点，目前在中性点直接接地的系统中，广泛装设自动重合闸装置。当单相接地短路时，继电保护装置将故障回路断路器迅速断开，短时间内，在自动重合闸装置作用下断路器自动合闸。如果单相接地故障是暂时性的，则线路接通后用户恢复供电；如果单相接地故障是永久性的，继电保护装置将再次断开断路器，自动重合闸装置不再动作。③单相接地短路时的短路电流很大，甚至可能超过三相短路电流的数值，因此必须选用较大容量的开关设备。由于单相接地电流很大，导致电网电压剧烈下降，严重时甚至可能破坏系统的稳定性。为了限制单相短路电流，通常只将系统中一部分变压器的中性点直接接地或经阻抗接地。④由于中性点直接接地系统发生接地短路时具备零序电流的流经途径，系统可能产生零序电流，从而产生零序磁通，对附近的通信线路产生电磁干扰。因此，电力线路必须远离信号源及通信线路，在一定距离内避免电力线路与通信线路平行架设。

（四）中性点经电阻接地系统

中性点经电阻接地方式包括大电阻和小电阻两种接地形式。

1. 大电阻接地

单从降低电弧过电压的角度来看，只要接地电阻 R_e 满足 $R_e \leqslant 1/(\omega C)$（$C$ 是系统的每相对地分布电容）就可以了。

电弧接地时，在电弧点燃熄灭过程中，系统积累多余的电荷，使振荡过程加剧，从而产生很高的过电压。若能使这些电荷在从电弧熄灭到重燃前的半个工频周期内通过中性点接地电阻泄漏掉，电弧过电压就能降低。研究表明，当 $R_e \geqslant 10/(3\omega C)$ 时，电弧接地引起的瞬态过程与中性点不接地系统没有多大区别。而当 $R_e \leqslant 1/(\omega C)$ 时，过电压就小得多了。这是因为，线路对地电容上的积累电荷以时间常数 $T = 3R_eC = 3/\omega = 3/(2\pi f)$ 按指数规律经中性点接地电阻 R_e 泄放，在半个工频周期内，线路电容上的积累电荷将由 100% 降至 $e^{-\pi/3} = 35\%$，即线路积累电荷约 2/3 已在半个工频周期内泄漏掉了，因而不会产生很高的振荡过电压。

在规模不大的架空线路系统中采用大电阻接地，接地电流不大，仍未破坏接地电弧自行熄灭的条件。因此，中性点经大电阻接地系统既可以保持不接地系统发生单相接地故障时仍能维持短时供电的优点，同时又解决了不接地系统存在的电弧接地过电压的问题。这种中性点经大电阻接地的方式适用于接地故障电流小于 10A 的系统。垃圾焚烧电厂发电机中性点采用经大电阻接地系统。

2. 小电阻接地

为了保证继电保护的快递选择性要求，就必须降低中性点接地电阻值以增加单相接地故障的短路电流。但电流越大，中性点接地电阻的功率也越大，设备很笨重，同时电流太大，又将有与直接接地方式类似的缺点。根据运行经验，一般按单相接地故障电流控制在 100～1000A 水平选择小电阻接地的电阻值，再低时采用经电抗接地将更有效。

也有些国家选择将单相接地故障电流控制在变压器额定电流的水平。

这种中性点经小电阻接地方式既可以消除电弧接地过电压，又可避免不接地系统中经常出现的由电磁式电压互感器引起的铁磁谐振现象。当系统规模较大，特别是要求迅速切除故障线路时，可采用这种接地方式。

三、垃圾焚烧电厂电气主接线及运行方式

1. 电气主接线

升压站母线为室内 110kV 单母线形式，110kV 系统中性点采用直接接地方式，电气主接线如图 3-18 所示。

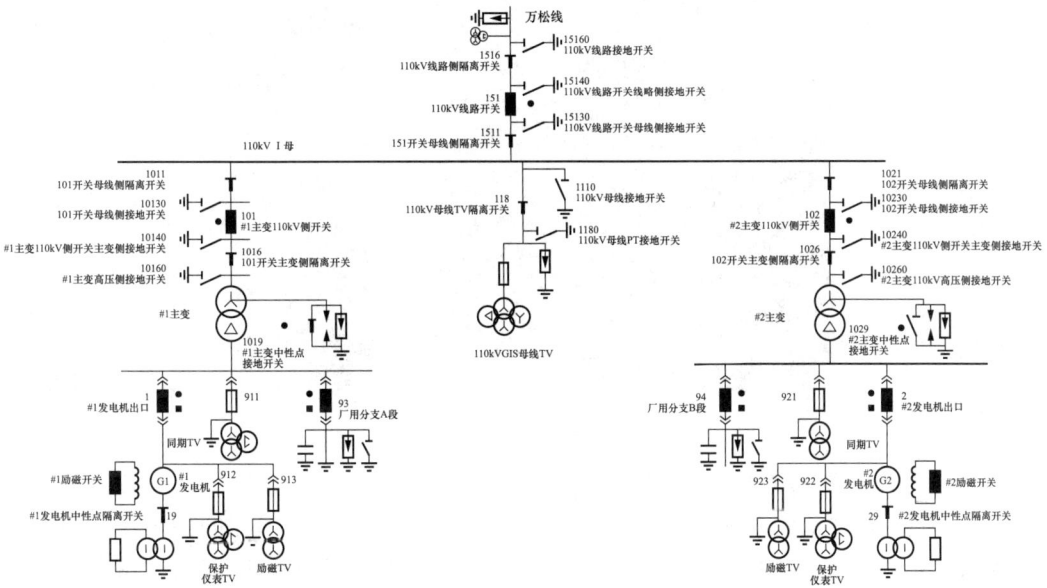

图 3-18 垃圾焚烧电厂电气主接线图

2. 运行方式

（1）10kV 厂用电主接线方式为单母线（即 A 段、B 段发电机出口母线）分段。10kV 母线 A 段、母线 B 段分开独立运行，母线 0 段接保安电源，母联 91200 开关在断开位置。

（2）当母线 A 段、B 段发电机同时运行时，10kV 母联 91200 开关在断开位置，低压闭锁投入，母线间通过母联 91200 开关作联动备用（当故障造成一段失电后合母联）。

（3）当某一台发电机停运，则切断该发电机主变运行，相应 10kV 厂用电通过 10kV 母联 91200 开关供电。

（4）两台发电机停运，厂用电由外网经主变倒送。

（5）10kV 母线电压应经常维持在 10.5kV，电压允许偏差为±5%，当电压偏差超过±5%时，通过调整发电机出口电压维持在允许范围内，或通过调整主变高压侧调压挡位进行调整，必要时申请省调或地调要求调整。

四、GIS 系统

GIS（Gas Insulated Switchgear）是气体隔离开关站的简称。气体一般指的是六氟化硫（SF_6），它是一座变电站中除变压器以外的一次设备，如图 3-19 所示。它包括断路器、隔离开关、接地开关、电压互感器、电流互感器、避雷器、母线、电缆终端、进出线套管等，经优化设计有机地组合成一个整体，容器内充满 SF_6 气体以作绝缘。这种开关的具有体积小、占地空间小，绝缘可靠且不用考虑大气的影响等优点。

图 3-19　GIS 开关现场

（一）GIS 控制的要求

（1）具备电气连锁功能。为了防止误操作，GIS 配电装置设备之间的操作闭锁与连锁由 GIS 的防止误操作的连锁回路来实现（即由硬接线来闭锁）。断路器、隔离开关和接地开关间的连锁通过电气或 机械方式执行。电气连锁通过就地控制柜实现，其电源是独立的。

（2）所有设备操作都建立闭锁条件，包括电气、机械，并可对汇控柜就地或发电厂网络微机监控系统远方的操作实现闭锁。当某种操作会危及断路器的安全时，对其操作予以闭锁。跳闸闭锁可防止断路器在不允许跳闸的情况下进行跳闸操作。合闸闭锁能防止断路器在不能安全地进行一个完整的合分或自由脱扣操作时进行合闸操作。

（3）GIS 各种信号（如 SF_6 气压异常、气压降低、弹簧未储能等）、断路器、隔离开关、接地开关、就地/远方选择开关位置信号，以上信息量均以硬接点方式实现遥信。

（4）GIS 的低气压、装置异常闭锁功能：①当 SF_6 气体密度降至接近最小运行密度时发出信号。②当断路器操作压力降至闭锁压力或 SF_6 气体密度降至最小运行密度时，断路器闭锁或强制开断。③SF_6 气体压力降低、异常（弹簧机构弹簧未储能）时闭锁跳或合闸回路，并具有跳合闸保持功能。

（二）GIS 开关设备组成

机组 110kV 系统 SF_6 开关采用 GIS 系统，断路器、母线隔离开关、接地开关、出线隔离开关和两侧接地开关以及出线端头等封闭在一个气室内，具体结构如图 3-20 所示。

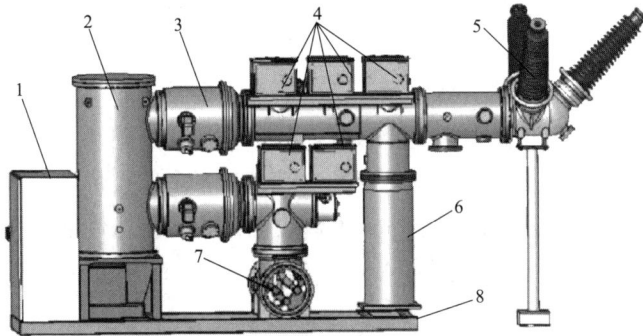

图 3-20 GIS 结构
1—汇控柜；2—断路器；3—电流互感器；4—接地/隔离开关及传动机构
5—出线套管；6—避雷器；7—主母线；8—整体底座

1. 断路器

断路器采用立式结构，由三极单断口自能式灭弧室组成，配用轻型弹簧操作结构。每极灭弧室分别由绝缘筒隔开，有效避免开断短路过程中引起的相间短路。三极灭弧室的动触头，压气缸通过绝缘拉杆和传动拐臂等机械方式，与置于断路器顶部弹簧操作机构相连接。

2. 三工位开关

隔离开关和接地开关组合的三工位开关，它将隔离开关和接地开关的功能综合在一起，它们共用一个动触头。配用三工位操作机构，既能够进行电动操作又可以通过手动来操作。只有三工位开关的隔离开关在分闸位置时，三工位开关的接地开关才能进行合闸或分闸操作。同样，只有三工位开关的接地开关在分闸位置时，三工位开关的隔离开关才能进行合闸或分闸操作。

三工位开关的电动机操作机构有两个电机驱动，隔离开关和接地开关各有一个电机驱动，通过齿轮等传动元件将电机的驱动力传递到共用的输出轴，从而实现开关的三工位操作。该机构具有连锁功能，只有隔离开关在分闸位置时，接地开关才能进行操作。同样，接地开关在分闸位置时，隔离开关才能进行合闸或分闸操作。

GIS 装置设有三相断口观察窗，立体式位置指示器，方便不同角度巡视。

3. 电流互感器

电流互感器为贯穿式结构，一次回路导体穿过二次线圈的环形铁芯，封闭于充有 0.5MPa 六氟化硫气体的罐体内。

4. 电压互感器

电压互感器为电磁式结构，分三相共箱式和单相式两种。电压互感器的铁芯和绕组被密封在充有 0.5MPa 六氟化硫气体的罐体内。

5. 避雷器

避雷器为金属氧化锌避雷器，三相密封在一个充有 0.5MPa SF_6 气体的接地罐体中。

工作原理如下：当电力系统发生雷电冲击或操作过电压时，避雷器中氧化锌非线性电阻片导通释放过电压能量，并将残余电压的幅值限制在被保护的电气设备绝缘能力允许范围内，并留有一定的安全裕度。此后，氧化锌避雷器又恢复高阻抗状态，使电力系统恢复正常工作。

五、电流互感器与电压互感器

互感器是一种用于测量的小容量变压器，容量从几伏安到几百伏安。有电流互感器和电压互感器两种。采用互感器测量的目的，一是为了工作人员和仪表的安全，将测量回路与高压电网隔离；二是可以用小量程电流表测量大电流，用低量程电压表测量高电压。电流互感器二次侧额定电流为 5A 或 1A，电压互感器额定电压为 100V 或 $100/\sqrt{3}$ V。

1. 电流互感器

图 3-21 所示为电流互感器的接线图，它的一次侧绕组由 1 匝或几匝截面较大的导线构成，串联在需要测量电流的电路中；二次侧匝数较多，导线截面较小，并与负载（阻抗很小的仪表）接成闭合回路，因此电流互感器正常运行时相当于变压器短路，其等效电路如图 3-22 所示。

2. 电压互感器

图 3-23 所示为电压互感器的接线图，一次侧直接并联在被测高压两端，二次侧接电压表、电压传感器等。由于这些负载都是高阻抗的，所以电压互感器运行时相当于变压器的空载运行。

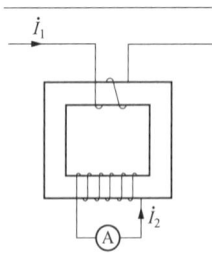

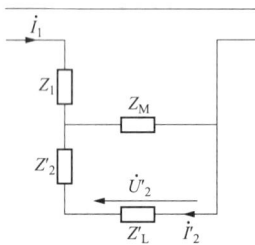

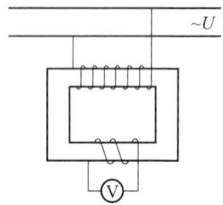

图 3-21　电流互感器的接线图　　图 3-22　电流互感器的等效电路　　图 3-23　电压互感器接线图

💡 **任务评价**

登录 600t/d 垃圾焚烧炉发电机组系统仿真平台，严格按照升压站巡检规范的技能要求进行练习。

根据工作任务的完成情况和技术标准规范，仿真系统会自动逐项评价并给出完成任务情况的评价结果，依据评价结果，可以确定练习者的技能水平和改进的要求。仿真系统无法实现的技能要能按操作规范准确描述。

要求练习者最终练习要达到 90 分（满分按 100 分）以上水平。

工作任务六　厂用电系统巡检

发电厂在启动、运转、停役、检修过程中，有大量以电动机拖动的机械设备，用以保证机组的主要设备和输煤、碎煤、除灰、除尘及水处理等辅助设备的正常运行。这些电动机以及全厂的运行、操作、试验、检修、照明等用电设备都属于厂用负荷，总的耗电量，统称为厂用电，这种电厂自用的供电系统称为厂用电系统。

任务目标

（1）了解厂用电系统作用及设备组成，掌握厂用电系统各设备巡回检查参数及检查方法。

（2）掌握厂用电系统流程。

（3）能利用仿真系统进行厂用电系统倒闸操作。

（4）能利用仿真系统对厂用电系统进行运行中的巡检，使系统各设备运行参数在规定值。

任务描述

厂用电系统巡检工作包括厂用电系统倒闸操作和系统运行中的巡视两方面。厂用电系统巡视包括开关、接触器、母线、TV、TA 的检查，每班应定期按时对系统设备进行巡检，及时发现设备缺陷，使系统各设备运行参数在规定值。

任务实施

登录填图软件及 600t/d 垃圾焚烧炉发电机组 3D 仿真平台，严格按规范巡检程序完成厂用电系统倒闸操作及厂用电系统日常巡检工作。

一、厂用电系统日常巡检项目

1. 10kV 真空开关

（1）开关分合位置指示是否正确，其指示应与当时实际运行工况相符。

（2）支持绝缘子有无裂痕、损伤，表面是否光洁。

（3）真空灭弧室有无异常（包括有无异常声响），如果是玻璃外壳可观察屏蔽罩的颜色有无明显变化。

（4）金属框架或底座有无严重锈蚀和变形。

（5）可观察部位的连接螺栓有无松动、轴销有无脱落或变形。

（6）接地是否良好。

（7）引线接触部位或示温蜡片的部位有无过热现象，引线弛度是否适中。

2. 380V 框架式开关

（1）保持柜内电器元件的干燥，清洁。

（2）运行中特别注意柜中的开断元件及母线等是否有温升过高或过烫、冒烟、异常

217

的音响及不应有的放电等不正常现象。如发现异常，应及时停电检查并排除故障，避免事故的扩大。

（3）定期检查各部位接线是否牢靠及所有紧固件有无松动现象。

（4）定期检查装置的保护接地系统是否安全可靠。

（5）经常检查按钮是否操作灵活，其接点接触是否良好。

（6）对于抽屉的一、二次插件是否插接可靠，抽屉式功能单元的抽出和插入是否灵活，有无卡住现象。

（7）操作时应注意，抽屉在推入小室以前，应使接触器，开关等处于分断状态，再将抽屉推到试验位置，插上二次接头，试验操作是否完好。试验后必须使开关断开，而后推入到工作位置。

（8）抽屉拉出时，应将接触器，开关等断开，将抽屉退到试验位置，拔下二次插头，再将抽屉拉出柜外。

（9）定期检查抽屉等部分的接地是否安全可靠。

3. 其他设备的巡检

（1）检查最高环境温度不超过 40℃，最大相对湿度不超过 90%。检查配电室无漏雨，积水，照明充足。

（2）检查接触器等设备运行状态与 DCS 指示一致。检查开关、接触器等设备的电压、电流不超过额定值。

（3）检查各接触器、母线、TV、TA 无振动和异声。

（4）检查配电装置各部位清洁，无放电闪络现象。

（5）检查共箱封闭母线各导电镀银接触面温度不超过 105℃，封母不超过 70℃。检查共箱封母外壳接地良好，无过热和放电现象。

（6）检查母线相间及相对地电压正常。

（7）每月对套管及其引线接头、隔离开关触头、电缆引线进行一次带电红外线测温，做好记录，发现异常及时通知检修人员处理。

二、开关倒闸操作

（一）10kV 真空开关倒闸操作

1. 由运行转检修操作步骤

（1）核对设备开关位置、名称及编号正确。

（2）断开设备开关。

（3）检查开关在分闸状态。

（4）将开关控制方式打"就地"。

（5）断开开关的控制、储能电源空开。

（6）将开关手车操作至"试验"位置。

（7）拔下开关二次插头。

（8）按要求退出保护连接片。

（9）按要求合上接地开关。

2. 由检修转热备用操作步骤

（1）核对设备开关位置、名称及编号正确。

（2）检查开关在分闸状态。

（3）确定开关在"试验"位置。

（4）检查接地刀闸确已分闸（或接地线已拆除）。

（5）检查保护连接片投入正确，装上开关二次插头。

（6）将开关操作至"工作"位置，检查开关一次触头接触良好。

（7）合上开关的控制、储能电源空开。

（8）检查开关储能良好、控制盘面灯光指示正确。

（9）将开关控制方式打"远方"。

（二）380V框架式开关倒闸操作

1. 由运行转检修操作步骤

（1）核对设备开关位置、名称及编号正确。

（2）断开设备开关。

（3）检查开关在分闸状态。

（4）将开关手车操作至"分离"位置。

（5）分开开关的控制、储能电源小开关。

（6）将开关控制方式打"就地"。

2. 由检修转热备用操作步骤

（1）核对设备开关位置、名称及编号正确。

（2）检查开关在分闸状态。

（3）确定开关在"分离"位置。

（4）检查保护投入正确。

（5）将开关操作至"连接"位置。

（6）合上开关的控制、储能电源小开关。

（7）检查开关储能良好、控制盘面灯光指示正确。

（8）将开关控制方式打"远方"位置。

⋀ 相关知识

一、厂用电负荷的分类

厂用电负荷，根据其用电设备在生产中的作用和突然中断供电所造成的危害程度，按其重要性可分为以下四类：

（1）Ⅰ类厂用负荷。凡是属于单元机组本身运行所必需的负荷，短时停电会造成主辅设备损坏、危及人身安全、主机停运及影响大量出力的负荷，都属于Ⅰ类负荷。如火电厂的给水泵、凝结水泵、循环水泵、引风机、送风机、给粉机等。通常，它们设有两套或多套相同的设备。这些负荷分别接到两个独立电源的母线上，并设有备用电源，当工作电源失去，备用电源就立即自动投入。

（2）Ⅱ类负荷。允许短时停电（几分钟至几个小时），恢复供电后，不致造成生产紊乱的厂用负荷，属于Ⅱ类厂用负荷。此类负荷一般属于公用性质负荷，不需要24h连续运行，而是间断性运行，如上煤、除灰、水处理系统等的负荷。一般它们也有备用电源，常用手动切换。

（3）Ⅲ类厂用负荷。较长时间停电，不会直接影响生产，仅造成生产上不方便者，都属于Ⅲ类厂用负荷。如修配车间、试验室、油处理室等负荷。通常由一个电源供电，在大型电厂中，也常采用两路电源供电。

（4）不停电负荷。不停电负荷指机组启动、运行到停机全过程中，以及停机后的一段时间内，需要进行连续供电的负荷。例如，实时控制用计算机、调度通信和远动通信设备等负荷。对不停电负荷，供电的备用电源首先要具备快速切换特性，其次要求正常运行时不停电电源与电网隔离，并且有恒频、恒压特性。

（5）事故保安负荷。在200MW及以上机组的大容量电厂中，自动化程度较高，要求在事故停机过程中及停机后的一段时间内，仍必须保证供电，否则可能引起主要设备损坏、重要的自动控制失灵或危及人身安全的负荷，称为事故保安负荷。按对电源要求的不同它又可分为直流保安负荷，如发电机的直流润滑油泵、事故氢密封油泵等；交流不停电保安负荷，如实时控制用的计算机；允许短时停电的交流保安负荷，如盘车电动机、交流润滑油泵、交流密封油泵、除灰用事故冲洗水泵、消防水泵等。为满足事故保安负荷的供电要求，对大容量机组应设置事故保安电源。通常，事故保安负荷是由蓄电池组、柴油发电机组、燃气轮机组或具有可靠的外部独立电源作为其备用电源。

二、厂用电系统运行方式

垃圾焚烧机组厂用电系统采用10kV和0.4kV两个电压等级。高压厂用电系统为10kV电压等级，（即1/2号发电机出口10kV母线A、B段和保安电源0段），正常时两段母线分列运行。另外10kV母线A段与保安电源通过母线联通。低压厂用电系统共十一段，备用段与A段和B段互为备用，C段与D段互为备用，E段与F段互为备用，G段与H段互为备用，渗滤液A段与渗滤液B段互为备用，分别由十一台不完全相同容量的10kV干式变压器接至10kV母线A、B、0段上。

高压电动机及厂用变压器直接接在10kV母线A、B段上。其中1号循环水泵电机、1/3号炉引风机电机、1/3号一次风机、1/3号厂变、1/3号锅炉变接10kV母线A段；2/3号循环水泵电机、2/4号炉引风机电机、2/4号一次风机、2/4号厂变、2/4号锅炉变接10kV B段。

1. 10kV厂用电系统正常运行方式

（1）10kV厂用电主接线方式为单母线（即1、2号发电机出口母线）分段。10kVⅠ、10kVⅡ段母线分开独立运行，母联91200开关在断开位置。

（2）当1、2号发电机同时运行时，10kV母联91200开关在断开位置，低压闭锁投入，母线间通过母联91200开关作联动备用（当故障造成一段失电后合母联）。

（3）当某一台发电机停运，则切断该发电机主变运行，相应10kV厂用电通过10kV母联91200开关供电。

（4）两台发电机停运，厂用电由外网经主变倒送。

（5）10kV 母线电压应经常维持在 10.5kV，电压允许偏差为 ±5%，当电压偏差超过 ±5% 时，通过调整发电机出口电压维持在允许范围内，或通过调整主变高压侧调压挡位进行调整，必要时申请省调或地调要求调整。

2. 380V 厂用电系统正常运行方式

380V 厂用电系统采用单母线制，八段工作段，一段备用段，名称为动力中心 A、B、C、D、E、F、G、H、保安电源段。正常运行时八台变压器分别各带自段厂用电，其中，AB 段，CD 段，EF 段，GH 段互为备用，保安电源处于热备用。

3. 380V 厂用电系统特殊运行方式

当 1 号公用厂用变检修时，由 2 号公用厂用变通过低压母联来供 1 号公用厂用变所带的负荷。注意：需将 1 号公用厂用变的高低压侧断路器断开并挂上标识牌。其他互为备用变的检修时同样采用这种方式运行。

三、快切装置

厂用电分为工作电源和备用电源两种。正常运行时，厂用负荷母线由工作电源供电，而备用电源处于热备用状态。

（一）快切装置要求

对于机组厂用电切换有如下要求：

（1）厂用电系统的所有设备（电动机、断路器等）不能因厂用电的切换而承受不允许的过载和冲击。

（2）在厂用电切换过程中，必须尽可能地保证机组的连续输出功率、机组控制的稳定和机炉的安全运行。

（二）快切装置分类

厂用电源的切换方式，除按操作控制分手动与自动外，还可按运行状态、断路器的动作顺序、切换的速度等进行区分。

1. 按运行状态区分

（1）正常切换。在正常运行时，由于运行的需要（如启、停机）厂用母线从一个电源切换到另一个电源，对切换速度没有特殊要求。

（2）事故切换。由于发生事故（包括单元接线中的厂用变、发电机、主变、汽轮机和锅炉等事故），厂用母线的工作电源被切除时，要求备用电源自动投入，以实现尽快安全切换。

2. 按断路器的动作顺序区分

（1）并联切换。在切换期间，工作电源和备用电源是短时并联运行的，它的优点是保证厂用电连续供电，缺点是并联期间短路容量大，增加了断路器的断流要求。但由于并联时间很短（一般在几秒内），发生事故的概率低，所以在正常的切换中被广泛采用。但应注意观察工作电源与备用电源之间的差拍电压和相角差。

（2）断电切换（串联切换）。其切换过程是，一个电源切除后，才允许投入另一个电源，一般是利用被切除电源断路器的辅助触点去接通备用电源断路器的合闸回路。因此厂用母线上出现一个断电时间，断电时间的长短与断路器的合闸速度有关。其优缺点与并联切换相反。

（3）同时切换。在切换时，切除一个电源和投入另一个电源的脉冲信号同时发出。由于断路器分闸时间和合闸时间的长短不同以及本身动作时间的分散性，在切换期间，一般有几个周波的断电时间，但也有可能出现 $1\sim2$ 频率周期两个电源并联的情况。所以在厂用母线故障及在母线供电的馈线回路故障时应闭锁切换装置，否则会因短路容量增大而有可能造成断路器爆炸的危险。

3. 按切换速度区分

（1）快速切换。一般是指，在厂用母线上的电动机反馈电压（即母线残压）与待投入电源电压的相角差还没有达到电动机允许承受的合闸冲击电流前合上备用电源。快速切换的断路器动作顺序可以是先断后合或同时进行，前者称为快速断电切换，后者称为快速同时切换。

（2）慢速切换。主要是指残压切换，即工作电源切除后，当母线残压下降到额定电压的 20%～40% 后合上备用电源。残压切换虽然能保证电动机所受的合闸冲击电流不致过大，但由于停电时间较长，对电动机自启动和机、炉运行工况产生不利影响。慢速切换通常作为快速切换的后备切换。

四、电气设备倒闸操作规定

（一）电气设备的状态

（1）运行状态。电气设备的相关一、二次回路全部接通带电，称为运行状态。

（2）热备用状态。电气设备的热备用状态是指其断路器断开、隔离开关合上时的状态，其特点是断路器一经操作就接通电源。

（3）冷备用状态。电气设备的冷备用状态是指回路中断路器和隔离开关全都断开时的状态。其显著特点是该设备与其他带电部分之间有明显的断开点。设备冷备用根据工作性质分为断路器冷备用与线路冷备用等。

（4）检修状态。电气设备的检修状态是指回路中断路器和隔离开关均已断开，待检修设备两侧装设了保护接地线（或合上了接地开关），装设了遮栏、悬挂了标示牌时的状态。

（二）倒闸操作一般规定

电气设备由一种状态转换到另一种状态，或改变电气一次系统运行方式所进行的一系列操作，称为倒闸操作。

倒闸操作是一项复杂而重要的工作，操作的正确与否，直接关系到操作人员的安全和设备的正常运行。如果发生误操作事故，后果是极其严重的，因此要求电气运行人员精心操作安全第一，严肃认真地对待每一个操作。

（三）倒闸操作的基本原则

倒闸操作过程中，发电误操作不仅会导致设备损坏、系统停电，甚至会发生人身伤亡事故，危害极大。电气倒闸操作应严格遵守电气"五防"，防止电气误操作，即防带负荷拉、合隔离开关；防带地线合闸；防带电挂接地线（或合接地刀闸）；防误分误合断路器；防误入带电间隔。

1. 停送电原则

（1）拉、合隔离开关及小车断路器停、送电时，必须检查并确认断路器在断开位置（倒母线除外，此时母联断路器必须合上）。

（2）严禁带负荷拉、合隔离开关，所装电气和机械防误闭锁装置不能随意退出。

（3）停电时，先断开断路器，拉开负荷侧隔离开关，最后拉开母线侧隔离开关。送电时先合上电源侧隔离开关，再合上负荷侧隔离开关，最后合上断路器。

（4）手动操作过程中，发现误拉隔离开关，不准把已拉开的隔离开关重新合上，只有用手动蜗轮传动的隔离开关，在动触头未离开静触头刀刃前，允许将误拉的隔离开关重新合上，不再操作。

（5）超高压线路送电时，必须先投入并联电抗器后再合线路断路器。

（6）线路停电前要先停用重合闸装置，送电后再投入。

2. 母线倒闸操作原则

（1）倒母线必须先合上母联断路器，并取下控制熔断器，以保证母线隔离开关在并、解列时满足等电位操作的要求。

（2）在母线隔离开关的合、拉过程中，如可能发生较大火花时，应依次先合靠母联断路器附近的母线隔离开关；拉闸的顺序则与其相反。尽量减小操作母线隔离开关时的电位差。

（3）拉母联断路器前，母联断路器的电流表应指示为零；母线隔离开关辅助触点、位置指示器应切换正常，以防"漏"倒设备，或从母线电压互感器二次侧反充电，引起事故。

（4）倒母线的过程中，母线差动保护的工作原理如不遭到破坏，一般均应投入运行，应考虑母线差动保护非选择性开关的拉、合及低电压闭锁母线差动保护连接片的切换。

（5）母联断路器因故不能使用，必须用母线隔离开关拉、合空载母线时，应先将该母线电压互感器二次侧断开（取下熔断器或低压断路器），防止运行母线的电压互感器熔断器熔断或低压断路器跳闸。

（6）母线停电后需做安全措施者，应验明母线无电压后，方可合上该母线的接地开关或装设接地线。

（7）向检修后或处于备用状态的母线充电，充电断路器有速断保护时，应优先使用；无速断保护时，其主保护必须可用。

（8）母线倒闸操作时，先给备用母线充电，检查两组母线电压相等，确认母联断路器已合好后，取下其控制熔断器，然后进行母线隔离开关的切换操作。母联断路器断开前，必须确认负荷已全部转移，母联断路器电流表指示为零，再断开母联断路器。

（9）其他注意事项如下：

1）严禁将检修中的设备或未正式投运设备的母线隔离开关合上。

2）禁止用分段断路器（串有电抗器）代替母联断路器进行充电或倒母线。

3）当拉开工作母线隔离开关后，若发现合上的备用母线隔离开关接触不好、放弧，应立即将拉开的开关再合上，查明原因。

4）停电母线的电压互感器所带的保护（如低电压、低频、阻抗保护等），如不能提前切换到运行母线的电压互感器上供电，则事先应将这些保护停用，并断开跳闸连接片。

3. 变压器的停、送电操作原则

（1）双绕组升压变压器停电时，应先拉开高压侧断路器，再拉开低压侧断路器，最后拉开两侧隔离开关。送电时的操作顺序与此相反。

（2）双绕组降压变压器停电时，应先拉开低压侧断路器，再拉开高压侧断路器，最后拉开两侧隔离开关。送电时的操作顺序与此相反。

（3）三绕组升压变压器停电时，应依次拉开高、中、低压三侧断路器，再拉开三侧隔离开关。送电时的操作顺序与此相反。

（4）三绕组降压变压器停、送电的操作顺序与三绕组升压变压器相反。变压器停电时，先拉开负荷侧断路器，后拉开电源侧断路器。送电时的操作顺序与此相反。

4. 消弧线圈操作原则

（1）消弧线圈隔离开关的拉、合均必须在确认该系统不在接地故障的情况下进行。

（2）消弧线圈在两台变压器中性点之间切换使用时应先拉后合，即任何时间不得在两台变压器中性点使用消弧线圈。

五、厂用电系统典型开关结构

机组高压开关柜开关为金属铠装移开式手车开关柜，低压开关为抽屉式开关，高压开关柜应具有防止误操作闭锁装置的"五防"功能。

1. 10kV真空开关

10kV真空开关的技术参数见表3-16。

表3-16　　　　　　　　　　　10kV真空开关的技术参数

名　　称	技术参数
型　　号	HVX12-40-12-E210
额定电压（kV）	12
额定电流（A）	1250
额定短路开断电流（kA）	40
额定短路开断时间（s）	4
基准绝缘水平（kV）	75
分/合闸线圈电压（V）	DC220
储能电机电压（V）	DC220

10kV真空开关柜的结构如图3-24所示。

2. 低压开关柜

低压开关为抽屉式开关，结构如图3-25所示。

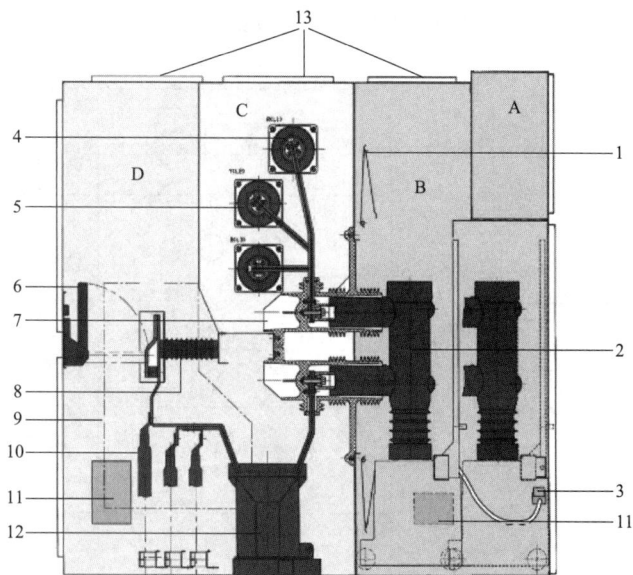

图 3-24 10kV 真空开关柜的结构

1—活门；2—断路器；3—二次插头；4—主母线；5—母线套管；6—接地开关；7—静触头盒；
8—支持绝缘子；9—绝缘隔板；10—电缆连接终端；11—板式加热器；12—电流互感器；
13—泄压板；A—低压室；B—断路器室；C—母线室；D—电缆室

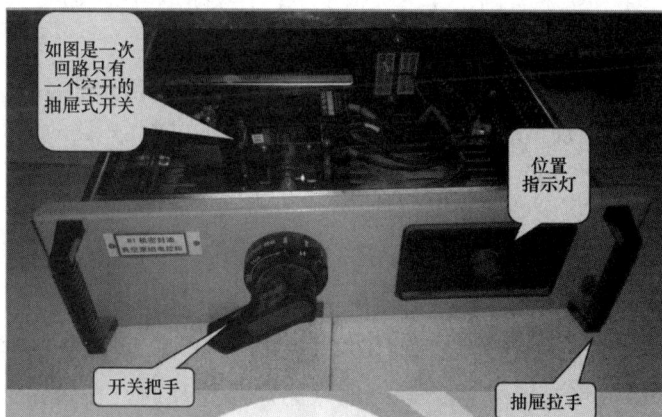

图 3-25 低压抽屉式开关结构

低压开关手柄位置说明见表 3-17。

六、开关的倒闸操作

（1）正常运行时，高压开关装设地点的各参数应不允许超过设备铭牌规定的额定值。

（2）开关一般情况下不允许就地手动机械合闸或手动带电合闸操作，以免合于故障时危及人身安全。只有在遥控合闸失灵、又需紧急运行，且肯定电路中无短路和接地时，方可进行手动就地操作按钮合闸。

表 3-17　　　　　　　　　　　　　　低压开关手柄位置说明

手柄位置指示	位置说明
❶ |	工作位置：主开关合闸，控制回路接通，组件锁定
❶ ○	分闸位置：主开关断开，控制回路接通，组件锁定
❶ ⤢	实验位置：主开关分闸，控制回路接通，组件锁定
❶ ↕	抽出位置：主回路和控制回路均断开
❶ ⤢	隔离位置：抽出 30mm 距离，主回路及控制回路均断开，完成隔离

（3）在任何运行工况下，电磁操作机构的合闸电压应保持稳定，其合闸电源电压不应低于额定电压 85%，最高不得高于额定电压 110%。

（4）正常情况下，10kV 的开关严禁在就地进行分合闸操作。在任何情况下，高压开关不允许带电压手动机械合闸。在下列情况下，开关允许手动跳闸：①开关拒绝电动跳闸；②人身和设备的严重事故；③停电后的调试工作。

（5）现场应有断路操作记录和故障、重大缺陷记录和缺陷处理记录。

（6）每台开关的年动作次数应做出统计，正常操作次数和短路故障开断次数应分别统计。

（7）应定期对开关作运行分析并做好记录备查。

（8）长期停运的开关在正式执行操作前，应通知以远方控制方式进行试操作空合两三次，无异常后方能按操作票进行操作。

（9）操作中应当监视有关电压、电流、功率表计的指示及红绿灯的变化。

1）开关的实际短路电流接近于运行地点的短路电流时，在短路故障开断后禁止强送。

2）虽然开关设备设计有保证开关设备各部分操作程序正确的连锁，但是操作人员对开关设备各部分的投入和退出，仍应严格按操作规程进行，不应随意操作，更不应在操作受阻时，不加分析强行操作，否则容易造成设备损坏，甚至引起事故。

💡 **任务评价**

登录 600t/d 垃圾焚烧炉发电机组系统仿真平台，严格按照升压站巡检规范的技能要求进行练习。

根据工作任务的完成情况和技术标准规范，仿真系统会自动逐项评价并给出完成任务情况的评价结果，依据评价结果，可以确定练习者的技能水平和改进的要求。仿真系统无法实现的技能要能按操作规范准确描述。

要求练习者最终练习要达到 90 分（满分按 100 分）以上水平。

工作任务七 电动机巡检

由于电动机具有结构简单、造价低廉、坚固耐用、便于维护等的特点，发电厂中的引风机、循环水泵、焚烧炉、汽轮机、化水、渗滤液处理等部分的生产机械大多采用异步电动机来驱动，其是把电能转换为机械能的一种电磁机械装置。在现代生产机械拖动中，90％左右是由电动机拖动的。

任务目标

（1）能利用仿真系统掌握电动机启动前的检查。
（2）能利用仿真系统掌握电动机启动操作及启动过程中的检查项目。
（3）能利用仿真系统掌握电动机运行中的监视项目。
（4）能利用仿真系统掌握电动机的异常运行及其处理。

任务描述

电动机巡检工作包括电动机启动前、启动过程中检查、日常运行、异常运行及其处理等方面。电动机在启动和运行中，应做好监护和维护工作，以便及时发现异常和缺陷并进行处理。完善的巡回检查制度，对电动机的安全运行非常重要。为此，运行值班人员在值班期间应对下列各项内容进行认真监视和检查。

任务实施

登录填图软件及 600t/d 垃圾焚烧炉发电机组 3D 仿真平台，严格按规范巡检程序完成各电动机启动前的检查及电动机日常运行巡检工作。

一、电动机启动前的检查项目

（1）检修工作结束，交代清楚，检修人员全部撤离。

（2）对于停机时间较长或大修后的电动机在投入运行前，应当采用绝缘电阻表测量其绝缘电阻；对于备用中的电动机要定期测量其绝缘电阻。低压电动机（380V）采用 500V 绝缘电阻表测量，其绝缘电阻每千伏不低于 0.5MΩ；高压电动机（10kV）采用 2500V 绝缘电阻表测量，其绝缘电阻每千伏不低于 1MΩ。

（3）确定电动机及其所属设备（供电回路设备）已无人工作，电动机及周围环境清洁，无妨碍运行的杂物。

（4）收回检修工作票，并检查各检修用安全措施已撤除（如接地线、标示牌等）。

（5）确认电动机所带机械设备状态良好，盘动靠背轮应轻松灵活，靠背轮及护罩已安装好，具备启动条件机械设备无检修等工作。

（6）地脚螺丝连接牢固，无松动。

（7）电缆头、电缆接地线，电动机接地线完好可靠。

（8）事故按钮完好。

（9）风道清洁无杂物，附属冷却风机盘动正常。

（10）测温计及测温装置完好，指示正确。

（11）直流或绕线式电动机应注意整流子表面是否良好，启动装置正常，并应特别注意电刷与滑环的接触是否紧密，滑环短接装置是否在断开位置，启动电阻是否已全部投入。

（12）开关、控制回路等符合运行条件，信号指示正确。保护已投入，熔断器的熔芯额定电流值符合要求。

二、启动过程中的检查

（1）在启动过程中，应密切监视电动机的电流，如发现电流长时间不能下降到额定值或以下，应停机查明原因并处理后，再进行启动操作。电流长时间不能下降到额定值或以下往往暗示着负载过重或机械转动部分有异常（如轴承系统异常等）。

（2）对于大型或重要的电动机，在启动过程中，应检查以下项目：

1）转动是否灵活。

2）振动是否在允许范围内。

3）窜动是否在允许范围内。

4）各部位声音是否正常。

5）各部位温度及其上升情况是否正常等。

三、启动运行中的巡检

1. 每日巡检项目

（1）检查电动机整体外观、零部件是否异常、环境是否清洁，并记录。

（2）检查运行中电动机的电流表指示不超过额定值。

（3）检查运行中电动机各部位的温度和温升不超过规定值。

（4）检查电动机是否有振动、噪声异常现象（不同的声音反映了不同的故障类型），并记录。

（5）检查电动机散热风扇运行是否正常。

（6）检查电动机轴承、传动机构等润滑是否正常，并记录。

（7）直流电动机，应检查整流子有无火花，并记录。

（8）由外部引入空气冷却的电动机应检查并确保冷却系统工作正常，保证电动机通风良好，进风口、出风口畅通无阻。

（9）电缆头无过热现象，电缆无漏油，外皮接地良好。

2. 定期巡检项目

（1）检查每日例行检查的所有项目。

（2）检查电动机及控制线路部分的连接或接触是否良好，并记录。

（3）测试电动机运行环境温度，并进行记录。

（4）检查电动机控制线路有无磨损、绝缘老化等现象。

（5）测试电动机绝缘性能（绕组与外壳、绕组之间绝缘电阻），并进行记录。

（6）检查电动机与负载的连接状态是否良好。

（7）检查电动机关键机械部件的磨损情况，如铁芯、轴承等。

（8）检查电动机转轴有无歪斜、弯曲、擦伤、断条等情况，若有制定检修计划。

3. 每年例行巡检项目

（1）检查轴承锈蚀和油渍情况，进行清洗和补充润滑脂或更换新轴承；

（2）检查电动机绕组与外壳、绕组之间、输出引线之间的绝缘性能，并进行记录。

（3）必要时拆机、清扫内部脏污、灰尘、并对相关零部件进行保养维护，如清洗、上润滑油、擦拭、除尘等。

（4）检查电动机控制元件是否工作正常、控制线路绝缘是否老化，必要时进行更换。

相关知识

一、三相异步电动机的工作原理

1. 转动原理

图 3 - 26 所示为三相异步电动机工作原理示意图。定子三相对称绕组接入交流电源，产生旋转磁场。磁极 NS 表示某瞬时定子电流在定子三相对称绕组中产生的旋转磁场，它以同步速 n_1 逆时针方向旋转。由于转子导体与定子旋转磁场存在相对运动，在转子绕组中感应电动势，转子绕组又自成闭合回路，就会在转子绕组中感应电流，载流的转子导体在定子旋转磁场的作用下，受到电磁力的作用，并形成

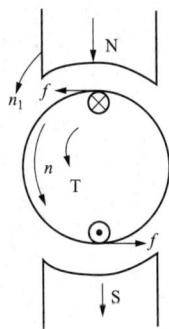

图 3 - 26 三相异步电动机工作原理

逆时针方向作用于转子的转矩，称电磁转矩 T_{em}，当驱动性质的电磁转矩大于转轴上制动性质的负载转矩 T_L 时，使转子转动，并最终以转速 n 随定子旋转磁通同向旋转，将输入的电功率转换为轴上输出的机械功率。

2. 转差率 s

上述分析可见，转子转速 n 与同步速 n_1 之间存在转速差是电动机持续转动的必要条件。通常将转速差 $\Delta n = n_1 - n$ 与同步速 n_1 的比值称为三相异步电动机的转差率，用 s 表示。

二、三相异步电动机的结构

三相异步电动机种类繁多，但结构基本相同。图 3 - 27 所示为笼型三相异步电动机的结构，其主要组成如下。

（一）定子

定子是异步电机固定不动的部分，主要包括定子铁芯、定子绕组和机座三部分。

1. 定子铁芯

电动机磁路的一部分，为了减小铁芯损耗，铁芯材料选用 0.35～0.5mm 厚、两边涂有绝缘漆的高导磁性能冷轧硅钢片叠成，如图 3 - 28 所示。定子铁芯内圆均有冲出许

图 3-27 笼型三相异步电动机的结构

多形状相同的槽，用以嵌放定子绕组。

图 3-28 三相异步电动机定子铁芯

2. 定子绕组

定子绕组是电动机电路部分，由铜线或铝线绕制，流通三相交流电流。它由嵌放于定子铁芯槽中的线圈按一定规则连接成三相对称定子绕组。三相绕组一般有 6 个出线端置于机座外部的接线盒内，分别是首端 U1、V1、W1，末端 U2、V2、W2。可根据要求接成星形（Y）或三角形（△）。大中型三相异步电动机定子绕组一般用漆包扁铜线或玻璃丝包扁铜线绕制。根据其在铁芯槽内的布置方式分为单层绕组和双层绕组。单层绕组用于功率较小的三相异步电动机（一般 15kW 以下），大、中型三相异步电动机一般采用双层绕组。

定子三相绕组之间及绕组与铁芯槽之间均需垫以绝缘材料绝缘。主要的绝缘项目包括：①对地绝缘，即定子绕组整体与定子铁芯之间的绝缘。②相间绝缘，即各相定子绕组之间的绝缘。③匝间绝缘，即每相定子绕组各线匝之间的绝缘。

（2）机座。机座用来固定和支撑定子铁芯，并通过机座的底脚将电机安装固定。中小型电机采用铸铁机座，大型电机一般采用钢板焊接机座。

（二）转子

转子是三相异步电动机旋转的部分，主要由转子铁芯、转子绕组和转轴、风扇等构成。

1. 转子铁芯

转子铁芯也是电机磁路的一部分，通常用 0.35～0.5mm 厚的硅钢叠成，它与转轴之间必须可靠连接以传递转矩。转子铁芯外圆均匀冲出转子槽以嵌放转子绕组。

2. 转子绕组

转子绕组是以短路绕组，其作用是产生异步电动机的感应电动势、流通感应电流、形成电磁转矩。其结构形式分笼型和绕线型两种。

（1）笼型转子。笼型电动机的转子绕组由若干个铜（铝）导条构成，在导条的两端用短路环短接，形成闭合回路，为一对称多相绕组，其相数为转子铁芯槽数 z 除以磁极对数 p。小型电动机的笼型转子绕组一般由铝铸成，相对容量较大的电动机则采用铜条笼型转子。笼型转子具有结构简单，维护方便，但转子侧参数不能改变的特点。

（2）绕线型转子。绕线型电动机转子绕组的构成与定子三相绕组类似，是三相对称绕组，三相绕组接成星形。三相首端接到集电环上，集电环经电刷与静止的外接电阻构成转子闭合回路。绕线型电动机具有可以改变转子电阻以改善其相关运行性能的特点，但结构复杂，造价较高。

（三）气隙

旋转电机的定、转子之间必须存在气隙，三相异步电动机的气隙相对较小，一般小型电动机气隙为 0.35～0.5mm，大型电动机为 1～1.5mm。气隙的大小对三相异步电动机性能影响极大。

三、三相异步电动机的铭牌参数

1. 型号含义

中小型交流三相异步电动机的型号一般应由六部分组成，用汉语拼音大写字母、国际通用符号和阿拉伯数字来表示，即

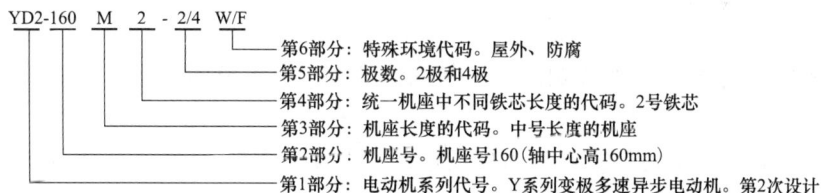

```
YD2-160  M  2 - 2/4  W/F
                        └── 第6部分：特殊环境代码。屋外、防腐
                      └──── 第5部分：极数。2极和4极
                   └─────── 第4部分：统一机座中不同铁芯长度的代码。2号铁芯
                └────────── 第3部分：机座长度的代码。中号长度的机座
             └───────────── 第2部分：机座号。机座号160（轴中心高160mm）
       └─────────────────── 第1部分：电动机系列代号。Y系列变极多速异步电动机。第2次设计
```

2. 额定值

（1）额定功率 P_N。指电动机在额定运行时轴上输出的机械功率，单位 W 或 kW。

（2）额定电压 U_N。指电动机额定运行时，施加到定子绕组上的线电压，单位 V 或 kV。

（3）额定电流 I_N。指电动机定子加额定电压、输出额定功率 P_N 时，定子绕组的线电流，单位 A 或 kA。

（4）额定频率 f_N。我国规定电网的频率为 50Hz。

（5）额定转速。指电动机定子加额定电压，且轴端输出额定功率 P_N 时电动机轴的转速，单位 r/min。

（6）额定功率因数 $\cos\varphi_N$。电动机额定运行时，定子侧的功率因数。

（7）额定效率 η_N。电动机额定运行时输出功率与输入功率之比。

上述额定值之间的关系为 $P_N = \sqrt{3}U_N I_N \cos\varphi_N \eta_N$。

（8）温升。温升是检查电动机运行是否正常的重要标志。电动机温升是指在规定的环境温度下（国家规定，环境温度为 40℃），电动机绕组温度超过环境温度的数值。

3. 接线方式

三相异步电动机的接线方式有星形（Y）和三角形（△）连接两种。具体采用哪种方式取决于相绕组所能承受的电压设计值。如铭牌上标有 220V/380V、△/Y 连接，这时采用哪种连接视电源电压而定。若电压为 220V，则用△连接；电源电压为 380V，则用Y连接。这样，无论哪种连接，每相绕组上都承受 220V 电压。

4. 绝缘等级

电动机绝缘等级是指电动机所用绝缘材料的等级，目前我国生产电动机多为 B 级绝缘。发展趋势为 F、H 级绝缘。

5. 防护等级

电动机外壳的防护等级标志，以国标防护的英文缩写字母"IP"和其后的两位数字表示。第一位数字表示防尘等级，共分 0～6 七个等级；第二位数字表示防水等级，共分 0～8 九个等级。其数字越大，表示防护功能越强。

6. 工作制

工作制表示电动机承受负载持续时间的状况，以适应不同负载的需要。国家标准把电动机分为 3 种 8 类工作制，用 S1、S2、…、S8 表示。S1 为连续工作制，S2 为短时工作制，S3～S8 为不同类型的断续周期工作制。

💡 任务评价

登录 600t/d 垃圾焚烧炉发电机组系统仿真平台，严格按照电动机巡检规范的技能要求进行练习。

根据工作任务的完成情况和技术标准规范，仿真系统会自动逐项评价并给出完成任务情况的评价结果，依据评价结果，可以确定练习者的技能水平和改进的要求。仿真系统无法实现的技能要能按操作规范准确描述。

要求练习者最终练习要达到 90 分（满分按 100 分）以上水平。

参 考 文 献

[1] 曹建忠. 倒闸操作安全技术. 北京：中国电力出版社，2007.

[2] 姚春球. 发电厂电气部分. 2版. 北京：中国电力出版社，2013.

[3] 胡和平. 发电厂电气运行. 北京：中国电力出版社，2012.

[4] 胡桂川，朱新才，周雄. 垃圾焚烧发电与二次污染控制技术. 重庆：重庆大学出版社，2011.

[5] 姜锡伦，屈卫东，侯俊凤，等. 锅炉设备及运行. 3版. 北京：中国电力出版社，2018.

[6] 车得福，庄正宁，李军，等. 锅炉. 2版. 西安：西安交通大学出版社，2008.

[7] 杨宏民，石晓峰. 锅炉设备及其系统. 北京：中国电力出版社，2014.

[8] 李建刚，杨雪萍，李丽萍，等. 汽轮机设备及运行. 3版. 北京：中国电力出版社，2017.

[9] 杨义波，张燕侠，杨作梁，等. 热力发电厂. 2版. 北京：中国电力出版社，2010.

[10] 周菊华，刘晓. 城市生活垃圾焚烧及发电技术. 北京：中国电力出版社，2014.

[11] 王勇. 垃圾焚烧发电技术及应用. 北京：中国电力出版社，2020.

[12] 白良成. 生活垃圾焚烧处理工程技术. 北京：中国建筑工业出版社，2018.

[13] 环境保护部环境工程评估中心. 生活垃圾焚烧发电项目政策法规及标准规范汇编. 北京：中国环境出版社，2017.